ZHEJIANG TESE SHUIJIAOYU XIAOYUAN WENHUA JIANSHE

浙江特色水教育
校园文化建设

◎ 主　编　王伟英
副主编　雷春香

浙江大学出版社

图书在版编目(CIP)数据

浙江特色水教育校园文化建设 / 王伟英主编.
—杭州:浙江大学出版社,2012.8
ISBN 978-7-308-10131-8

Ⅰ.①浙… Ⅱ.①王… Ⅲ.①水环境—生态
环境建设—学校教育—研究—浙江省 Ⅳ.①X143

中国版本图书馆 CIP 数据核字(2012)第 137132 号

浙江特色水教育校园文化建设

王伟英 主编

责任编辑	冯其华
封面设计	刘依群
出版发行	浙江大学出版社
	(杭州市天目山路 148 号 邮政编码 310007)
	(网址:http://www.zjupress.com)
排 版	浙江时代出版服务有限公司
印 刷	浙江云广印业有限公司
开 本	787mm×1092mm 1/16
印 张	10.75
彩 插	4
字 数	274 千
版 印 次	2012 年 8 月第 1 版 2012 年 8 月第 1 次印刷
书 号	ISBN 978-7-308-10131-8
定 价	26.00 元

▲ 浙江省水文化研究教育中心成立

◄ 2011年全国水文化培训班在浙江举办

学生水资源社团成立授牌 ►

特色水教育社会实践活动 ▶

◀ 特色水教育广场宣传实践活动

浙江省社科普及周特色水教育 ▶
宣传实践活动

▲ 2006年"世界水日"宣传暨学生水资源社团成立

2010年"世界水日"师生宣传活动 ▶

▲ 2011年"世界水日"师生宣传活动中浙江省省长夏宝龙在签名墙上签名

2012年"世界水日"师生宣传实践活动 ▶

▲ 浙江特色水文化宣传项目验收会

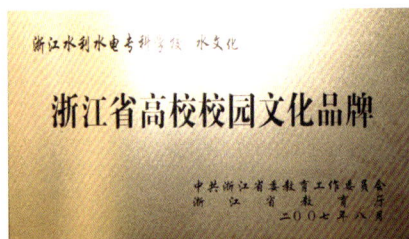

▲ 浙江省高校校园文化品牌

▲ 水利校友事迹图书

▲ 水文化成果

▲ 特色水教育相关成果

▲ 水轮机造型的图书馆

▲ 校园雕塑"水利今昔"

▲ 学校楼道布置文化

▲ 校徽

▲ 校园雕塑"上善若水"

前　言

　　水是生命之源、生产之要、生态之基，兴水利、除水害，历来是治国安邦的大事。从水利是农业的命脉，到水利是国民经济的基础设施和基础产业，再到水资源是基础性的自然资源和战略性的经济资源，水利具有基础性、公益性和战略性的特点，人们对水的认识经历了一次次重要飞跃。随着经济社会的快速发展，我国水资源形势深刻变化，水安全状况日趋严峻，水利的内涵不断丰富，水利对全局的影响更为重大，地位更加凸显。

　　2011 年注定作为中国水利改革发展承前启后的重要一年，载入中国水利发展的史册。中共中央、国务院出台《关于加快水利改革发展的决定》，这是 21 世纪以来的第八个"中央 1 号"文件，也是新中国成立 62 年来中共中央首次系统部署水利改革发展全面工作的决定。水利进入了前所未有的发展阶段。

　　水利发展离不开教育的推动、文化的支撑。《中共中央、国务院关于加快水利改革发展的决定》中指出："加大力度宣传国情水情，提高全民水患意识、节水意识、水资源保护意识，广泛动员全社会力量参与水利建设。把水情教育纳入国民素质教育体系和中小学教育课程体系，作为各级领导干部和公务员教育培训的重要内容。把水利纳入公益性宣传范围，为水利又好又快发展营造良好舆论氛围。"据此，在全社会广泛而深入地开展水情教育，并且纳入公益性宣传范围，应当提上各级党委、政府的议事日程。

　　2011 年 10 月，党的十七届六中全会通过了《关于深化文化体制改革推动社会主义文化大发展大繁荣若干重大问题的决定》，提出了当前和今后一个时期推进我国文化改革和发展的行动纲领，掀起了社会主义文化建设的新高潮。2011 年 11 月，水利部根据中央 1 号文件和中央水利工作会议的总体要求，以十七届六中全会精神为指导，出台了《水文化建设规划纲要（2011—2020 年）》，对全国的水文化建设工作进行了总体部署。

　　水文化博大精深，在有着五千年文明历史的华夏文化中占据特殊地位，并构成人类文明史中光辉璀璨的一页，对经济社会发展产生着重要影响。联合国教科文组织指出："水具有丰富的文化蕴涵和社会意义，把握文化与自然的关系，是了解社会和生态系统的恢复性、创造性和适应性的必由之路。"加强水文化建设，对于挖掘、传承优秀历史文化成果，融入时代特色，促进水利事业健康发展，具有十分重要的意义。

近些年来,全国水利院校纷纷推进校园水文化建设,浙江水利水电专科学校也进行了多年的浙江特色水教育的探索与实践,形成了"弘扬水文化,培育水利人"的校园文化品牌。在积淀、培育、拓展的过程中,特色水教育成为了浙江水利水电专科学校在专业教育之外进行校园文化辅育的主要内容,已从机构队伍、课程教材、论坛讲座、社会实践、科技服务、信息提供、产业开发等方面形成了较完整的特色水教育体系,培养了大批具有"自强、尚德、求真、务实"精神的高素质人才,取得了许多水文化教育科研方面的成果,扩大了在社会上的积极影响。

本书作为《浙江特色水教育》系列书籍之一,主要是在总结浙江水利水电专科学校特色水教育实践经验的基础上,从校园文化建设角度,对开展特色水教育进行阐述。希望能为水利院校校园文化建设、水利行业文化建设以及全社会水文化研究教育提供参考。

参加本书编著的人员为:第一章,王伟英;第二章,汪一丁;第三章,俞姝、王伟英;第四章,雷春香;第五章,朱飞、陈思思;第六章,雷春香、王伟英。由于时间、学力、资料、实践等方面的制约和局限,本书中错误、疏漏、不当之处在所难免,恳请广大读者批评指正。在此,对已在书后列出和未列出参考文献的作者表示衷心感谢。

编者

2012 年 5 月

目 录

第 1 章
概　述

第一节　水教育

一、水教育的概念和职能

水教育有广义和狭义之分。广义的水教育是指人们进行的以水为载体的各种培养人的社会活动，是文化教育中以水为核心的教育集合体。狭义的水教育主要是指学校水教育，是教育者根据一定的社会要求，以水为载体，有目的、有计划、有组织地对受教育者的身心施加影响，期望他们发生某种变化的活动。

水教育担负着四种主要社会职能：

第一是经济职能。水教育是传播水知识，传授水利生产经验的重要手段。特别是现代科学技术在生产上的广泛运用，劳动的复杂程度日益增加，对劳动力的知识技能素质要求也越来越高。这种传授知识技能的过程，是劳动力再生产的过程。水教育对治水理念、治水知识、治水技术、治水技能的传授，培养作为生产力要素之一的劳动力，具有生产性，推动了水利事业不断发展，保障了社会经济的持续健康发展。

第二是政治职能。水利改革发展，不仅事关农业农村发展，而且事关经济社会发展全局；不仅关系到防洪安全、供水安全、粮食安全，而且关系到经济安全、生态安全、国家安全。水教育是传递水政策、水法规及其他水管理制度的重要手段，通过提高被教育者的水法律意识和水忧患意识，营造全社会自觉遵守水法规、节约保护水资源、关心支持水利改革发展的良好社会氛围，是国家政权得以巩固、政治秩序得以维护、政治体制得以不断完善的保障。

第三是文化职能。水教育是优秀历史水文化传承和现代水文化创新的重要手段，通过传播、挖掘、继承、培育、创新水文化，积极发挥水文化的育人作用。掌握前人积累的水文化成果，扬弃旧义，创立新知，并传播到社会、延续至后代，推动社会主义先进文化建设。水教育通过加强校园水文化的社会辐射，扩大校园水文化的影响力，促进校园文化与企业文化、行业文化、区域文化的融合，为推动人类文明进步作出积极贡献。

第四是社会化职能。水教育的经济、政治、文化职能主要是从对社会整体作用的角度而言的，水教育的社会化职能则针对受教育者个体影响而言。教育不仅创造、传承了人类的文化,还是人的自然属性和社会属性统一的过程,是生产现实的社会人的一种形式、方法和途径。现代社会使人不断被"异化",学校更加有效地创造和传播着科学知识,更加有力地培养着社会所需要的专门人才和个人生存所依赖的职业素质,但人们在精神上的失落感、道德迷茫却越来越严重。华中科技大学校长李培根认为:大学是面向人的教育,要让学生明白人存在的价值和意义,到人的根基上建立对"人"的情怀;大学教育的最高目标就是要"让学生成为他自己",让学生得到自由而全面的发展。水教育在培养受教育者专业素质的同时,强化了水之品德和治水精神的教育,对受教育者加强了心智训练和人格养成。

二、水教育的内容

基于水教育的职能,可以确定水教育的内容。

一切打上了人类与水有关的活动印记的自然界的物质和行为活动都属于水教育的范畴,其重要内涵是人与自然相处的哲学,核心是人水和谐。

水教育的主要内容包括:水形势教育、水法规教育、水科技教育、水历史教育、水文化教育等。

(1)水形势教育:主要包括我国水利发展阶段和发展形势,以及在国民经济和社会发展中的地位、作用;工程水利、资源水利、民生水利、生态水利、可持续发展水利等的概念、内涵和意义;我国水资源、水环境的基本概念、特点和对经济社会发展的影响等。

(2)水法规教育:主要包括涝资源管理、水土保持、水环境保护、防汛抗旱、水利建设管理体制机制改革等方面的法规、政策及相关措施。

(3)水科技教育:主要包括涝旱灾害形成原因;开发、利用、节约、保护水资源,改善水环境、水土保持、防汛抗旱等方面的技术措施,含工程措施和非工程措施等。

(4)水历史教育:主要包括水利发展史上的重要时期、重要工程、重要人物和重要制度及相关背景等。

(5)水文化教育:主要包括水文化的概念、内涵、特点和功能;古人对水的经典论述及水之品德;水利行业精神、治水精神的主要内容及背景;主要的水民俗、水文学艺术作品、水文化遗产等。

三、水教育的现状

我国水教育较国外水教育起步晚,相对落后,目前仍处于萌芽阶段。

中国水利学会水资源专业委员会秘书长甘泓教授认为,我国水教育的基本情况是:知识零散、不系统;公众关注、行动少。

"知识零散、不系统"是指关于水的介绍、知识的分布比较零散,水的知识大部分被杂糅在环保、资源、能源等教育的书籍里,系统进行水教育的书籍需要从我国水资源特点和实际情况出发组织编写并推广;"公众关注、行动少"是指目前水资源形势严峻,针对公众进行水的宣传较多、公众对水的问题也比较关注,但是进行水教育的活动却很少,尤其针对水教育问题特定的课本、课程、培训、讲座、实验、课外活动尚不完善。

总体来说,发达国家的水教育水平较高,而发展中国家比较落后,甚至有些落后国家并无意识去开展此项工作。在中国开展水教育要以水历史、水文化、水资源的特点为背景,倡导有中国特色的水教育。

第二节　浙江特色水教育

一、浙江特色水教育的产生

"浙江"因水而名。浙江的历史是在水的基础上发展起来的,在漫长的历史进程中,积淀了丰富的水文化遗产、历史印痕和追忆空间。距今约11000年前就出现了留有先人生活痕迹的神秘古河道——"上山文化";9000年前"小黄山文化"揭示了稻作农业的起源;8000年前"跨湖桥文化"中有了独木舟、水稻;7000年前"河姆渡文化"中出现了稻谷、"干栏式"防洪建筑、古井;6000年前"马家浜文化"中的开渠引水代表了"先进"的水工技术;距今5300年至4200年的"良渚文化"升起了中国文明的曙光;大禹治水,"居外13年,三过家门而不入",留下的"堵不如疏"的理念不仅是后人治水的指导思想,而且对社会的政治、经济、文化都产生了诸多的启示和影响。钱王射潮,贺循凿西兴运河,白居易、苏轼筑白堤、苏堤,茅以升设计建造钱塘江大桥,以及近些年防台御潮的千里标准海塘、防洪减灾的千里江堤、百城防洪工程等,可以说,浙江的历史,就是一部浙江人民与水相依、与水抗争的历史。

为了进一步让学生了解浙江水情,爱惜水资源,保护水环境;了解浙江水历史,弘扬水文化,提高人文素养,并且面向社会宣传,增强全民水患意识和水法制意识,营造全民关心支持水利改革发展的良好氛围,浙江水利水电专科学校从2004年开始尝试,率先提出特色水教育的理念。经过多年的努力,目前已经基本形成了比较完整的浙江特色水教育体系。

二、浙江特色水教育的特点

浙江特色水教育,以中国特色的水历史、水文化、水资源为背景,构建比较系统、完备的浙江水情、水历史、水文化、水法规、水科技知识体系,将其纳入学校日常教育体系;同时,与人文素质教育、思想政治教育、民族文化教育、公民意识教育、爱国主义教育以及国际教育等有机结合,教育引导人们爱惜水资源,保护水环境,传承水文化,弘扬水精神,提升人们的综合素质。

教学方式上,浙江特色水教育以"教学欣赏、情感体验、社会实践、服务社会"四位一体为宗旨,采用"导学、赏学、促学"的方式。按照"调研→分析→确定学习领域→形成学习情景→文化素养提升→社会服务"的思路,将环境模拟法、情景模拟法、任务驱动法、案例教学法、项目教学法、学中做贯穿在学习领域中。将课堂搬进运用声、形、图、文、视频、场景、道具等,把场面的写实与真实的效果图融为一体的教学基地,让学生身临其境地感受。编写特色水教育教材,开发网络教学平台《浙江特色水教育》网站,整合形成从课程教学内容到学生自学测试的整套教学资源,建立内容丰富的题库,并根据课程内容中的知识点,设计从基础性知识到实践性项目再到仿真环境下的任务教学体系,实现可参与式的互动教学功能。同时,建立基于网络平台的行业培训、实践教学系统。着力通过环境教学、情景教学,培育学生"爱水、惜水"的情怀,培养学生"亲水、乐水"的情操。教学内容针对"知水、懂水"的常识,"节水、用水"的规范,"水多、水少、水混、水脏"的状况,由教师提出要求,组织学生进行活动,在活动中学习,在学习中提高,使爱水、敬水、节水、护水等一时的行为上升为一种良好习惯、自觉意识和文明素养。

浙江特色水教育主要有以下特点：

(1)纳入学校日常教学环节。以教化、存史、熏陶、怡情、传播等为目标,将水教育知识体系纳入了学校日常教学环节中,第一课堂教学与第二课堂的讲座、活动紧密结合。从2004年起,浙江水利水电专科学校在全国率先开设学生公选课,到2012年成为学生必修课,从对水利专业学生的教学,延伸覆盖到对全体在校学生的教学。

(2)依托社会实践活动平台。浙江特色水教育不仅仅是简单地传播水知识,更是一项以实践活动为主、与实际紧密结合的学校教育方式,注重学生的情感体验和社会实践,格外关注参观、调查、访问、讨论、研究等环节,增强学生对水教育的感性认识,拓展学生视野、丰富学生阅历、提升学生能力。

(3)建设校园文化综合体系。浙江特色水教育是一项系统工程,需要校园文化建设综合配套,做到校园水物质文化、水制度文化、水精神文化协调并进,从机构队伍、课程教材、社会实践、科技服务、产业开发等各方面系统地进行建设,才能取得良好的育人成效。

三、浙江特色水教育的成效

浙江特色水教育实施以后,到目前为止,直接参与在校学生超过10000人,涵盖浙江省11个地市,取得了良好的社会效果。

《浙江特色水教育》课程获得2010年浙江省精品课程;已经编写出版了适合学生、教师、公众的《浙江特色水教育》、《特色水教育题库》、《浙江特色水教育社会实践典型实例》等系列教材,其中《浙江特色水教育》获2009年浙江省重点教材;编辑出版了《浙江水文化》、《浙江八大水系》等5部水教育书籍,《盛世治水》、《浙江堰水文化》等5本水教育宣传画册;在期刊上发表特色水教育研究论文30篇;承担省部级、厅级水教育课题20项,其中有的研究成果得到省委、省政府相关领导的批示;取得水教育教学研究成果10项,其中运用水利邮品辅助教学的《运用特殊载体,优化教书育人》获得浙江省教学成果一等奖,《水利世界邮品博览》先后获得全国及省、部级集邮展览的大银奖、镀金奖等,《浙江特色水教育研究与实践》获得2010年教育部中国教师基金会教育科研成果特等奖,《浙江省水文化建设对策研究课题报告》获得全国水利系统2009—2010年度优秀思想政治工作研究成果一等奖。

学生水教育社会实践成果丰硕。2004—2009年开展浙江省"世界水日、中国水周"特色水教育宣传实践活动;2007—2011年开展浙江省社科普及周及浙江省科普周特色水教育宣传实践活动;2005—2007年开展了"关注农民饮用水、共创和谐小康村"、"建万里清水河道,打造靓丽新农村"、浙江省11个地市水资源保障能力评价等一系列特色水教育社会实践活动。获全国社会实践活动优秀团队一个;学生水资源社团获评"浙江省十佳社团"。学生参与的《浙江省水资源保障能力评估》政府招标课题以100万元中标,其成果获得了浙江省科技成果三等奖;由学生独立完成的《农村饮用水安全》、《杭州湿地生态保护与可持续发展》调研成果分别获得了浙江省水利系统调研报告二、三等奖;学生科研成果获浙江省高职院校首届"挑战杯"竞赛特等奖。学生还进行了水教育产品的设计开发和制作,形成赏中学、学中做、做中赏的教学成果,2010年至今已创造产值20多万元。

浙江特色水教育还促进形成了具有鲜明水特征的学校精神和良好的学风、教风、校风,培养了大批高素质应用型水利人才和具有水之品德的社会主义建设者,许多学生多次在全省、全国各类竞赛和评比中获奖。"弘扬水文化,培育水利人"获浙江省首批高校校园文化品牌、全国水利职业院校优秀校园文化成果、教育部优秀校园文化成果奖,得到了全国各地40余家主流媒体的关注报道,产生了积极的社会影响。

浙江特色水教育经过七多年的实践,推广、普及系统、完备的水教育知识体系,并在此基础上,通过相应的政策和措施,引导广泛的公众参与,实现了水教育由响亮的口号转变为切实的行动,由专业的知识转变为易学的科普,由简单的了解转变为系统的学习,由零散的活动转变为广泛的参与。

第三节　校园文化

一、校园文化的概念

古今中外,学术界对于"文化"的界定见仁见智,从不同角度反映了人类对文化问题的探究。文化在本质上是人类实践的产物,自然物一经人的实践活动的介入,成为人的对象物,它便打上了人的印记,从而成为"人化的自然",而人化的自然又创造、发展着人自身。由此可见,所谓文化,就是人类主体在社会实践史上,持续外化、对象化自我的本质力量,去适应、利用、改造客体即自然、社会及人自身,同时又确证、丰富、发展自我本质的过程和成果。它是人与物、主体与客体、内化与外化的辩证统一。关于文化的结构分类,学术界也有多种观点,笔者认为,"三分说"即物质文化(显性文化)、制度文化和精神文化(隐性文化)更合理,行为文化实质上也是一种规范,可以纳入制度文化的范畴。

校园文化是一个学校在办学过程中所形成的共同的价值观念、思维方式和行为标准,以此实现"以文化人"和"以人化文"的整个互动过程和成果的总和。它包含校园物质文化、校园制度文化、校园精神文化三个不同的结构层次,彼此相互渗透、相互作用。物质文化是以学校物质环境形态反映出来的价值观念和审美情趣等,对广大师生以至对社会公众产生影响和进行熏陶。制度文化是指学校的各种规章制度、行为准则、行为习惯、礼仪节庆等,通过贯彻执行,对师生的品行和价值观念的形成产生影响。精神文化是最高层次,包括办学理念、学校精神、师生风貌、价值取向、思维方式、校训校歌等,是校园文化的核心和灵魂,也是校园文化建设所要营造的最高目标。校园文化是以校园为主要空间、以育人为主要导向的一种群体文化。

二、校园文化的作用

校园文化对全体师生具有导向、规范、激励、凝聚的作用,在潜移默化中将办学理念、学校精神、价值取向等逐步内化为师生的自我要求,从而培养塑造其优良的个性品格,使之建立起正确的人生观、价值观和人生态度。

校园文化对内是维系学校的精神力量,能使全体师生对学校产生认同感,具有很强的凝聚力和影响力;对外则体现了学校的个性特色和精神风貌,是衡量学校办学质量和水平的重要标志之一。

学校的首要任务是育人,这是学校不同于其他文化单位的区别所在。德里克·博克主张:现代大学应积极服务社会,以其新思想、新知识和新文化引导社会前行,同时大学又要坚守自己的学术理念、学术价值和应有的高品位。胡锦涛总书记在庆祝清华大学建校100周年大会上的讲话,把大学的人才培养、科学研究、社会服务、文化传承创新四项职能并重。大学作为国家的高级文化单位,具有强烈的文化组织属性和特征,应当回归自我的本分——文化自觉,引领一个国家和民族内在的自我批判意识和社会主体的文化启蒙,注重文化精神的生成和重建。文化理性和文化反思应当是大学最活跃的生命元素。

弗莱克斯纳认为,大学应与社会保持一定的距离,不应随社会的风尚、喜好乱转;不应像报纸和政客那样见风使舵、赶时尚。大学基于一定的价值体系,在对社会风尚保持合适的批判性的抵制中,有助于避免愚蠢的近乎灾难的莽撞。"大学不是一个温度计,要对社会每一流行风尚都作出反应。大学必须经常给予社会一些东西,这些东西不是社会所想要的,而是社会所需要的。"

校园文化通过与整个社会的渗透交流,一方面促进社会文化的进步和发展,另一方面反过来又促进学校自身原有思想观念的不断更新。现代社会中人们在精神上越来越迷茫,渴望现代大学能够促进人的全面发展,重新担负起引领社会文化的使命。因此,加强校园文化建设,是学校自身发展的需要,也是社会进步的需要。

三、校园文化建设的价值立足点

(一)校园文化建设的价值立足点之一:人本

钱穆先生认为,中国的学问传统有"三大系统":第一系统是"人统",即"学者,所以学做人也"。一切学问,主要用意在学如何做人,如何做一个有理想、有价值的中国人。第二系统是"事统",即学以致用,以事业为学问中心。第三系统是"学统",以学问本身为系统,为学问而学问。其中最重要的是第一系统即"人统",可是在我们现在的学校教育中,"事统"很发达,"学统"也越来越兴旺,唯独"人统"最缺乏。

香港大学原副校长程介明也说到了相同的观点,他认为后工业社会时代,人的关键能力是对人、对己和对事的能力,而现代大学传授的是"对事"的能力,有关"对人"、"对己"的能力传授却很少。

从学校本质是育人的角度来看,根据学校发展的历史和应承担的社会责任,校园文化最根本的价值立足点应该是落在人统上,不能太具有现实功利性,要让学生成为自由而全面发展的人,让学生明白人存在的价值和意义,"让学生成为他自己",这不是指对人的原始与野性的放任,而是在教化之后的更高层次的觉悟。

(二)校园文化建设的价值立足点之二:民族

季羡林说:"国家发展、民族振兴,不仅需要强大的经济力量,更需要强大的文化力量。文化是一个民族的精神和灵魂,是一个民族真正有力量的决定性因素,可以深刻影响一个国家发展的进程,改变一个民族的命运。"

民进中央副主席王佐书认为:一个国家被消灭了,只要这个国家的文化依然存在,这个国家迟早要复兴。中华崛起需要文化的崛起,相信中华文化终有一天会如同西方文化在漫长的中世纪之后复兴一样,文化复兴已成为华人百年之梦。

中国正处于实现民族复兴的关键时期,学校责无旁贷地应当肩负起传承优秀民族文化和对社会文化引领的责任。这就要求学校加强中华优秀文化传统教育,保护、开发、利用民族文化的丰厚资源,全面认识祖国传统文化,提高文化认同与文化自觉。

纪宝成说过:"大学一定要有传统文化的根;大学培养的学生要有文化气质和文化底蕴;

大学生必须深深植根于我们的传统文化,得到陶冶滋养。"

就国家文化战略角度而言,加强学校校园文化建设,还应当立足于弘扬民族文化,使之与当代社会相适应、与现代文明相协调,保持民族性,体现时代性。

(三)校园文化建设的价值立足点之三:特色

温家宝总理说过:"一所好的大学,在于有自己独特的灵魂,这就是独立的思考、自由的表达。千人一面、千篇一律,不可能出世界一流大学。"《国家中长期教育改革和发展规划纲要(2010—2020年)》中提出:引导高校合理定位,克服同质化倾向,形成各自的办学理念和风格,在不同层次、不同领域办出特色,争创一流。纵观世界一流大学,每一所都有自己的办学特色、育人风格和文化理念。

校园文化体现在学校发展的方方面面,从学校自身发展的角度来认识,校园文化建设必须在遵循一般学校校园文化共性的基础上,彰显个性特色,这是学校自身发展的生命所在。

校园文化的特色需要结合办学历史、行业背景、职业特点、人才培养目标等方面来确定。

第四节　特色水教育校园文化

一、特色水教育与校园文化

广义的特色水教育既包括学校的特色水教育,也包括水利部门及其他社会单位的特色水教育。而校园文化既包括水教育校园文化,也包括其他内容的校园文化,一个学校不会只有一种校园文化。因此,特色水教育与校园文化二者有交集,但不等同。

在一所具体的学校中,狭义的特色水教育是校园文化的组成部分,也是校园文化的个性特色之一。这时的特色水教育即表现为校园水文化建设的内容,其教育目标和效果需要通过校园水文化体系的综合建设来保障。

二、特色水教育校园文化建设目标

根据全国水文化建设的现状以及特色水教育的宗旨,可以明确特色水教育校园文化建设要达到两大目标:

一是将特色水教育深化、内化,在校内开展研究和实践,使优秀水文化真正成为全校师生共同的价值观念、思维方式和行为标准,强化其导向、规范、激励、凝聚作用,增强其作为维系学校的精神力量,把学生培育成为具有"献身、负责、求实"的水利行业精神和学校精神的社会主义合格建设者和可靠接班人。

二是充分发挥校园水文化的引领和辐射作用,把校园文化与企业文化、行业文化、区域文化相融合,着力把学校建设成为具有一定社会影响力的水文化社会传播基地、水文化培训教育基地、水文化研究推广基地,使水文化成为学校的办学特色,成为学校的办学亮点。

三、特色水教育校园文化建设原则

(一)要坚持正确的发展方向

社会转型改变着中国社会的经济、政治、文化制度,社会结构发生变化,意识形态多元化,网络和各种媒体的快速发展,又使得信息传播快捷、广泛,信息内容良莠并存,社会文化以各种方式扩大着对社会公众的影响。在新形势下加强文化建设,必须首先坚持正确的政治方向,以马列主义、毛泽东思想、邓小平理论和"三个代表"重要思想为指导,深入贯彻落实科学发展观,坚持弘扬主旋律,正面引导、加强管理,努力做到"以科学的理论武装人,以正确的舆论引导人,以高尚的精神塑造人,以优秀的作品鼓舞人"。只有坚持以正确的理论作指导,才能保证校园水文化建设的正确导向,抵制形形色色的错误思潮,才能吸收国外的先进文化成果和中华民族优秀的传统文化,才能保证水利事业发展具有稳定的政治环境和健康的文化环境。其次要坚持科学的发展方向,树立全面、协调、可持续的发展观,要贯彻以人为本、人与自然和谐相处、统筹经济社会和水利发展等现代治水理念,真正促进水利事业和学校的持续快速发展。第三要坚持思想性、知识性、娱乐性相结合,吸引师生、凝聚人心,不断提高校园水文化的层次和水平,把校园水文化建设成为先进文化,对社会文化产生积极的影响。

（二）要充分体现浙江水特色

每所学校都有自己的发展历史,每个学科专业都有自身的行业特点,有优势和不足,师生的接受能力、心理认知、兴趣爱好等也均有差别。因此,要加强浙江特色水教育校园文化建设,只有从浙江实际、水利实际、学校实际出发,使之能真正对师生产生渗透力、影响力和震撼力,照搬其他校园文化建设或水文化建设的做法往往难以发挥其功能和作用。特色是生命,是竞争力之所在。只有有特色的文化才能长久,在社会文化中有所体现,并推动社会发展。与其他行业相比,水利行业有以下特点:①发展历史悠久。水是生命之源,人类文明发源于江河流域,人类诞生之初就伴随着与水的依存和斗争,因此,水利行业有着悠久的文化历史积淀。②工作环境相对艰苦。从事水利建设、水文测量、防汛抗旱等工作,往往是跋山涉水,日晒雨淋,经常工作、生活在交通不便、设施配套差的环境中。③由于历史原因和工作性质,水利职工队伍存在着整体学历结构层次和文化技术素质偏低、高层次人才不足、人才分布不均等问题。针对这些特点,校园水文化建设的特色要重在"水"字,做好水文章,要注重以水怡人、以水感人、以水育人、以水励人。

（三）坚持创新与继承相结合

"创新是一个民族进步的灵魂",社会在发展,时代在进步,校园水文化要始终保持旺盛的活力,必须与时俱进、改革创新,特别是在物质文化和制度文化方面,必须贴近师生的学习和生活,契合时代特点。但改革创新同时又要注重历史文化积淀,形成稳定的传统。要把有意义的水文化活动、文化设施、文化观念、水利典礼、仪式、节庆、校标、规章制度、水塑像、建筑物等继承固定下来,使全体师生能得到长期稳定的传统熏陶,从而对其思想观念和行为方式产生较为深远的影响。

（四）坚持系统建设和协调发展

校园水文化建设是一项系统工程,物质、制度、精神三个层次的文化都是校园水文化的重要组成部分,相辅相成,缺一不可。物质文化和制度文化都是在精神文化的指导下产生的,是精神文化的体现和反映。物质文化是最直观的表现形式,能够烘托文化氛围,通过作用于感官,对师生进行潜移默化的熏陶。制度文化通过对行为方式和人际关系等的强制性规范,直接影响价值取向和思维方式,反映出一所学校的管理水平。三者必须协调发展,互为补充,忽视其中一项,都会影响到另外两项的实际效果。

要强调校园水文化建设的系统性,做到物质文化、制度文化、精神文化相结合,从机构队伍、课程教材、社会实践、科技服务、产业开发等各方面系统地进行建设,形成完整的校园水文化建设体系。

四、特色水教育校园文化建设保障机制

(一)完善校园水文化建设研究教育机制

目前,全国在水文化建设方面还缺乏具有较高理论价值的经验可以指导实践,特色水教育还处于起步阶段,亟待加强水教育和水文化建设的经验总结和规律研究。要完善研究教育机制,积极开展特色水教育和水文化建设的理论及实践研究。深化认识,探索水文化建设的有效途径,从而更利于发挥水文化的功能,最大限度地挖掘水文化的思想性、科学性、创造性和社会性价值,为水利行业内各具体单位的文化建设提供有效指导。

学校办学理念、发展定位等是校园精神文化的重要内容,也必须首先科学合理地认识。要注重特色水教育、校园水文化建设以及学校发展等长远目标与阶段性目标的结合,以此统一师生思想。各类目标定位不能超出师生的承受能力,也不能定位过低,使师生缺乏奋斗的动力。

(二)完善校园水文化建设领导组织机制

专门成立由主要校领导牵头、职能部门负责人为成员的校园水文化建设领导机构,形成由宣传部、学生处、工会、团委等相关部门各负其责、相互配合、齐抓共管的局面。广大师生是校园水文化建设的实践者和创造者,要充分发挥其主体作用,以不同形式把校园水文化建设融入到丰富多彩的群众性活动中去。

设立学校水文化研究所、水文化创意工作室、学生水文化社团等,形成特色水教育教学、研究、实践团队。

浙江省专门成立了以省水利厅厅长领衔的浙江省水文化研究教育委员会,其办公室设在浙江水利水电专科学校。同时成立了浙江省水文化研究教育中心,与浙江水利水电专科学校合署,校长担任中心主任。这些机构的成立,都为水文化建设提供了更好的平台。

要逐步完善从领导机构到实体依托的完整的水文化建设组织体系。

(三)完善校园水文化建设物质保障机制

学校要从各方面积极鼓励、支持教师参与水文化研究教育,出台相应的政策及配套经费支持。学校经费预算中每年要确保一定的经费支持校园水文化建设。同时,广开筹资渠道,采取多种方式从政府财政及社会上筹措资金。

学校应当建设一批特色鲜明、设施先进的真实或仿真实验实训基地,为特色水教育提供良好的物质支撑。

水文化具有明显的行业特色,学校可以依托水利行业,争取水利部、省水利厅及各地水利局的大力支持和积极配合,与相关单位建立良好的合作关系,在水文化研究、教育和推广方面,进行资源互享,共同建设。

(四)完善校园水文化建设合作交流机制

改革开放以来,我国社会体制、机制发生了巨大变化,人们对单位和行业的依存度相对降低。网络时代到来,信息交流形式日趋广泛,打破了过去以单位和行业为主的界线。近年来,经济社会快速发展,学校和水利行业都出现了不少新情况、新问题,各项改革措施实行,传统的校园文化建设模式面临挑战,文化活动形式及内容已发生了较大的变化,师生的视野

开阔了,对校园主流文化建设提出了更高的要求。因此,校园水文化建设必须站在较高的起点,打破单一行业和学校的局限,加强校园文化与企业文化、行业文化及区域文化间的交流,兼容并蓄,吸收社会文化中的优秀成果,充分利用各种资源,把社会文化的共性与学校及水利行业的个性相融合,与时俱进,创新理念,创新内容,创新形式,打造出具有自身特色的校园水文化精品。要通过各种渠道和形式为社会服务,使校园水文化建设充满生机和活力。

第 2 章
校园物质文化建设

第一节　校园物质文化概述

一、校园环境文化

（一）校园环境文化的概念

校园环境文化有广义和狭义之分，广义的校园环境文化包括动态的校园人文环境文化和静态的校园物质环境文化，应当是精神文化、物质文化和制度文化的总和。校园物质环境文化，主要是以静态的物质形态存在的文化设施，包括校舍建筑、场地设备、室内外布置、花草树木等各方面要素的综合体，体现了学校特有的文化特征，以其独特的风格与文化内涵，影响着师生的理念和行为。校园人文环境文化是指学校长期积淀而形成的风气和文化氛围。具体地说，它包括学校的校风、学风、教风、文化传统、人际关系等，它是学校价值观、精神风貌、个性特色和社会魅力的集中体现。狭义的环境文化专指为了完成治学育人的任务需要而营造的一种良好的校园物质环境文化。

校园环境文化建设必须坚持高品位，努力构筑富有活力的、高尚的文化生态环境，这是顺利完成治学育人任务的重要条件。校园环境文化建设的最高价值在于满足环境基本使用功能前提下的文化素质教育价值。校园环境是承载精神、展现其美好意境的载体，通过欣赏高品位的环境文化，从而使学生得以解读校园环境中蕴含的精神，陶冶自己的情操，加深对生命的感悟，传递校园文化的精神韵律。

文化是一个由观念的因素和物质的因素共同交互，由政治、经济与社会生活互动共同编织而成的复杂网络。我们通常进行的研究与开发活动都是在这样一种文化环境下进行的，不仅通过文化环境来调动并组合研究开发的资源，而且我们的研究成果也只能由特定的文化环境给予评价。

当代大学生是一群朝气蓬勃、思想活跃的年轻人，大学校园是他们的露天"起居室"。我们要求校园环境文化具有知识性、和谐性、新奇性和丰富性，以便于开阔视野、深化思想。校园环境应通过综合运用其艺术语言，结合学校的自然与人文背景，表现出大学作为科学殿堂的一种神圣、崇高且震撼人心的科学美，一种与环境相和谐的自然美，一种展示着丰富的想象力和创造力的艺术美。

校园环境文化不仅是人化的自然环境,更是一个人为的心理环境。无论是被歌德称为"凝固的音乐"的建筑,还是被誉为"第二自然"的园林,或者是沉淀了历史节律和艺术家情感的雕塑,如果仅仅是为了装点校园,那么它便脱离了文化的轨道。因此,校园环境文化建设不能只停留在环境这面镜子中,更在于其强大的美的熏陶和同化力。

欧美发达国家的校园在环境育人方面更自觉,也更见实效。感受过牛津大学浓郁文化氛围的人无不赞同:对牛津学生真正有价值的东西,是它周围的生活和环境,大学生正是在所处的文化环境中通过积极主动的思维和感悟学到东西的。欧洲的许多世界名校,并没有宏伟壮丽的大门,也没有集中的现代建筑,甚至没有大片的草坪,不少大学的学院分散在整个城市内,然而一旦走进他们的院落或大楼,无不感受到一种唯有学府才特有的知识殿堂的庄严、肃穆和凝重。每一根廊柱、每一尊雕像、每一张布告,都散发出它们的荣耀历史、它们的不俗品格、它们的迷人魅力。良好的学校教育环境可以提供给师生更多的创造空间和动力,激发学生的求学兴趣,陶冶学生的情操,构建健康的人格,提高教育教学效果。如何创建独具特色的校园环境文化,让校园环境真正起到"春风化雨,润物无声"的作用,是摆在学校面前的一个重要问题。

(二)校园环境文化的基本特点

校园环境文化与其他形态的文化相比,有着明显的特征:

第一,时代性。随着社会的发展,即使同一所大学在不同时期也表现出鲜明的时代特色。

第二,连续性。尽管时代不同,形式各异,各大学保留着悠久的历史文化传统,作为一所大学的标志,渗透进每一个学生的血液中,充斥在他们的灵魂中。

第三,丰富性。校园环境文化的内容十分丰富,包括校园建筑、设施、装饰、花草树木等,制度文化、学术文化等也都属于广义环境文化的范畴。

第四,整体性。校园环境文化的诸多内容组成一个复杂的有机体,共同彰显出某所大学的精髓。

第五,社会性。大学是社会的重要组成部分,因而不可避免地受到整个社会大环境的影响,同时校园环境文化又影响着整个社会的风气。

第六,校园环境文化通过所有的感官影响个体。个体通过视觉欣赏到优美风景、通过听觉听到嘹亮歌声的同时,其他感官也频繁对个体产生作用。个体通过所有的感官(眼、耳、鼻、舌、身)来感知环境,其中,视觉是首要感官,也是环境作用于个体的主要途径,其他感觉所提供的信息可以依靠视觉来加强作用。大多数情况下,环境是通过多种感觉器官共同作用的。如果不同的感觉所提供的信息相互配合,就可能会形成更丰富、更强烈的环境气氛。

第七,校园环境文化与个体的关系。环境是个体行为发生的基础,而环境本身又是行为发生的场所,因而二者不可分割,永远处于互动之中。

(三)校园环境文化的结构

校园环境文化是校园文化的重要组成部分,它的内涵十分丰富,既包括物质的,也包括精神的,既有外在的,又有内在的,各要素之间构成一个十分复杂的系统。按照不同的标准,校园环境文化可以划分为不同的类型。

1. 自然环境

按环境要素的属性划分,校园环境可分为自然环境和人文环境,或称硬环境和软环境。当然,二者不能截然分开,在大学的氛围中,二者紧密结合,才形成大学所特有的环境文化。

(1)校园自然环境的含义

环境有自然环境与社会环境(也称人文环境)之分。自然环境是社会环境的基础,而社会环境又是自然环境的发展。自然环境是环绕人们周围的各种自然因素的总和,如大气、水、植物、动物、土壤、岩石矿物、太阳辐射等。具体到一所大学的自然环境,是指校园的基本设施,它包括大学的教学、科研、生产、生活环境及其文化体育设施。它既是大学一切活动的基础和场所,又是区别于企业、农村、机关等单位的物质特征。具体来讲,主要指校容校貌、校园绿化、自然物、校园雕塑、建筑物、各类教学、体育、文化娱乐设施以及有利的学校地理位置,等等。

校园自然环境是一个特殊的自然环境,其特殊性就表现在它对学生的教育作用更直接、更潜移默化。校园自然环境的好坏直接影响着师生的情绪和心理。清洁、优雅、整齐、有序的环境,不仅可以激发师生的自豪感和凝聚力,而且可以提高工作、学习效率,影响师生的行动及其人格。正如美国斯坦福大学第一任校长约旦(Jordan)在他的开学献辞中说到的:"长长的连廊和庄重的列柱也将是对学生教育的一部分。四方院中每块石头都能教导人们要知道体面和诚实。"

(2)校园自然环境建设概览

中国古代的校园就已经意识到校园自然环境建设的意义,宋代的四大书院——白鹿洞书院、岳麓书院、嵩阳书院、睢阳书院,其中前三所都位于著名的风景区。白鹿洞书院地处庐山五老峰下,前有流水潺潺,后有松柏蔽日。岳麓书院地处湖南长沙岳麓山下,倚山而瞰湘江,尽览壮美山川。嵩阳书院则地处中岳嵩山南麓,背靠峻极峰,面对双溪河。睢阳书院位于城郊平原地带甚至闹市中,缺乏地理位置的优势,既无列嶂群峰,亦无泉洞溪湖,难得自然山水之利。于是便叠石置山,引水开池,造出许多精致小巧的山景水景来,更显匠心独运。"天人合一"的自然观源远流长,自先秦时代开始便深刻地影响了中国学术的发展方向和治学方式,与大自然接近,能令人的生命得到净化,对内心的欲望有一种荡涤的作用。书院选择山环水绕之地营建,目的是为文人的修读创造一个良好的环境,将书院置于一个群山环抱、流水潺潺、绿荫掩映的环境之中,才能促使文人学子修身养性、感悟人生。新中国成立后一段时间,大学的自然环境建设落后,外国人来到中国的大学,看到仅有的几排教室,竟然以为是工厂。随着经济的发展,20世纪90年代以后,我国大学校园的自然环境建设才逐步走向正轨。

如诗如画的大学校园,精妙的园林、清澈的湖泊、典雅的建筑成为无数学子的向往。在21世纪,校园景观渐渐上升为学校综合实力的重要组成部分,同时也成为莘莘学子选择大学的一个重要标准。走进校园,你会不由自主地被大学那独特的氛围感染,首当其冲的就是点缀校园的自然景观。路旁成荫的树木,勾勒出通向智慧和勤勉的通道;碧绿如茵的草地,铺展开欢声笑语歌谣的画卷;偶尔点缀的山石,拼凑成激扬文字指点江山的神韵。更不用说每所大学所独有的风景:北京大学的湖光塔影,映出的是燕园的古典传统;清华大学的荷塘月色,绘成的是水木独有的志趣理想;中山大学的树影婆娑、鸟语花香,尽显南国风光之妩媚;武汉大学的山水相宜、古今和谐,承载中华园林之精妙;厦门大学的滨海风光、秀色可餐,顶蓬莱仙境之灵气;四川大学在西南名都、竹溪佳处,乘望江楼之胜观……这些或是自然生成或是人工巧琢而成的校园景观,令校园透露出盎然生机。自然和谐的美景净化了空气,美化了校园,同时也陶冶了性情。

2.内部环境与外部环境

按照大学的地域范围划分,校园环境文化可以划分为内部环境和外部环境。学校内部影响其发展的因素称为内部环境,包括作为学校活动主体的人和由人所构建的学校管理和教育教学环境。学校外部影响其发展的因素称为外部环境,包括学校周边的物质环境和由社会舆论、教育制度、管理系统、家庭教育等所构成的社会环境。学校是在内外环境的相互作用下实现其发展的。学校不同,内外环境不同,学校与环境的相互作用不同,所造成的学校发展状况和水平也不同。

(1)内部环境

学校内部环境是影响学校发展的重要因素。从教育是为学习者提供良好发展环境的角度,把学校中人的发展作为学校发展的中心,与人的发展相关联的学校中的一切事物都应纳入学校内部环境建设的范畴。学校内部环境作为学校内对师生发展有影响作用的因素和条件的总和,其构成包括办学条件、师资水平、管理水平等。

(2)外部环境

从大学与社会的关系看,校园环境是社会环境的亚环境,既有独立的一面,又不可能完全独立,必然受到外部环境的制约。从大学所在的地理位置看,它必然受到该地区自然环境、文化环境的影响;从大学所起到的教育作用来看,大学无法摆脱家庭环境和社会环境的影响。因此,影响大学生成长的因子必定是多元和复合的。

(四)校园环境文化的功能

概括来说,校园环境文化的功能表现在:第一,育人功能。完成培养学生的工作,包括品德的培养、知识的启迪、审美的熏陶,把学生培养成为有独立个性的全面发展的人。第二,管理功能。校园环境文化对师生都有约束力,它调节、控制着干群关系、师生关系、人和物、时间、空间等之间的关系,促进学校的管理。第三,传播功能。校园环境文化传播着民族优秀传统文化、现代社会主流文化,有选择地传播大众文化、世界其他国家民族的文化,促进文化的了解、交流、融合和发展。第四,凝聚功能。校园环境文化能加强师生对学校的认同感、归属感、荣誉感,团结师生,凝聚师生,好好学习,好好工作,好好发展。第五,辐射功能。校园环境文化由于有正确的领导和统一的管理,能成为先进文化的代表,使学校真正成为社会主义精神文明的孕育摇篮和辐射基地。下面我们主要来探讨校园环境文化的育人功能。

1.潜移默化的育人功能

校园就其本质而言是一种文化机构。学校的出现,是为了继承文化、传播文化和创造文化,通过文化的继承、传播和创造,促使受教育者进行社会化、个性化和文明化,从而塑造出健全的人、完善的人。因此,高校的教书育人、管理育人、服务育人最终将通过文化的传承和创新来实现。而任何事物的发展都离不开其周围因素的影响,我们把这些事物称之为环境。环境是指围绕着人的全部空间以及其中一切可能影响人的生活与发展的各种天然的与人工改造过的自然要素的总称,它主要包括自然环境和文化环境。而文化则是通过介入和渗透,在潜移默化中与环境相互作用从而规范内化自己的行动。所谓文化,其本质是做人、教化人、塑造人、熏陶人。而校园文化的含义是：以大学为载体所形成的文化，其主体是教师和学生。校园文化既是传承的结果，也是创新的结果，是一个历史的筛选、积淀过程，也是一个承前启后、除旧布新的过程。因此，办学从一定意义上说就是办一种文化、一种氛围，在其氛围中让受教育者成长成才。如果说校园文化是优美的旋律，那么环境就是一个个跳动的音符，只有两者相互作用、相互配合才能谱出优美的韵曲。因此，营造氛围、优化环境是育人的更高境界，环境与校园文化有着不可分割的关系。

校园的建筑、园林绿化、生活设施、教学设备以及这些要素的组合，蕴含着巨大的潜在教育意义。良好的校园景观能给人一种精神感召，陶冶人的情操，制造一种整体的环境氛围，为广大师生的学习生活提供良好的环境。学校应努力通过校园景观建设为学生增长知识、陶冶情操、净化心灵、塑造优秀的品格，创造更加良好的环境，使千万学子步入学校殿堂就受到学校精神的无形感召，成为学校精神的传承和实践者。美的自然环境可以减轻人们的精神压力，产生一种积极向上的、健康的心理感受。学生在树林中的小径穿过，坐在草地上玩耍，看到潺潺的小桥流水和清凉的喷泉会产生一种摆脱紧张的学习压力的感觉，并且心情愉快。

校园自然环境的作用体现出"桃李不言"的特点，能使学生不知不觉、自然而然地受此熏陶、暗示、感染。因此，学校物质环境文化的设计必须强化环境育人意识，使校园环境充满着文化色彩，"努力使学校的墙壁也讲话"。作为学校的教育者，如果能使学校各种物质的东西都能体现出一种学校的个性和精神，都能给学生一种高尚的文化享受和催人奋发向上的感受，那么，校园的物质环境就会成为一位沉默而有风范的老师，起着无声胜有声的教育作用。我们平时所说的"环境育人"，就是指周围环境对人们的精神、健康和言行等所产生的影响。绿化美化，营造优美环境，对于学生的身心健康、智能开启、知识增长、道德提升具有非常重要的意义。自然环境可以净化人们的心灵，提高文明道德水平，增长知识，促进社会进步；让人们在绿色和谐的环境中享受幸福、得到教育、受到启迪。优良的校园自然环境是通过优美整洁的校容校貌对学生施加积极影响而起到教育作用的，是一种潜移默化的隐形影响，一个生机益然、优美清洁、整齐幽雅、井然有序、温馨舒适的校园自然环境，能够使学生获得赏心悦目的精神享受和方方面面的有益启迪；能够陶冶学生高尚的道德情操，激发学生的集体荣誉感和奋发向上的进取精神，提高学生的审美情趣和优化意识，激起学生生动活泼的情绪和强烈的求知欲望，促进学生良好习惯的形成、巩固和发展；能够起到以美辅德、以美益智、以美增健、以美添巧、以美育人的作用。总之，优良的校园自然环境对提高学生的道德、文化、身体和心理素质都起着不可估量的作用。

校区规划与建筑设计理念超前是建设人性化、生态化、数字化校园的前提与基础。景观的美化与绿化使校园的山、水、园、林、花、草、石、路、廊等相得益彰，达到使用功能与审美功能、教育功能的和谐统一。校园建设是学校校园物质生活的重要组成部分，它既是校园文化的物质载体，也是校园文化教育发达程度的外部标志。其独特之处就在于学校校园是培养人才的地方。人才的培养，不仅在于课堂知识的传授，品格、情操的培养，很大程度更依赖于校园环境的潜移默化作用。纵观古今中外的大学发展历史，无不注重校园环境教化育人的重要作用，学校校园建设是校园精神文化的物化形态，它构筑并丰富着校园的审美空间，是校园文化精神传承的重要载体和途径，对大学生文化素质教育有着不可替代的推动作用。因此，按美的标准规范校园的基本建设很有必要。从校园的整体规划到单体建筑的设计，从一扇橱窗的制作到一块标语牌的造型,从一条小路走向到一处小景的风格,都体现着学校的精神,展现着学校的文化底蕴,从而提高学校文化生活的品质,使学生的个性得到不断完善和丰富。因此,进行合理的规划,创造优美的校园环境对于校园文化的发展是不可或缺的。

(1)优美的校园环境,可以促进学生的智力发展。

植物世界本身就是一本大百科全书。通过认识植物,增长植物学知识,开发人类智慧,使自然科学为人类服务。校园里的绿色植物上悬挂标识牌,牌面用中文、英文、拉丁文等文字标注植物名称、科属等,使学子们能经常认识植物,了解植物,从认识植物到了解植物。人们也在认识植物、增长知识、增长智慧的基础上,激发了识绿、爱绿、护绿的热情。卫生优美的校园环境、赏心悦目的花朵、生机盎然的绿叶、丰富充足的氧气都对人们的思维起着重要的调节作用,能够持久地激发人的思维能力和创造力,从而高效率地学习和工作。

(2)优美的校园环境可以陶冶情操,培养学生健康的审美情趣,提高精神境界。

当人们身临绿色世界时,必然感到心情开朗,疲劳顿消,既陶冶了情操,提高了审美素质,又焕发了对生活的信心和勇气。学生生活在优美的自然环境中,必然能唤起审美愉悦,激发其对美的追求精神和创造美的积极性。优美的校园环境能够唤起人们的愉悦情感,把注意力集中到自然美的欣赏中去,净化人的心灵,使人心旷神怡,忘记挫折的痛苦和冷落的寂寞,消除心理障碍,从而振作精神,重拾生活的勇气。

(3)优美的校园环境可以增强大学生的环保意识,提升大学生的道德水平,养成学生爱护环境的良好习惯,促进学生公共道德的不断提高。

师生们经常漫步于环境优美的校园中,可以逐步养成保护植物、爱护植物的良好习惯,形成较强的环保意识。在绿色环境中,人们既能提高学习质量和工作效率,又能在学习、工作、休闲和娱乐中受到环境的影响,逐步养成建设环境和保护环境的好思想、好风尚,焕发当代学生的精神风貌。

总之,校园环境既要美观、大方、富有现代气息,又要表现校园的文化特色,既各具风格,又协调统一,同时还要结合周边的园林布局作相应的环境艺术设计,体现人与自然、建筑与自然的和谐统一,针对不同功能区域精心营造出不同的文化氛围,将校园建筑有机地融入优美的校园景观之中,展现浓郁的校园文化教育特色,体现学校深厚的文化底蕴。因此,校园文化的发展离不开优美的景观,优美的景观环境在校园文化的氛围中更显其独特风采。

2.隐性教育功能

人文环境是一种特殊的校园文化,是构成学校办学实力和竞争力的重要组成部分。它不是简单的唱歌跳舞、跑步打球,而是学校精神、学校传统和学校作风的综合体现。学生在学校更重要的是感受一种文化熏陶,包括学校的学术氛围、教师的治学态度和方法、高雅的文化熏陶等。人文环境是一种氛围,是引导人、激励人、鼓舞人的一种内在动力,是一种不可或缺的软实力。

由于校园人文环境的巨大育人功能,优化校园人文环境成为进行道德教育的重要方法,每一所大学都致力于建设完善的校园人文环境。文化是无所不在的,校园文化也是如此,它浸透在全校师生员工的全部行为和人与人的关系当中。

(1)深厚的文化底蕴有助于全面提高大学生的综合素质

大学教育是在普通教育的基础上进行的高等专业教育,以科学教育为主,受教育者必须具有一定程度的人文素质。当前和今后的一个时期,边缘科学、交叉科学层出不穷,学科之间相互交叉、相互渗透,特别是自然科学和人文科学的交融,对当代经济和社会发展产生了很大的影响。面对这样的发展趋势,对当代大学生来说,仅仅掌握本专业的知识是远远不够的,还必须掌握一定的与本专业有关的前沿知识。科学发展的这一特点要求大学培养出来的人才具有综合的知识结构,能够从整体上认识和把握客观世界。

(2)和谐的人文环境对大学生高尚品德的形成起着推波助澜的作用

学校文化活动的内容、方式以及所形成的文化氛围,处处渗透着教育的目的,对学生起着直接或间接的导向作用。校园文化环境深刻地影响着每个学生的发展方向,特别是影响着学生的价值取向、思想品德和生活方式的选择,影响大学生正确地认识自我。自我认识是人类自我意识的重要组成部分,即自我观念和自我评价,而自我观念的正确与否必然影响其自身的品德修养。正确的自我观念是形成高尚品格的前提,没有正确的人生观就不可能有高尚的品德修养。学生正确的自我观念是在良好的教育教学条件下逐渐形成的,在这一过程中学校人文环境起着至关重要的作用。大学生步入高校,自我观念正处于成熟或接近成熟阶段,因此良好的高校人文环境势必对大学生高尚的思想品德修养起着推波助澜的作用。

环境对于人的品格影响的巨大作用,使我们必须重视发掘校园的文化资源,以发挥环境的育人功能。学校是有目的、有计划、有组织地向学生系统传授社会规范、价值标准和知识技能的独立机构。大学的基本职能是人才培养,学校教育是人发展成才的基础,是人的素质形成的重要因素。良好的校园文化环境是塑造理想人格的阳光、空气和土壤,是素质教育的有效途径。

(3)良好的人文环境对学生的身心发展具有熏陶作用

学校人文环境长期陶冶学生品性,一个人长期在文化内涵丰富的环境中生活,久而久之必成性格。校园中各种学术探索、知识讲座、文体活动都对学生的身心发展具有潜移默化的熏陶作用。在学校人文环境中,起主导作用的是教师的人格特点、心理健康状况、教育方法和手段以及高校的校风、班风,对学生处理人际关系产生深刻影响。优良的道德教育环境推动和激发人们奋发上进,不良的道德教育环境则助长歪风邪气蔓延,常常引导人们走向不良的方向。校园人文环境利用其感染力量,影响人的思想、陶冶人的情操,使人在不知不觉中接受影响。

(4)良好的人文环境有利于大学生提高思想觉悟,培养进取精神

校园文化集中体现着学校成员共同的价值观念,它像一条无形的纽带联结着学校及其成员,引导个体把自己的追求置于学校总体目标之下。校园文化以熏陶为手段,成为对学生进行思想政治教育的有效途径之一。学生在校园文化的潜移默化中受到启迪和教育,对自己的人生观和信仰进行审视,达到提高思想觉悟、培养进取心的目的。大学人文环境能使学生从中找到表现和发展自己的领域,看到自身的价值,建立起自信心和荣誉感。学校各项活动极大地开拓了学生的视野和想象力,锻炼了他们独立思考的能力和创造才能,强化着他们的竞争意识,并不断提高他们的自信心、进取性、创造力、竞争力等素质。

二、校园建筑文化

(一)校园建筑文化概述

在当今信息社会和知识经济中,现代大学不仅是国家经济发展、社会进步所需的主要人才培养基地,而且是城市创新的节点和窗口。为了适应高等教育转向培养大学生的创新能

力、实践能力和创业精神,普遍提高大学生的人文素质和科学素质的教育新体系的需求,现代大学校园建筑不仅要创建有形的校园,更要营造无形的校园,营造自身特有的环境氛围,即将建筑设计贯穿于整个大学的教学、工作、生活与交往的始终,达到理性与感性的融合,并通过空间、功能、意象的转换使大学建筑成为城市最具特色、最具亲和力的地区。

浙江水利水电专科学校校园平面图

1.校园建筑的构成

现代校园"以人为本"的教育理念与模式直接影响现代校园的布局规划和建筑形态,表现出了日渐浓厚的人文趋向。通常校园建筑的构成主要包括建筑空间、建筑形态和建筑的文脉。

2.建筑空间

建筑的空间通常以其内部私密性为核心按层次排列,这种"私密性层次在所有的文化状态中都以某种形式存在着"。校园建筑空间的构成应该和大学里人的交往需求相符合,是校园建筑空间设计中重要的组成部分。

校园建筑空间主要有以下几种类型:建筑外部的聚集空间,如校园广场、公共草坪;建筑内部的聚集空间,如教学楼、图书馆、实验楼、宿舍楼的建筑内部;建筑内外交接处的空间如门厅、连廊等。

3.校园建筑形态

传统校园建筑群体往往讲究布局规整,过分强调轴线和对称布置,形状也比较刻板,再加上建筑较为封闭,室内外难以交融,这样的环境很难满足学生充满朝气的心理需求和现代教育强调双向互动的要求。现代校园的布局讲究构图的艺术美、形式美,它是各种功能有规律的合理组合。这种富有节奏感、韵律感的构图变化使得空间效果改变,空间更加丰富多彩,更多地诱发学生思想灵感和智慧的火花。学校有高于社会的文明格调。景观布局、建筑设施、一草一木、一水一石都给人以美的享受与熏陶,构成一个统一的有机整体,共同组成高品位的育人环境。

4.校园建筑文脉的延续

建筑的文脉是指建筑元素之间的内在联系,即人与建筑、建筑与所在环境、整体环境和文化背景之间的联系。校园建筑也需要对校园文化和文脉的承袭,这是由一定的行为准则、心理素质、风俗习惯、思维方式和审美情趣决定的。学校的发展在于继承过去、开创未来,对历史传统的继承,对自然环境的尊重,对学校所在地域特征的体现,以及对悠久校园传统的延续。学校建筑的设计是以熟悉教育规律、熟悉学校发展的历史为基础的,大学建筑应该用合适的符号和语言来表达深沉的校园文化底蕴。

(二)校园建筑中人文精神的特征

现代大学作为传播文化知识、培养高素质人才的殿堂,除了具有一般意义上的人文环境和人文精神外,还有其特定的人文环境和人文精神,有其内在的气质和根本价值追求。特定的人文环境和人文精神体现了大学的价值取向、审美趣味,其实质是文化传承、科学精神、求真求善。

1.文化传承

人文精神和科学精神是所有学校的精气所在。人文精神是社会性的遗产,也同文化一样代代相传,从而形成人文精神的历史。一所个性鲜明、富有影响力的学校,肯定会有自己的历史积淀和文化架构,以及稳定的价值观和理想。对学校的要求及本身的性质也决定了学校最重要的精神是求真的精神,即科学精神。学校培养人才,一方面应该是传授知识,使学生接受和承认真理;另一方面也是更重要的一方面,是使学生具有探求真理的精神。

2.求善唯美

求善唯美不仅体现在追求外表的漂亮,更体现在追求外表与内在的统一,即追求完美。完美的精神既是一种艺术的精神也是一种科学的精神。而艺术的精神本身就是一种人文精神。艺术的本质是在科学找出世界的基本原因和基本规律后,表现世界的基本原因和基本规律,只有真实的才是美好的。要表现真实,唯一的办法是严谨、认真、实事求是,这实际上就是一种科学的态度。因此,艺术的精神是对学校的要求和由学校本身的性质决定的。

(三)人文精神和校园建筑的关系

建筑的人文精神是指建筑文化要以人为本,以人为中心,尊重人,体现人的需要。人文精神是以人为万物之本,从人自身的特点出发去衡量万物的价值。建筑作为人的创造成果反映了人类的思想变化,而人文精神作为人类思想的一部分在建筑中得以体现。

1.建筑体现人的生命价值

建筑是为了满足人的活动所需要的场所而设计的,当人的这些使用目的得到实现的时候,他们会产生精神上的满足感,感受到自身的重要性和尊严。当建筑的设计更加舒适化、细致化的时候,这种满足的程度就随之加深,人文精神在建筑中的体现就得到了进一步地加深。从建筑这个角度来说,体现对人的生命的重视和维护,体现人的尊严价值的最重要的方式就是创造人性化的建筑空间。人性化的建筑空间的创造要符合人的需求,而人对建筑的需求最原始的是使用的需求,然后发展到了精神的需求,精神需求是建立在物质需求的基础上的,当物质需求没有建立时,精神需求就失去了它所依托的基础。

2.建筑人文是文化的一种形式

文化与建筑本身是不能等同的,文化的覆盖面是很广泛的,它所面对的是极广的人类现象,而建筑的类型不管丰富到什么程度,它永远只能属于文化中的一小部分;另一方面,建筑是物质,是能为人所见、所触摸的形式;而文化是抽象的概念,它只是以定义的形式存在,人们只能从它的作用、表现和产物中才能看到。所以建筑的文化性,应该是人为加入的因素,是人的思想观念认识发生改变之后在建筑中产生的影响。

3.建筑是人文精神的一种载体

大学的发展在于继承过去、开创未来。对历史的尊重和重视,对悠久的校园传统的延续,体现了校园文化性的本质特征。大学校园文脉是通过校园肌理(包括现有建筑风格、材质、色彩、空间布局方式等)、传统文化、历史事件中获得意义的,体现的是大学独有的社会文化价值。每个大学都有充满回忆和个性化的历史,大学校园历史、场所、文脉、精神是大学宝贵的财富,它能带给大学生情感上的归宿和文化认同。

三、校园标识文化

(一)校园标识文化的概念和内涵

提起某学校的名字,人们不由自主地联想到该校的校名、校徽或校门等具有学校特色的各种标志。各校也纷纷以校庆、迎接学校评估等重大活动为契机,广泛在校内外征集和改进学校标识设计和创意,以此扩大对外宣传和提升学校知名度。随着学校对品牌的追求和认识,校园标识文化也逐步规范和系统起来,成为具有丰富内涵的校园文化的一部分。

标识:即标志或标徽,它是以特定而明确的造型、图形来表示某个事物、代表某个事物,是一种让人识别的标记。识即认识、识别。除了有"记住"的意义外,更多的是一种沟通。识别具有两层含义:一是个人或团体内在的统一性;二是该团体和成员的外在表现,它包括视觉和行为两个方面,团体通过有效地表现形式向外统一传递自身的精神内涵,和其他群体产生差异,进而有效地进行识别,以证明自身的存在。

(二)校园标识文化的分类

校园标识文化的分类可以从广义和狭义上理解。广义的校园标识文化指的是代表学校形象的识别,即"学校形象识别系统"。狭义的校园标识文化指的是具体的学校标志,如校徽、校园特色建筑等视觉的体现。因此,校园标识的分类大致如下:

1.按识别的方式分类

无论是走在大街上,还是打开电视、翻开报纸,总有形形色色的产品宣传跃入人们的视线,当走进琳琅满目的商品超市时,面对花花绿绿的同类商品,作为消费者就会选择自己耳熟能详的一种商品——这就是"品牌效应",也是"企业形象识别系统(Corporate Identity Syetem,简称CIS)"运作的结果。随着"教育产业化"的提出,建立"学校形象识别系统(University Identity System,简称UIS)"也逐渐被学校认可和运用到实际中来。

高等教育的产出是高校的教学、科研成果。高校个性化特色教育的产出将是一种标识,并在公众中有较高的知名度和信誉度,这就是高校的品牌。按不同的识别方式来分,学校形象识别系统(UIS)可以概括为大学理念的识别(Mind Identity of University,简称MIU)、大学行为的识别(Behavior Identity of University,简称BIU)和大学视觉的识别(Visual Identity of University,简称VIU)三大类。其中大学理念的识别即指的是大学精神特征和办学理念;行为识别指的是大学所有规章制度及运作系统;视觉识别指的是大学外观形象系统。有的资料表述中将大学中分布在不同场址、布局、建筑、园林、景观以及各类场所中的标识符号称之为校园环境识别(Environmental Identity of University,简称EIU)。与以上三种识别分开来看,笔者认为,校园环境识别总体上是在多种形式的建设中强调视觉的识别与统一,应该属于大学视觉识别系统范畴。三种识别的具体内涵如下:

一是大学理念识别系统(MIU)。

MIU 是指大学在长期发展中逐步形成的基本精神和具有独特个性的价值体系,具体反映在学校的办学理念、办学宗旨、发展理念、学风、校风、教风、教育质量、学生质量等的诸多方面,是形象设计的核心部分。

高校办学理念是高校办学的价值取向,它来源于对教育活动的理性思考和对高校情况的全面诊断。就其构成要素来说,它表现为:

(1)高校的角色定位和学校情况诊断——我是谁? 本校是一所怎么样的学校? 有哪些优势和劣势? 面临哪些机遇和挑战?

(2)高校的办学宗旨和发展目标——我要做什么? 教育和培养什么样的人? 国家教育方针的基本精神是什么?

(3)高校的经营哲学——我要怎么样做? 当人才培养目标确定之后,课程如何设置? 团队如何建设? 教学如何组织? 只有当学校全体成员办学理念达成共识时,才能形成志同道合的教育集体。

二是大学行为识别系统(BIU)。

BIU 是指大学在高校办学理论指导下逐步培养起来的所有的规章策略及运作方式,是高校形象设计成败的关键,它的成功能为高校品牌形象打下坚实的基础。

行为识别系统包括校纪、校训及各种规章制度、师生员工培训、教育教学活动策划、科研课题研究、公共关系等高校行为,可具体划分为内外两大系统。

高校行为识别的内部系统主要有:

(1)教育政策与法律法规;

(2)学校章程;

(3)组织机构设置;

(4)人员岗位规范,包括岗位性质、任职条件、责权利等;

(5)综合性规章制度,如奖惩、会议、请假制度等。

一种高校精神的形成,这一系列规章制度的强制力量也起着不小的辅助作用。对内要求建立和完善学校的组织、管理、教育、科研、福利制度和各种奖惩制度,学校内部的组织成员(包括学校领导者、教职工、学生)要遵章守法、维护学校的形象。

高校行为识别的外部系统主要有人际交往活动和传播活动。对外通过学校的公益活动、文化活动、教学科研水平、人才质量等产生一种识别,即人们通过学校的行为及其成果去识别、认识一所学校。

三是大学视觉识别系统(VIU)。

VIU 则是精心设计的反映学校历年行为特征的一整套视觉标识。大学中最传统的校徽、校旗、校门等,均属于 VIU 系统,它们是 UIS 中重要的内容之一。它具有将学校的办学理念、文化特征、专业特点、行为模式等抽象语言转化成组织化、系统化、标准化的视觉方案,准确地传达给公众,良好的外观形象有利于公众的认知、记忆、认同,也能提高师生的自信心、自豪感和凝聚力。

2.按标识的视觉形态分类

可以把学校的中英文名称或汉语拼音字母加以组合和修整,但由于文字和字母使用的广泛性,标识创作过程中尽量强化个性特征。此类标识也极易出现近似与雷同,如浙江工业大学的校徽,用校园富有特色的标识性建筑来阐释办学理念或学科特色。

浙江工业大学校徽

每一所大学既坐落在一个错综复杂的城市当中,内部往往又有若干院系、行政部门、附中、附小、校医院、教师生活区等,可以说一所大学就是一座城市的缩影。一座现代化的城市不论植物或人物都可以成为设计素材,前提是它需要具有独特性和较高的认知度,例如:杭州师范大学的标识中就有学校标志性建筑物——图书馆大楼的图案。

杭州师范大学校徽

3.按应用环境可分为户外和室内标识导向系统

(1)户外标识导向系统

按照户外不同的用途大致可分为:校外交通指示牌;学校名称标识牌;办公楼、教学楼、其他建筑物标识牌;学校建筑分布总平面图标识牌;立地式分流标识牌;立地式带顶棚宣传栏;植物知识介绍牌;爱护花卉草地标语牌;安全警告牌九大类。

(2)室内标识导向系统

将室内的标识详细分类是非常必要的,它既能指引外来者迅速到达目的地,提高人们的工作效率,同时也用多种艺术化形式体现出一种人文关怀。因此,室内标识导向系统包括立地式或挂墙式楼层总索引牌;分楼层索引牌;楼层号牌;通道分流吊牌;各科室名称牌;名人名句展示牌;各办公室或实验室工作职责;班级课程表;公共安全标识牌;温馨标语提示牌;洗手间、开水间、教师休息室等功能标识牌。

4.按应用对象可分为车行和人行标识导向系统

（1）车行标识导向系统

行驶在校园内的车流量较大时，既影响正常的教学秩序，又不利于师生的安全。因此，校园车行标识导向系统的设计应符合国家交通标识规范，尽量采用国家或国际通用标识符号和色彩，主要分为以下三级：

一级：在大学校园外交通道路两旁设置的大学形象标识，明确指示学校的方向和距离，一般由市政管理统一制作安装。

二级：主干道以及主要入口。如校内车行导向牌、主要指示校内建筑坐标等。

三级：各分区内道路等车行导向牌，指示分区内主要建筑和单位及方向。

导向系统的制作和表现应尽量结合 VIU 系统展现出校园统一、明确、个性化的特色形象。

（2）人行标识导向系统

校园人行和车行要完全分开，人行系统和车行系统并行并延伸到建筑内部，并最终到达构成场所的基本单位——房间。人行标识导向系统是学校对外传达信息的主要途径，其功能不仅仅是标识学校各建筑物的存在，而且具有公众引导和广告宣传的功能，主要分为以下五级：

一级：主入口。一级导向牌信息密集，上面应有校园地图、分区图、校园建设大事记、校外导向信息，放于人流密集区域和校园主入口处。

二级：规划路与分区内道路等。二级双面导向牌有地图和信息导向信息，指示清晰、明了、连续，安置于各分区十字路口，并标注消防等特殊设施的方位。

三级：建筑物前指示标牌，标识建筑内部单位及建筑物介绍。

四级：建筑物内部标识。一般包括建筑物总索引或平面图、各楼层索引或平面图、楼内公共服务设施（如洗手间、开水间、教师休息室等）标识、出入口标识、公告栏等。

五级：包括建筑物内各个具体功能房间的标识牌和户外的一些具体标识牌，是最后一级导向，如门牌、窗口牌、设施牌、树名牌、草地牌。其中窗口牌则主要针对学生食堂、校内银行、公共浴室等空间内部的功能性指示牌；设施牌主要指的是公共服务设施中的标牌，如报亭、书店、超市、洗手间等。

5.其他识别

如今学校领导的形象也是学校识别的一个重要部分，国外有人提出了"魅力领袖"的概念，认为一些领导个人具有特殊的魅力，如长于使用新方法、超越现有常规等。学校领导以超常的魅力为学校树立起独特的形象。学校领导在为学校设计和塑造形象的同时，自身也成为识别的一部分。再如在公众活动中出现的统一服饰等，也可以成为学校的特色标志。服装主要包括制服、长裤、T 恤、帽子等。

随着人们对学校品牌的重视和学校社会化的运作，也必将出现形式更加多样化的识别方式，校园标识文化的内容也会随着时代的发展更加丰富多彩。

（三）校园标识文化的特点

如果说"企业文化"建设的目的在于"建立符合企业实际的、有个性的企业文化管理模式"，那么校园标识文化的目的则在于建立一种符合学校实际的、有特色的学校标识文化模式。因为每所学校的历史文化传统、管理理念与模式、学科分布与教学特点及行为价值观等均有不同，校园标识文化建设应在保持本校文化传统、管理理念等一致的基础上，注重培

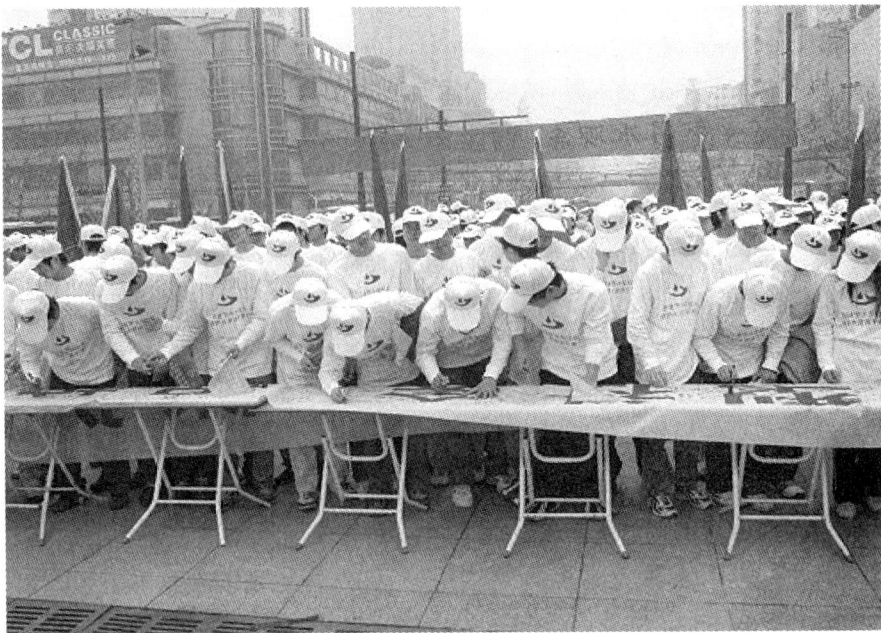

学生统一服饰

育具有学校个性的标识文化。展示出学校的个性、提高竞争力,这不仅区别于其他学校的标志,而且是学校生存发展的驱动点。只有立足本校校园文化的深厚积淀,结合学校的发展远景,才能有所发掘和创新。校园标识文化除了具有标志的共同特点如功用性、识别性、多样性、艺术性等特点外,还有以下特点:

1.时代性

校园标识应该是时代特征的代表性展示,不同时代的学校理念、校训、校徽有所不同。新时代的标识既体现传统,又被赋予新时代的含义。每所学校的办学特色要与时俱进,体现时代精神。比如对师范生的要求"学高为师,身正为范",过去强调的"学高"是专指"做学问"和"掌握文化知识",但随着社会的发展和要求,"学高"在掌握扎实基础知识的同时还被赋予"知识多、素质高、能力强"等多种含义。

2.系统性

从办学理念、设计原则、标志确定到识别系统的开发与应用,无不遵从一条主线,即学校的特色。每个学校都有自己独特的专有标志、特定颜色和字体,它们出现在校门、校旗、校服、校车、宣传橱窗及学校的办公用品中,这种特有的视觉识别系统所营造的氛围对公众产生强烈的视觉冲击,从而形成特有的学校特色,使公众对其精神风貌和学校形象有了深刻的认识,在不断了解中达到接受、认同和扩大知名度的目的。因此,它是一种系统的、有明确目的的酝酿和宣传过程。

3.动态性与稳定性

校园标识与广告或其他宣传品不同,一般都具有长期使用价值,不轻易改动。当有关要素纳入标准手册确定以后,就会有一定的稳定性。只有将学校理念、行为及视听传达三方面均使用统一的形象符号,才能在公众中塑造出稳固的形象,才有利于公众的认识和识别。但视觉识别系统的稳定是相对的,随着时代的不同和学校的发展变化,校园标识的内容、表现形式、审美角度、材质选择等都会有一定的变化。因为学校的办学特色相对稳定时,它的内涵还是与时俱进的,应该说整个大学 UIS 都是在变与不变中寻求平衡点,在稳定中求得不断的发展和进步。

（四）校园标识文化的设计原则

1.系统性原则

校园标识文化的建立和传播是一个由理念到表现、由制度到实施、由校内至校外、由个人至社会的过程,具有完整性、结构性、层次性。通过各类识别系统的协调和统一,功能的相互结合,可以从不同侧面准确地反映出学校的文化、组织、管理、人才科学、理念发展战略、社会责任等深层次的要素,因此学校在建设校园标识文化时,必须把 MIU、BIU、VIU 整体导入,同时,UIS 的设计是一个涉及美学、经济学、心理学、管理学、语言学、广告学、计算机科学等一系列学科的整体化设计工程,不是几个人,更不是几个负责人在一起合计就可以完成的,具有系统性和广泛参与性。

2.统一性原则

学校在筹划 UIS 战略时,应该及时对高等教育的发展趋势、现实及潜在对手做好充分的调查和分析,在此基础上结合自身的办学理念,制定出切实可行的办学理念。学校理念的确定决定着学校形象识别系统的定位,校园标识必须与 UIS 的设计理念相统一。

艺术创作始终遵循这样一种规律:生活素材——表现题材——主题思想——以人为本。在给学校设计视觉形象时,并不是全凭主观想象,而应充分了解这所学校,包括历史、现状、人物、建筑、周边环境及所在城市等相关信息,信息资料尽可能全面。通过对资料的分析整理,从而确立表现主题以及所要传达的内涵。各类导向标识的设计与位置安装要自然合理,最大限度地符合不同特征人的需要,这样的设计才能具有鲜明的个性和文化内涵,识别性强并具有较强的认同感。国外一些著名大学的标识文化经验值得借鉴,大到一种建筑、小到办公室的一块门牌,表现内容既丰富又有特色地自然融合在大的校园环境中。

3.差异性原则

定位应该特别注意的一个问题就是要突出个性,凸显特色。所谓特色就是一所学校所具有而其他学校没有或不及的教学、科研、服务、管理等方面的优势,或者是其他学校虽然也有,却不曾作为口号或宗旨提出并向公众广为传播过的东西。从哲学角度讲,内容决定形式,形式服务于内容,两者是对立统一的关系。因此,内容首先要体现自身特色,形式的表现上应体现其特殊性。比如传统的校徽形式有圆形、盾形等,但那是"精英教育"时代,在目前教育转向"大众教育"的新时期,高校也有了科研型、教学型、科研教学型的分类,因此校徽、校训、校园环境等的形式也走向多样化并有所创新。

4.以人为本原则

校园标识的设计与创意应在广泛调查和收集全校师生员工意见和建议的基础上进行,这是一个全民参与的过程。只有全体师生员工理解并取得共识,才能在实践中验证这项系统工程是否成功。学校是一个特殊的环境,它既与社会保持着密切的联系,使自己培养的人才能适应现实社会,服务于现实社会,又高于现实社会,使其培养出的人才成为改造现实社会、实现社会理想、构建新的更完善社会的动力。这就要求,校园标识系统的开发必须树立以人为本的思想,充分利用校园内的各种学习条件,为学生学习提供一切便利,使学生在优美的环境中感受到美的熏陶;使其不仅在教室、图书馆、实验室里,而且在整个校园环境中都能体会到学习的乐趣和气氛;不仅了解书本知识,而且通过各种标牌说明和介绍,对学校的历史、文物、名胜景观、花草树木熟记于心;能有详尽的标识指引一个刚入学的人尽快找到自己要去的地方并熟悉校园;随处都有非富多彩的课外生活、社团活动,到处有朝气蓬勃的年轻人和教育者的身影。

总之,使全体师生员工在学习、生活、人际交往中随时随地感受到方便和人性化的管理,从而产生一种认同感和责任感,在对外的活动中积极展示出自身良好的素质,从而更好地树立学校形象。

5.规范性原则

一套完整的 VIU 一般分为基础部分和应用部分。基础部分包括标识设计、标准字体、标准色三部分。

(1)标识设计。学校标识是学校形象的符号象征,是大学形象设计系统中的核心部分,学校的标识即校徽,是以最简化的图形造型传达学校的精神内涵,以独特的构思体现学校的个性特色。

浙江水利水电专科学校校徽

(2)标准字体。校名可以用政治人物的题词或由文化名人撰写,如:"浙江水利水电专科学校"校名为沙孟海同志的亲笔题写。但在使用过程中,在文字排列、字的间距上必须保持在文字上的原有风貌,在使用中统一规范,不得随意改动。

由沙孟海题写的"浙江水利水电专科学校"校名

(3)标准色。标准色是用来象征并应用在所有媒体上的指定色彩,是学校理念的象征。它的运用涉及大量的色彩美学和公众色彩心理问题,色彩有不可估量的视觉冲击力和联想作用,良好的色彩运用更有利于增强标识的表现力。目前我国各高校越来越重视各高校标准色的运用。比如:清华大学的校色为紫色,雍容典雅;同济大学的校色为蔚蓝色,深邃旷远;浙江水利水电专科学校的校色为水专蓝,寓含着水利人的精神面貌,等等。

学校基本要素标识(校徽)、标准字体、标准色等的排列和组合要规范。基本要素一旦确定,在应用过程中,就应严格遵循设计规定的图案、大小比例、标准色的使用要求,不得随意改动。基础部分经设计审核通过以后,应在诸类应用要素中严格遵守,并始终贯通。

（五）校园标识文化的应用与开发

一个完善的学校视觉识别系统,使学校的形象具体到了切实的视觉符号,同时也突出了学校良好的个性化形象。良好的 VIU 视觉形象也会在吸引生源、师资人才等方面起着潜移默化的感召作用。但要想树立一种品牌,还需要理念识别系统的支撑和行为识别系统的广泛宣传。

故学校导入 VIU 视觉识别系统应该是一项不可忽视的、全面的、长期的系统工程。它既体现在校园物质文化环境建设上,也反映在校园的精神文化环境建设中,还需要全面合理的规划和安排,在学校各类活动中充分开发和利用,是贯彻于三类识别系统当中的。标识设计、标准字体、标准色等基础部分确定后,其开发与应用主要从以下几个方面着手:

1．制定 UIS 设计手册

引进企业形象识别设计系统,做好大学 UIS 设计手册。设计不是机械的符号操作,而是内涵的生动表述,所以,VIU 设计应多角度、全方位地反映学校的经营理念。学校 VIU 视觉识别系统的创建应集思广益,征询各方意见,反复推敲、修正,一旦确定,要保持相当时间内绝不轻易更改,这样才能有助于学校形象这一无形资产的积累。把最后确定的方案制作成 VIU 手册,明确它的法律地位与庄重性,并成立专职部门对 VIU 执行状况进行严格监督。目的是使全体师生了解学校的办学思想和管理规章制度,按照手册的要求,无论在校内、校外都珍惜学校的形象。

2．办公用品的设计开发

（1）印刷类

学校印刷品形式多样、更新频繁,为了保证识别传达的一致性和整体性,其中校名、校徽等基本识别元素应当严格按照规定使用。色彩、图片这两者的视觉影响力很大,按照识别色彩系列、辅助图形等作为设计的稳定元素,根据具体要求应用学校图库作为图像资源,可以将不同的设计统一于一个共同的旋律。信纸、信封、传真纸、名片等均可以由设计人员设计后统一印刷和分发,或制成电子样板,各个部门和个人参照制作。学校内部工作的表格、文件等也是引起认同感、强化形象的良好识别媒体。表格文件大多有固定的格式和功能要求,识别设计可以调整纸质、开本、色彩和页头设计,使工作材料既富有特色而又体现工作的高效。

办公用品除具有实用功能外,还起着学校形象宣传的作用。结合 VIU 视觉识别系统,将经过特别设计的信纸、信袋、文件夹、请柬、赠品等办公用品用于对外交流,能更好地将学校的精神内涵通过形象符号传达给广大社会受众。

（2）电子宣传类

将学校徽标、标准字体及其他代表学校的图案、图像进行电子管理。E-mail 页头可在校园网上提供下载或经由服务器转发时自动添加。收录学校具有代表性的常用资料,可以下载使用,图片可按内容分为徽标图案及说明、学校历史、校园景观、人文活动、教学科研、人物及题词等多类,并实行专门管理,以有效保证学校对外宣传时形象的统一性与规范性。

（3）其他纪念品类

学校在举办校庆等重大活动或承办各种会议过程中,不断邀请校内外广大人士参与和交流,会后可以赠送刻有学校名称或徽章等标志的包、T 恤、水晶制品、笔筒、贺年卡等作为宣传和纪念品。

3.固定场所的展示

（1）完善建筑标识及指示系统

塑造好学校的形象，还要抓好环境标识设计，治理好校园环境，包括道路、花木、运动场所、自然景观、门面建设、室内外学习场所等，建设有现代精神和传统文化风格的雕塑、壁画、花圃等，力求使校园整洁、美丽、清静、雅致，创造适合于教学与科研的良好环境。

（2）设立校史陈列室、荣誉展示厅等

为了加强学校整体形象，突出学校品牌宣传的力度，学校要加大与外界的交流，还应该设立专门的展示场所，以图文并茂的形式展现学校概貌、学科带头人、历史名人、文化旧址等，这些都是进行学校品牌形象宣传的最佳材料。

4.流动性宣传

平时学校在学生中不必统一校服，教师也不必统一服装，但是在特定的活动、场合下，如参加文艺会演、夏令营等，可以制作有纪念意义的统一服装。管理和服务部门的服装可以统一，尤其是图书馆、食堂等学生服务机构。还有一个重要的服饰识别就是各种体育服饰，如校运会、各种俱乐部等。学校师生的运动制服、校服、学校的校车等交通工具是学校形象的流动广告，设计独特的流动标识，有助于提高学生的归属感、荣誉感，增强师生的责任心和凝聚力，并且使公众易于了解和接受。

21世纪是知识经济时代，知识经济时代的最大特点是传播速度快，学校可根据自身情况，充分利用网络、电信、书籍、广告等方式，加大对学校的宣传。比如制作具有学校特色的主页，以声、像、文等多种形式结合，把学校的理念和特色展现给全球的用户，以拓展更大的发展空间。利用重大节日或特定时期（招生、校庆等），选择恰当的广告媒体（电视、报纸、灯箱路牌等）面向全社会宣传和推广学校形象。

第二节　浙江水物质文化

水是建筑设计中的重要元素，不论是早期现代建筑时期还是当今绿色建筑时期，水的元素总是不断地出现在我们周围。

中国传统文化注重风水，中国风水学的核心内容是天地人合一。排斥人类行为对自然环境的破坏，注重人类对自然环境的感应，因地制宜，美不胜收。无论是北方皇家园林还是江南古典私家宅邸、日本"枯山水"、伊斯兰建筑中的水景等，在这些众多的水景形式中，动静结合、影像变换、宜柔适鸿、形式变化，给人身心以极大的美感和满足。

古代浙江人民对水的认识、利用、赞美催生了水文化，水文化又促进了对水物质环境的改造和理解。在数千年的历史岁月中，文化曾经赋予了浙江本土水利卓越的创造力，水利则回馈了这片土地抵御江海大潮的海塘，沟通东西南北的水道，以及河渠水网交织的城市和乡村。文化与物质环境在这里和谐地融为一体，这是历史的浙江，也是今日的浙江。

一、水是绍兴的筑城之魂、立城之源

绍兴的历史是一部治水文化的历史，绍兴的历代水环境建设也极大地催生和推动了越文化的繁荣与发展。绍兴在中国水利建设史上建造了中国第一条海塘——吴塘，中国第一条运河——山阴古水道，中国第一座大型水库——鉴湖，中国第一座滨海大闸——三江大闸。近年来,绍兴做深城市水利"供、治、改、活"四篇文章,先后投资近百亿元,治理环城河、拓展大环河、兴建古运河、整治古城河、建设新区河,城市水环境得到了切实改善。绍兴的历史文明、独有的文化遗存和独特的民俗风情与绍兴的水交相辉映,为绍兴水城作出了丰富的注释。数千年的水环境养成了绍兴人亲水的传统。不仅是亲水,也是与自然融为一体,对水的欣赏与赞美,传承着一种生活习俗。

绍兴地区的滨水戏台

二、嘉兴是一座具有悠久历史和灿烂文化的江南水乡古城

嘉兴市区无山脉丘陵,一马平川,寸土寸金。根据《嘉兴市城市总体规划》和《嘉兴市城市绿地系统规划》,嘉兴市依托风景名胜区南湖和利用自然形成的河湖水网,以水为源、以绿为体、以文为魂。亲水造绿、依水造景、借水造势,做足做好做深"水、绿、文"的文章,以此彰显自身的个性特色,体现嘉兴清雅、秀美、简约的城市风格。

2000年以来,嘉兴市以建设南湖绿心、水系绿化和楔形绿地为重点,全面推进园林绿化建设。首先在南湖区域实施改造,新增绿地119公顷。在保护好原有的烟雨楼、仓圣祠、揽秀园等众多文物古迹的同时,新建了西南湖生态绿洲、会景园、南湖渔村、放鹤洲等一批富有特色的新景观,一座自然风光和人文景观交相辉映的南湖风景名胜公园以崭新的面貌展现在世人面前,革命圣地凸显万绿丛中一点红。其次对总长5.13公里的环城河沿岸实施改造,建成享有"绿色项链"美称的环城河人文景观绿带。尔后,又建设外环河、平湖塘、新塍塘、杭州塘、海盐塘、长水塘等滨河绿带共计214.3公顷,建成湘家荡生态绿地57.94公顷,再现浓郁的水乡风采。再就是楔形绿地建设,至2004年5月,共建成南片、东片和西北片楔形绿地699.7公顷,形成切入市中心区的3个大型生态区块,产生了良好的生态环境效益,使嘉兴真正成为了绿绕水、水融城的水都绿城。

三、水生态景观建设

人类在长期与水的接触过程中，形成了以各种载体表达的水文化。浙江历史悠久，水文化内容极为丰富，是浙江人民宝贵的文化遗产。浙江省在开展"万里清水河道"建设过程中，通过加强人文景观的保护和建设，形成了独具特色的江南水乡风情的水文化。在河流的景观设计中充分考虑到了整体景观的和谐、景观的个性化、景观的透视效果和群众的接受程度等方面。在倡导各种现代水域景观建设的同时，十分注重对历史水文化的继承和保护。城市（镇）河段的河道景观建设，应与城市的定位、文化、风格、历史、人文等要素相协调，结合城市市政建设和园林绿化建设，将河道堤防、护岸等工程融入城市园林的景观建设和市民休闲场所建设中。河道沿岸的亲水平台、亲水台阶以及容易造成事故隐患的位置，设立安全标识或设置护栏，保证人类活动过程中的安全。乡村河道建设中，对江心洲、边滩上的林木和其他植物，尤其是古树名木、成片林地、特色植物等，与林业部门协调，采取有效的保护措施。山溪性河流的城市、城镇河段或经过村庄的乡村河段，宜在河道适当的部位设置固定坝拦蓄枯季水流，抬高水位，形成一定水面，以满足景观休闲、生态环境等功能要求，但应避免拦截水流，破坏水生动物的回游通道。

浙江地形复杂，山地丘陵密布，河流湖泊众多。村镇布局多结合地形因地制宜，或依山或傍水，使整个城镇面貌呈现一种活泼、错落、丰富的面貌。提起浙江传统建筑，首先想到的就是江南水乡。遍布江南地区的水乡古镇是浙江传统城镇中一种数量较多的独特类群。小桥，流水，人家，石板小路，古旧木屋，还有轻漾微澜的湖水……始终呈现出一幅"人家在水中，水上架小桥，桥上行人走，小舟行桥下，桥头立商铺，水中有倒影"的水乡风情画。

从自然地理条件看，浙江区域文化富有水性，依赖于水的浸润与滋养。建筑作为文化的物质形态载体，水文化就直观而鲜明地体现在传统建筑形态上。浙江传统建筑的"水文化"特色不仅表现在江南的水乡古镇中，还表现为多姿多彩的拱桥、廊桥以及建筑细部装饰上。

1. 精致、婉约的水乡古镇

在浙北杭嘉湖、浙东北宁绍地区及浙南瓯江三角洲地区，基本为平原多水地形，河流和湖泊众多。很早的时候，人们就懂得如何充分利用这一得天独厚的水网，赋予它交通、灌溉、生产、生活诸多功用，居民也因势利导趋向江河湖泊，在水岸近旁聚族而居，形成村庄、集镇和城市。当地人们结合丰富的水资源，经过漫长的历史积累，形成了亲水、近水，以水为交通，以水边街巷作为起居、交往、生活的核心空间，是江南水乡地域文化的集中体现。它们以一种固有的模式深植于人们的意识结构之中，长期主导和维系着江浙地区建筑与城镇演变和发展的方向。因此，无论城镇还是村落，一般均依水而建，这些村镇都自然地形成了沿河带状布局，有的在河一侧，有的夹河而建。房屋相互毗邻，朝向多依河而定。河边设有不少公用或私用码头、河埠。建筑也往往做成骑楼或廊棚形式。街道、建筑与水的关系密不可分，街道依托河流而建，民居临河而筑，形成"门前街道屋后河，深长弄堂百米多"的特色。传统水乡古镇的街巷一般呈直线布置，以水街为主，构筑了水陆互补的交通体系，形成了"一河两街，河街平行"的平面格局，如：湖州南浔、桐乡乌镇、嘉善西塘等都是比较典型的水乡古镇。除了前面提到的共有特征外，又各有特色。

湖州南浔　江南水乡六大古镇之一，浙江省十五个历史文化名镇之首，建镇已有七百多年的历史。南浔虽也是浙江的古镇，但这里少有老屋长廊、石桥深巷。南浔的不同之处在于有众多的江南名园。《江南园林志》有云："以一镇之地,且拥有五园,皆为巨构,实江南所仅见。"而且这些园子多有中西合璧的风格。百间楼的特色是依河立楼,顺河道蜿蜒逶迤,有石桥相连。楼房为传统的乌瓦粉墙,形成由轻巧通透的卷洞门组成的骑式长街。各楼之间有形式各异的封火山墙,河埠石阶,木柱廊檐,与映在河水中的倒影,连同隐约的渔歌,构成了一幅江南水上人家的绮丽画卷。古镇滨水建筑与各外部空间元素的关系融合,浑然天成。外部空间元素通过一定的组织手法有规律地形成了南浔古镇的外部空间结构。

南浔古镇

桐乡乌镇 地处杭嘉湖平原北部,京杭大运河西侧,为江浙交界的一个重镇。镇上除了穿镇而过的市河外,还有两条小河绕镇而过,与市河一水相连。镇内小河纵横,蜿蜒曲折,临河而起的水阁木楼,绰影幢幢,而河面不大,恰好小桥轻卧,杨柳依依。浓郁的水乡古镇风味,在乌镇发挥到了极致。乌镇自古以来桥梁众多,有"百步一桥"之说,桥最多时达120多座,现存古桥30多座。这些桥的式样因地势不同而呈纷繁之象,有的石拱、有的平铺,有的雄伟、有的轻巧。乌镇与众不同的是沿河的民居有一部分延伸至河面,下面用木桩或石柱打

桐乡乌镇

在河床中,上架横梁,搁上木板,人称"水阁",这是乌镇所特有的风貌。水阁是真正的"枕河",三面有窗,凭窗可观市河风光。

嘉善西塘　占地面积 1 平方千米,古镇区 9 条河道纵横交织,将古镇分为 8 个区块,在其中有 27 座古桥将市镇连通。西塘与其他水乡古镇最大的不同在于古镇中临河的街道都有廊棚,总长近千米,就像颐和园的长廊一样。在西塘旅游,雨天不淋雨,晴天太阳也晒不到。砖雕门楼是西塘建筑的又一特色。砖雕门楼又称仪门,一般面厅而起,大户人家的仪门巍峨雄伟,小户人家的仪门玲珑精致,仪门的尺度大小一般和厅堂成正比例的关系,仪门的做工也与厅堂的豪华程度相辅相成,仪门上方一般有四字砖雕题额,内容多为警句格言或家族明训。

嘉善西塘

2. 多姿多彩的拱桥、廊桥

在这些水乡古镇中另一个主要构成元素就是形形色色的梁式桥与拱桥,它们若垂虹卧波,似玉带在腰,把古镇中的水街、陆街联系起来,使得千变万化的乡镇空间形成有机的内在脉络。这些拱桥不仅起到连接的交通功能,还附带有其他社会功能,提供当地人交流、交易的场所。有时还甚至作为临时的观众席,如绍兴地区的滨水戏台选址多设在桥梁附近或桥头小广场,既节省投资又方便观众疏散,同时高耸的桥身也提供了绝佳的看台。除此之外还有气势宏大的位于杭甬运河上的古纤道桥。纤道桥是纤道的一部分,顺运河主航道方向,在运河与湖泊的相连部分,跨湖而筑。

而浙江山区的桥中最有特色的就是泰顺廊桥了。历史上的泰顺,村落分散,交通偏僻。人们出外行走十几里都难以见到人烟,所以在相隔一定里程的大路边上,要建上一座供人歇脚的风雨亭。而桥上建造屋檐,不但可以保护木材建造的桥梁免受日晒雨淋的侵袭,而且起到了风雨亭的作用。有的廊桥还有供人暂居的房间。廊桥还是当地乡民休息、交流交易的场所。如北涧桥上一个个分割均匀的摊位,桥头形成一条小小的店铺街,底层当店铺,二层供主人居住。廊桥中一般都设有神龛供乡民祭祀。

泰顺廊桥

3. 以"水"元素为题材的建筑装饰

在浙江地区的传统商业市镇中心里,由于商业的发展,市镇建设用地日趋紧张,无论是居住建筑还是商业经营性建筑,建筑密度都很高。而且传统建筑多为木构架,这样就为建筑消防带来了巨大的安全隐患。为了防火,浙江民居普遍采用封火山墙以防火势蔓延,有的大型民居中布置水塘,为消防提供方便。除了必要的技术手段之外,在建筑装饰上也运用了大量与水有关的题材,希望求得吉利、平安。如屋脊大量运用象征主义手法,用鱼、水草等水生动植物作为装饰题材,而梁枋被雕刻成翻卷的波浪等。

诸葛八卦村

第三节 特色水教育校园物质文化建设

由水而生的水文化是一个民族的历史文化的积淀,体现了千百年来与一个民族朝夕相处的文化要素,浓缩了大量极为重要的文化内涵。水是抽象概念的自然物质符号形态,它不但孕育文明,而且对一个民族的深层文化给出简约、直观而全面的诠释。

水教育作为文化教育的内容之一,它同样具有文化教育的特征与作用。水教育又被赋予了更为丰富的、更为广泛的内容与含义。特色水教育,包括流域及流域上的水利工程;江、河、湖、湿地等自然资源;分蓄洪工程;护城河、水利风景、水利遗址等名胜古迹。这类水教育资源具有认知、启智、审美、怡情、思想政治教育和实习实训等教育功能。

一、特色水教育校园建筑文化建设

评价一个校园建筑好坏与否的重要标准,是看建筑方案能否最大限度地激发学生、教师的即兴交流。校园建筑的功能不仅仅是为学校正规教学活动提供物质环境,每个人的大多数受教育机会都发生在户外,并与他所选修的课程关系不大,只有当校园规划具备能够激发好奇心,促进随意交流谈话的特质时,它所营造出的校园氛围才具有真正最广泛意义上的教育内涵。而在校园建设中,环境景观规划在校园整体风貌中有着举足轻重的地位,它"强调环境潜移默化的作用;重视提供可随意交流的空间,营造校园文化氛围;强调文化品位和学术气氛"。

(一)特色水教育校园建筑应当充分展现水文化的内涵,以水文化熏陶、感染、激励广大师生

物质水文化,润物细无声。以浙江水利水电专科学校为例:浙江水利水电专科学校创立于1953年,是一所办学历史悠久的工科类普通高等专科学校,位于中国历史文化名城、世界著名的风景游览胜地——浙江省杭州市,附近就是以钱江潮名闻中外的钱塘江。校区按照"布局合理、功能齐全、环境优美、适度超前"的原则进行设计和建设。以"绿色校园"为理念,依托现有的自然环境和条件,科学构思,精心设计,努力把学校传统、学校精神渗透到环境建设中,突出"水"的特色,创造优美的学习、工作和生活环境,营造别具特色的校园育人环境。

清水湾、涌泉池、水之韵广场等,水无处不在;坝型的学校大门、源于水轮机模型的标志性建筑图书馆、水利仿真实验室、模拟发电站等,水系贯穿于校园。走进学校,就像走进一个水的世界。

浙江水利水电专科学校水轮机造型的图书馆

"水利今昔"巨幅壁画利用浙江大禹治水,钱王射潮,贺循凿西兴运河,白居易、苏轼筑白堤、苏堤,茅以升设计建造钱塘江大桥及新安江水库建设等内容,既普及了水文化知识,又丰富多彩地表现了中国水利工程文明史。"上善若水"巨型雕塑以传统东方哲学思想为元素,构图利用中国篆刻印章阴刻手法,组合成了一幅运动的画面。

浙江水利水电专科学校雕塑"上善若水"

浙江水利水电专科学校楼道布置文化

（二）寝室楼道、教学楼道里布置水文化元素的书画、摄影作品,熏陶师生

从目前校园建筑规划的发展来看,规划遵从"结构的重组,自然与人文的融合"。而这种融合本质是处理好人与场所的关系、人与人的关系和艺术与自然的关系,形成文化积淀。设计进一步发掘学校的历史文脉,并通过水文化和地域特色来营造独特的校园景观空间,使人

们关注自然、结合自然，形成具有文化底蕴的有感染力的空间。而这种空间"将有助于知识的创新与共享，有助于文化体验，有助于价值观的倡导"，从而形成环境与人的互动。既适应了现代教育发展的要求，又极大地提升了学校的文化品位。

浙江水利水电专科学校水蓝色穹顶的体育馆

浙江水利水电专科学校校园水系贯穿其中

二、特色水教育校园标识文化建设

打造规范而独特的学校形象，是管理理念更新外显，学校跨越式发展的内驱，也是水利教育事业蓬勃发展的必由之路。

（一）校园标识导向系统设计，应当考虑以下几点：

1.明确设计定位以及水文化理念的表达要求。

2.遵循为人服务、以人为本的原则。

3.与校园整体形象设计原则相符，深入了解校园景观环境条件、结构（外环境）以及交通流线分析。

4.各学院楼、公共教学楼、师生公寓楼、公共活动场所、对外交流场所等建筑内部部门结构、分流分析。

5.校园标识导向分级原则。

（二）校园标识的设计要求

1.遵循以人为本的设计理念

校园标识设计必须以人为本。作为信息传递媒介，它应当便于人们进行各种信息交流，并对其进行介绍、引导、提醒或警告，以便人们快速熟悉并且适应一个陌生的环境。校园环境也在与时俱进，在迎合水文化与气质的同时，校园标识应与校园的现代化发展属性相互融合，新颖、概念化的标识设计也是体现校园与时代同步的重要标志。校园景观中的标识还要适应教师教学、科研、生活质量等方面不断提高的需求，体现当代学生蓬勃向前、积极向上的精神风貌。

2.标识设施简洁高效

校园的标识设施应该简洁高效，既要连接合理、统一，还应成为人们视觉画面中的重点。标识的外观尺寸、文字大小、与空间的体量关系等都务求科学、美观。除了传统的贴壁式标识外，校园可以采用多样化的设计方式，如可以采用贯穿整个校园景观的地面标识，或是较为现代的电子信息标识等。标识设施的材质、色调应统一，与校园水环境协调，易于烘托校园环境的水文化氛围。还可采用各种大胆的现代化创新设计思想，使其有更好的导向效果。在设计中还要用发展的眼光看问题，给设计留有余地，避免造成校园标识不统一、不科学的局面，确保即使校园景观发生改变，其标识也易于修订并能保持一致性。

3.信息传达直观清晰

校园标识的文字应简明扼要，导向方位清晰，警示内容明了易懂；色彩要单纯、强烈、醒目；图形符号应简练、概括。如进行创新设计，一定要符合作用对象的直观接受能力、判断能力。还可针对标识所在区域的人群特点，进行个性化设计，锤炼出更加精湛的校园艺术语言，创造出更加有视觉效果的校园标识。

4.营造良好氛围

标识放置在校园景观的重要节点时，为了实现其显著性，周围应空旷，不应有遮挡物，如植物、喷泉等。还可考虑加入多样化的灯光照明以营造标识周边氛围，并确保夜间的使用效果。

5.规范标识英文翻译

近年来，国内外学校交流活动日益频繁，社会各界对英语的需求也日益增强。英语作为国内通用的国际语言，起着沟通桥梁的作用，各种双语标识因此被广泛使用，但其中出现的错误也比比皆是，如错译、硬译等。很多标识使用不准确的表达方式，导致信息失真，所要传达的信息不能取得预期效果。规范标识英语不可忽视，这也是校园名片的重要信息。

浙江水利水电专科学校校标图案以篆书"水"为基本形作结构安排，三个"S"构成的图

第2章 校园物质文化建设

形充分展示了水的韵律和运动美感,又形似正在苗壮成长的新苗,表达了学校作为育人场所的基本含义,个性明确。

浙江水利水电专科学校校徽

第**3**章
校园制度文化建设

第一节 校园制度文化概述

制度是要求成员共同遵守的按一定程序办事的规程或行动准则。制度产生于一定的社会文化环境之中,植根于人类社会所创造的物质文明和精神文明的土壤。"制度文化是介于有形的物质文化和无形的精神文化之间的物化了的心理和意识化的物质。它对主体的社会行为以及价值取向有重大影响,决定人们的行为选择和对事物的评判标准。"制度在制定、颁布、实施过程中会对人的行为价值取向产生引导的作用,对其心理的内化是制度文化建设的最终目的。

一、校园制度文化的概念

校园制度文化的含义,众多学者、专家对此作过许多论述,归结起来有如下四种观点:(1)校园制度文化是指领导者期待学校具有的文化,包括理想、信念、道德观及行为规范等。(2)校园制度文化是校园文化的第三层次(第一层次是校园物质文化,第二层次是校园方式文化)。它包括各种教学、科研、生产、生活模式、管理制度、群体行为规范、习俗等,它是文化活动的准则。(3)校园制度文化即学校的各种规章制度和学校采取的领导体制、专业设置、教学制度和课外安排、社团活动等旨在实施教育思想、办学思想的程序及组织。(4)校园制度文化即方式文化,指校内有关规章制度、组织机构及其职能以及相应的体现于人际关系中的主体的生活、行为、消费方式等,还有非正式群体的活动制度和方式也属于此。以上有关校园制度文化的表述尽管有异,但实质是相同的,即校园制度文化是一种规范和由这种规范产生的文化现象。

二、校园制度文化的内容

"校园制度文化可看作是校园内各种具有科学性、思想性、教育性的规章制度的总和,以及通过规章制度的贯彻、实施而产生于师生员工内心的制度意识。"校园制度文化的内容应包括两方面:一是校园内丰富多彩的各种制度。既有党和国家颁布的教育方针、政策、法律、规章,也有政府主管部门制定的各类章程、规则、指示、命令等,更多的是学校结合自身实际而制定的大量有关教学、科研、学习、日常管理等规章制度;二是制度在实施过程中对学校师生员工(特别是学生)价值观、行为方式、舆论导向上所作的引导和心理体验,即制度内化为个体符合制度规范的自觉要求。通过制度的宣传、贯彻、执行把外在要求转化为内在的需要而形成一种良好的制度文化氛围。校园制度文化同校园群体文化、校园社团文化、校园环境文化一样共生于学校校园里,作用于全体校园人,它们共同构成了多姿多彩的校园文化。

三、校园制度文化的特点

校园制度文化首先具有刚性的特征,它很少能顾及师生员工的多重需要,特别是在"人本"主义思潮中,高校校园制度对人及其行为的控制不仅仅是从价值观念上提出一种理性的韧性约束,而是通过强化师生员工的责任感和使命感,进而使校园倡导的主流文化精神通过文字确立为一种内在的行为标准。它是校园内部的"法律",它把一些道德纪律要求强化为一种"法律",并使人在它的约束下形成一种行为"习惯"。

其次,制度文化具有层次性,它是一个有层次的体系,既包括学校的校训、校纪校规,还包括各职能部门的规定、院系、班级,甚至是学生宿舍内部的各种约定,各种社团、协会内部的规则等。

校园制度文化的第三个特征是对实践的指导性,校园制度文化一般须经过连贯不断、年复一年的组织活动与组织成员的日积月累才能形成,一旦形成,它就对实践具有指导性。因此,在校园制度文化建设中,要准确把握和充分利用制度文化的这些特性。

四、校园制度文化的功能

校园制度文化作为校园文化的内在机制,具有以下功能:

(一)规范制约功能

学校制度体现了社会对学校的要求,表现为国家或社会群体对学校的期待。学校的办学方针和培养目标必须体现国家和社会的根本利益,国家的教育法规和一系列政策法令都具有对学校的强制性规范的特征。如:教代会制度、校务公开制度、领导干部评议制度等。学校制度可分为正式制度和非正式制度。一般来讲,正式制度是由学校制定的,是对教职工的工作和学习生活的基本方面进行规范和制约。非正式制度根据正式制度来制定,经过教职工共同针对实际思考并创造出来的行为规范,具有协商性、约定性和教育性等特点,往往比学校正规制度更具有约束力和教育功能,内容也比正式制度更广泛、更丰富。如学校的各类实施方案、意见和工作准则等。这种非正式的制度,更能渗透出文化的育人功能,折射出学校办学理念。

(二)整合功能

制度具有稳定性与连续性,这种稳定性和连续性的制度对协调各种矛盾,促进群体的和谐至关重要。但制度整合作用过程又可能是利益与权力再调整与再分配的过程,在重新调整利益分配的过程中,通过新的制度的建立和不断完善,使各种利益矛盾得以协调和解决,以求得新的平衡。这种整合功能可以前瞻性的眼光分析教职工思想变化和学校实际态势变化,把可能出现的不利于学校健康发展的倾向消除在萌芽之时。

(三)社会化功能

制度文化对传递各种社会信息有相当积极的意义,但相对于迅速发展变化的社会而言,制度则是静止、滞后的,仅凭制度传递社会信息,一则信息量十分有限,二则从使用的角度来说,也不能满足学校教职工对社会信息采集、开发与利用的需求。因此,为发挥教职工的积极性与创造性,生动形象、准确精到地传递相应的各种社会文化信息,又是制度执行的题中应有之义。

(四)导向功能

由于制度本身所具有可操作性,办学者的办学主张和要求可以体现为制度的具体条文,使对象的行为纳入一定的轨道,以保证社会生活的正常进行和校园秩序的良好运行。成熟的校园制度文化具有激发人的积极性和能动性的作用,并对人的生存和发展的手段、目标具有导向作用,使教职工激发出潜能、激情,朝着理想境界不断地努力奋斗,而对不符合学校健康发展的价值取向、道德准则和行为方式具有调节和抑制作用。

第二节　浙江水制度文化

文化是一个国家和一个民族之根,也是一个国家和一个民族不断前进的推动力。作为文化分支的水文化是在水利发展中形成的宝贵财富。在水利与经济、社会和环境的交融不断加深、与科学技术的结合更加密切的今天,文化的影响力日渐凸显。以《水法》为代表的一系列水利法规相继出台,逐步建立了以《水法》为核心的水法律法规体系,各类水事活动基本做到了有法可依,水利法治建设成效显著,依法治水进程进一步加快。可以说,水的制度文明已成为现代社会法治架构的重要组成部分。

在水利投资体制方面,初步形成了以政府投资为主导、社会投资为补充的多元化、多层次、多渠道的水利投融资新格局。在水资源管理体制方面,确立了流域管理与行政区域管理相结合的水资源管理体制,实施最严格的水资源管理制度,明确了水资源管理的"三条红线",取水许可、水权制度、水资源有偿使用、建设项目水资源论证、水功能区管理、入河排污口监管等一系列制度逐步建立并完善。节水型社会建设的制度框架初步建立,节水型社会建设规划体系基本形成,七大流域管理机构初步建立了流域取水总量控制指标体系,全国已有 27 个省、自治区、直辖市发布了用水定额,用水总量控制与定额管理相结合的管理制度逐步建立。在水利建设管理体制方面,全面推行项目法人责任制、招标投标制、建设监理制,建立健全质量与安全监管体系、水利建筑市场准入制度和市场监管机制。在水利工程管理体制方面,管理体制逐步理顺,水利工程良性运行机制初步形成。在水价形成机制方面,终端水价、超定额累进加价、丰枯季节水价、"两部制水价"等制度逐步建立并得到推广,农业水价综合改革全面启动。在农村水利方面,着力推行以"五小"工程(小水库、小塘坝、小机电井、小抽水站、小拦河坝等)为重点的小型农村水利工程产权制度改革,以规划为依托、以财政资金为主导、农民广泛参与的农田水利建设新机制正在逐步建立,农民用水合作组织蓬勃发展。

一、特色水制度

(一)浙江特色水制度

浙江是个水患多发、治水任务繁重的省份。新中国成立以来,历届省委、省政府都高度重视水利工作,始终把水利建设放在基础设施建设的首位,水利面貌发生了巨大的变化。特别是"十一五"以来,浙江省以"一个确保,两个率先,三个保障体系"为目标,以"强塘固房"等一系列工程为载体,全力推进各项水利工作,水利投入大幅增加,一大批重大水利工程相继建成并发挥效益,防灾减灾综合能力显著增强,水资源开发利用水平大幅提高,农田水利基础设施体系不断完善,水资源节约保护工作得到加强,为经济平稳健康发展、人们安居乐业提供了重要保障。

与此同时,浙江省还十分重视治水的制度建设。通过开拓创新、完善体制机制,将水资源管理的制度建设作为水利改革发展的强大动力。通过这些年的努力,浙江省水管体制改革取得显著成效,进一步理顺了管理体制,初步形成了水利工程长效管理投入保障机制。各地积极探索开展基层防汛防台体系、小型水利工程自主和谐管理体系、农村农民水务员队伍、小型水库和屋顶山塘巡查机制等建设,加快推进水利体制机制改革创新,不断破除制约水利发展的各种障碍,为水利事业快速发展提供有力支撑和有效保障。实践证明,通过不断加大重点领域和关键环节的改革攻坚力度,着力构建水利科学发展的体制机制,适应了不断变化的形势需要,保持了水利事业的生机和活力。

(二)水文化之制度文化研究

从水文化的制度文化层面进行研究,可从它对水资源开发与管理的影响深度、广度分析,将水的制度文化分为三个层次:用水意识、管理观念、发展和道德价值观。

1.用水意识

水资源的使用意识包括危机意识、缺水意识、节水意识、环保意识和生态意识。意识是低层次的文化表现,是人们在长期生活中形成的,遵循社会传统、风俗习惯,是对事物的一种基本的认识。一直以来,人们对水资源的意识停留在"取之不尽,用之不竭"的层次上,缺乏水危机意识,更难以形成节水意识、环保意识和生态意识。正是由于这些意识的存在,合理的水资源制度难以有效执行,造成水资源危机防治的文化障碍。因此,必须提高全社会的水忧患意识和节水意识。

2.管理观念

水资源对于一个国家和地区的生存和发展,有着极为重要的作用。加强对水资源的管理,首先应该具备以下管理观念:

(1)水的资源观念

水与地下的矿藏和地上的森林一样,同属于国家有限的宝贵资源。水资源虽然是可以再生的,但是从幅员和人口来看,我国是一个水资源短缺的国家,人均占有量仅是世界人均水资源占有量的1/4。我国华北、西北地区严重缺水,人均占有量仅分别为世界人均水资源占有量的1/10和1/20。长期以来,人们的习惯思维认为:我国有长江、黄河等大江大河,水是取之不尽、用之不竭的。这些不科学的观点导致人们用水无计划,把本来应该珍惜的有限水资源随便滥用,浪费很大。过去常说"水利是农业的命脉",这已经远远不够了,根据现代国民经济发展的实践,可以认为"水是整个国民经济的命脉"。对这样有限的宝贵资源,我们必须加以精心管理和保护。

(2)水的系统观念

水资源整个系统应该包括天然降水形成的地表水和入渗所形成的地下水。天然河流、湖泊和人工水库所流动和蓄存的水,是人类可以调剂利用的水量,以供给农业、工业和居民生活使用,必须加强管理和保护。工业、居民生活排放的废水、污水含有有害物质,应严格控制流入供水水域;还应严格控制超量开采地下水,不应以短期行为或以邻为壑的办法取水、排水,而必须从水的系统观念来保证水量和水质。

（3）水的经济观念

由于社会和经济的不断发展,对水的需求量不断增加,用传统的简单方法从天然状况取水已经不可能。采用现代的工程措施修建水库、引水渠道以及抽水站、自来水厂等,都需要大量的活劳动和物化劳动,这样就使水具有了商品属性。而近年来水资源的短缺和污染,使得水资源的社会经济价值越来越受到重视。取水用水就要交纳水资源费和水费,管理水的部门要讲求经济效益。新中国成立五十多年来,我国水利建设的社会效益和经济效益是巨大的,但是长期以来无偿或低价供水,特别是农业供水,水费与价值长期背离,水利工程管理单位的水费收入不能维持其正常的运行维修和更新改造,导致工程效益衰减,缺乏必要的资金来源,导致工程老化失修,以至于不能抗御灾害。这种状况必须改变,这就要求我们对水资源管理要具备经济观念。

（4）水的法治观念

为了合理开发利用和有效保护水资源,兴修水利,防治水害,以充分发挥水资源的综合效益,适应国民经济发展和人民生活需要,必须制定水的法律和各种规章制度,并由水行政主管部门严格执行,才能达到上述目的。自1984年起,在总结我国历史经验和参考国外水法的基础上,开始制定我国的《水法》,1988年1月,我国《水法》在第六届全国人民代表大会常务委员会第24次会议上通过,从1988年7月1日起施行。这样,我国在开发、利用、保护和管理水资源的实施方面有了法律依据。由于我国的水法起步晚,运用时间短,还有许多地方需要补充完善。2002年10月1日,修订后的《水法》开始施行,标志着我国水资源管理的法治进程迈进了一个新的阶段。

3. 水资源的发展观

中国提出了"以人为本,全面、协调、可持续"的发展观,将可持续发展战略作为国家发展的重大战略,将"人与自然相和谐"作为发展的重要准则。水在生态系统中居于中心地位。水资源是国家重要的战略性资源,水利是国家重要的公共基础设施。要推动传统水利向现代水利、可持续发展水利转变,以水资源的可持续利用支撑经济社会的可持续发展。这样的水资源管理与开发的发展思路充分体现了"人与自然和谐相处"的核心理念,是科学发展观在水资源开发利用实践中的具体化。这个发展观念的落实和不断丰富,将会使以水为中心的生态系统得到有力的保护和修复,使水资源在经济社会的全面发展中持续产生有力的支撑作用。

4. 水资源的道德价值观

人类社会发展到21世纪的今天,正在大踏步地进入一个新的文明时代——生态文明时代。关注自然,关注生态,追求人与自然的和谐相处,实现人类社会的可持续发展,是这个时代显著的标志。生态文明时代有着自身的特殊规律和要求,人类只有正确认识这些客观规律,才能更好地顺应历史的潮流;只有在客观规律面前充分发挥主观能动性,抓住人与自然关系中的主要矛盾,解决主要问题,才能争取发展的主动。生态文明是全面迈入小康社会的重要特征和标志。建设生态文明,发展人与自然的和谐关系,促进社会可持续发展,离不开科学技术手段的支持和法规制度的保障,更离不开文化意识的支撑。生态道德意识是发展生态文明的依托和精神动力来源。因此,大力培育全民生态道德意识,不断强化全民生态文明观念,对于 21 世纪全面建设小康社会,具有十分重要的意义。

（三）节水型社会的水文化制度

"水"的严重短缺,导致人生存的基本条件也不能够很好地得以满足。这种短缺已经成为阻碍生产力发展的一般性因素。要解决这个问题,人们必须在生产力的各种要素中深深地打下节水的烙印,形成和发展节水型生产力,并广泛调整与之相关的生产关系,同时使政治、法律、道德、艺术等上层建筑适应这种生产力的要求和生产关系的调整。只有这样,保障人们日益增长的物质、精神需求所需的生产力水平,在现实的水资源条件下才能得以实现、得以长期实现。由于这些以节约用水、高效用水、可持续用水为中心的人类活动,较深层次、较大范围地渗透到了"社会"的各个基本要素,从生产力到生产关系,再到上层建筑,使得整个社会都表现出一种节水的特征。因此,我们把这种意义上的社会叫做节水型社会。节水型社会体现了人类发展的现代理念,代表着高度的社会文明,也是现代化的重要标志。

中国全面开展节水工作已有约 30 年的历史。20 世纪 80 年代初期我国开始国家层次的节水工作,1983 年全国第一次城市节约用水会议是我国强化节水管理的重要标志,国家"七五"计划把有效保护和节约使用水资源作为长期坚持的基本国策,并在 1988 年的《水法》中以法律形式固定化。1990 年全国第二次城市节约用水会议,提出了创建"节水型城市"的要求。1997 年国务院审议通过的《水利产业政策》,规定各行业、各地区都要贯彻各项用水制度,大力普及节水技术,全面节约各类用水。2000 年的《中共中央关于制定国民经济和社会发展第十个五年计划的建议》,是中央文件中首次提出"建立节水型社会"。

值得反思的是,"节水"口号我们喊了 30 年,用水效率低下的状况却远没有改观。《中国可持续发展水资源战略研究报告》认为:"根本原因是提高用水效率不单纯是水资源本身的问题,而是一场涉及生产力和生产关系的革命。"相对于兴建调水工程,节水工作不仅对水管理有很高要求,而且有一定的政治难度。世界自然基金会一方面指出中国通过改善水管理有巨大的节水潜力,另一方面也承认,"切不可低估中国在改善水资源管理方面的困难程度"。建立节水型社会是一场深刻的社会变革,需要"观念革命、管理革命、透明革命、参与革命",归根到底需要"制度革命"。如果说调水主要是工程建设,那么节水主要是制度建设,节水型社会的建立需要大规模的制度建设。从传统用水粗放型社会走向节水型社会,本质上是从浪费水的旧体制转向高效用水的新体制,需要经历大规模的制度创新。

建立节水型社会的核心是建立有效的制度安排。节水意识和观念的全面树立、节水投入的大幅度增加、节水技术的大规模普及,只有在一个有效的制度框架下才可能发生。在这个制度框架中,节水文化制度是节水型社会建设的灵魂。节水文化的建设是先进社会观念和先进文化的探索,它主要有以下两个方面:一是提高全社会的水忧患意识和节水意识,通过各种形式的节约用水宣传教育活动;二是顺应先进文化的前进方向,提倡节水型的文明消费,包括节约用水、少排污水,保护水资源,等等。

（四）水资源文化制度的构建

水资源管理涉及自然、文化、经济、法律、组织、技术等诸多手段与措施,必须采用多维手段,相互配合,互相支持,才能达到开发资源、保护资源、保护环境、促进经济与社会共同持续发展的目的。然而,在各种手段的具体运用中,还需要采取文化先行的策略。文化是制度构成要素中的非正式约束,它蕴涵价值信念、伦理规范、道德观念和风俗习性,还可以在形式上构成某种正式制度的"先验模式"。因此,充分发挥文化功能的作用,实行思想观念的变革,营造良好的舆论环境,利用好各种教育手段,对于解决好水资源问题,具有十分重要而深远的意义。建立良好的文化环境,需要人们认识水资源的重要性,创新用水观念、管水观念,建立系统的水资源文化制度。

1. 改变传统的道德价值观,树立可持续发展观

可持续发展是人类社会发展模式的改革与最佳选择,每一个社会成员均需通过思想观念的变革与之相适应。社会成员必须具有保护自然的高度自觉性,主动谋求人、社会与自然的和谐共处、协调发展;必须改变对持续发展不利的传统道德价值观,建设人类"只有一个地球"、"发展权利平等"、"水资源稀缺"和"互惠互济"等观念。在资源保护利用上,要改变过分依赖自然资源和能源的投入,不惜浪费资源、牺牲环境质量,单纯追求经济增长的落后做法,建立人人(包括当代人和后代人)公平享受、利用、保护资源的制度。

应克服人类中心主义思想,处处考虑人与自然的和谐;摒弃急功近利的短期生活目标,时刻牢记为后代、为全人类谋福创业;提升人类的道德价值观,使人类由对社会中的弱势族群的关心、对自然环境中弱势物种的关心、对环境的关心,进而升华为对整个地球生态环境的关心,以全新的生态伦理情操和人文关怀精神来对待与报效社会与自然。

2. 普及水资源知识,加强社会宣传教育制度建设

全民的水环境保护意识薄弱,是造成目前水资源危机的重要根源。从前文所述水资源危机的人为因素可以看到,那些人为因素,实际上是人们对自然世界、对客观规律认识不足造成的。人口对水资源的压力,是人类对人口问题认识不足的结果;人们在破坏涵养水源的森林植被时,没有认识到会受到自然的报复;人类在肆无忌惮地把大量有毒有害污染物排入水体时,绝不会想到会自食恶果。如果人类认识到水资源危机已到如此程度,也一定会收敛浪费水的行为。

因此,提高全民的水环境保护意识是非常重要的。提高全民爱水护水意识,要加强宣传教育,要使人们了解水资源的重要性、水资源危机的严重性;要利用各级人民政府、各种媒体,进行多种渠道、多种形式的、全方位的宣传教育,使人们认识水资源、保护水资源。提高人们的水环境保护意识,转变观念是关键。其一,要改变人们认为的水资源是取之不尽、用之不竭的观念,使人们把水资源看作是宝贵的资源;其二,要改变人们认为的水没有价值的观念,重新认识水资源的价值。不管是工业用水或农业用水,还是人民生活水,都是把水资源作为廉价资源任意使用,从而形成了人们轻视水资源的观念。水资源不仅是人类生存和发展的基础,而且已成为经济发展的重要生产要素。地球上的水资源,不管是天然的,还是经过人工开发利用的,都是有价值的。增强"水是商品"的意识是建立科学合理的水商品定价机制的思想基础。"水是商品,应同其他商品一样实行等价交换"的意识因受传统体制和思想观念、习俗等方面的影响,仍然比较淡薄。

因此,要充分发挥各种宣传工具的作用,让公民知道我国水资源供需形势,强化水资源危机意识,使每一个公民有一种危机感。特别是利用好每一年的世界水日,大力宣传有关政策方针,让公民充分地理解水资源关系到国民经济的可持续发展,为激发用户参与的积极性和水资源管理改革奠定坚实的舆论基础。利用各种宣教手段,为水资源保护创造良好的舆论环境。环境(包括水环境)宣传是一项社会公益性事业,需要全社会的关心与支持,需要建立规范的环境宣传机制和环境教育信息(环境新闻、影视节目、科普知识和教学资料等)的共享机制。要利用各种宣教手段教育群众,使之了解可持续发展的战略意义,从而增强生态环

第3章　校园制度文化建设

境和水资源的意识,明了水资源各项法规。应使全社会都来珍惜水、保护水,进而创建节水型社会,为有效持久地管好、用好水资源创造良好的社会环境。

3.培养水资源保护意识,完善环境教育网络体系

教育是培养人才的基础,落实科教兴国战略,以水资源的可持续利用保障国民经济可持续发展,必须坚持教育适度超前发展。人才是最宝贵的资源,加快人才资源开发进程,培养和造就宏大的、高素质的人才队伍,实施人才战略,是参与国际竞争的需要。

水资源与水环境的状况,我们一般可通过工程技术、经济投入、政策强制、环境教育等手段加以维护,而最省钱、最见效的环境保护手段则是通过环境教育来实现。各国人力资本受教育程度的高低,直接关系到环境状况的优劣和社会可持续发展的实现程度。当前水资源与水环境令人堪忧的状况,在一定程度上与国民的水资源、水文化知识较低有关,从而加强这方面的国民教育特别是通过院校来实施这方面的教育,就显得更为迫切。

日本、美国、澳大利亚等发达国家在这方面积累了许多可供借鉴的经验。要使资源可持续利用的理念、环保观念深入人心,培养人们全新的生态伦理情操,必须培养包括中小学、高校、社会在内的多层次环境教育组织网络。应将水资源与水环境教育一并纳入这一教育组织网络之中。这个环境教育网络主要包括学校教育和社会教育。

(1)学校环境教育

学校的环境教育不单是实施"可持续发展战略"的有效措施,而且还是素质教育的重要组成部分。在未来社会,人的种种素质中环保素质是尤为重要的,素质教育理所当然地应涵盖环保知识的文化内容。就教学的内容而言,环境保护议题是最近国内外所关注的焦点,而且呼吁学校教学能作出积极响应。在中小学的课程中要留有环境教育融入的空间与弹性,应构建起环境教育的基本概念、框架及知识体系,课程内容要体现国际性与现代性的要求。在教学过程中,应注重培养学生关心环境、关怀社会中的弱势族群与自然环境中的弱势物种,进而关心整个地球环境生态的高尚人格情操。应该引导学生注意观察日常生活中具体的生态环境现象或问题,通过对其中具有普遍意义的问题的讨论以及组织一些针对性较强的实践活动,提高学生对生态环境问题的认知能力。

在大学中,不仅要进行专业学生而且也要进行非专业学生的环境教育。关于专业学生的环境教育,首先要构建好"环境科学"的学科体系。环境科学是一门既要解决技术问题,又要关注社会矛盾,涉及不同学科课程的新的学科范畴,应该把认识环境、在环境中学习、掌握环境技术,看成是环境教育内容的共同要素。环境技术也应成为环境科学中必要的组成部分。其次,要注意不断改进环境科学的教育方法、手段。西方发达国家已初步形成了融知识、理念和行为参与为一体的教育风格,以往以"灌输"、"效仿"为主要特征的教育方式正在改变为以"创新"、"实践"为主的方式,近年来流行于西方发达国家的新型环境教育方式是"互动式环境教育"。至于非专业学生的环境教育,其方式主要是要将"环境科学"作为公共课程在非专业学生中普及、传授,注意加强环境教育基地的建设,组织各种环保社团参与各种环保社会实践活动等。

总之,大学的环境教育,要在中小学环境教育的基础上,切实提高学生的环境行动技能、环境行动初步经验等方面的素质。引导学生认识环境、体验环境、关怀环境,进而采取适当行动力所能及地去解决某些环境问题。

（2）社会环境教育

社会环境教育的主要任务是提高公众的环境意识、普及环境科学知识、加强环境法制宣传和促进公众对环境保护的参与。

20 世纪末以来，崇尚"绿色"已成为风靡全球的一种潮流。公众在舆论宣传的影响下，在不断完善的环境教育熏陶下，环保意识正逐渐形成，几乎渗透到吃、穿、住、行的各个方面。然而，人们的环保态度、环保行为、环保道德水准仍高低不等、参差不齐。尤其在经济文化较落后的地区，由于环境教育的相对滞后，公众的环境意识现状令人担忧。而在未来社会人的种种素质中，环保素质尤为重要。然而，中国在环境保护上的最大阻力恰恰是全民包括领导干部在内的环保素质普遍不高，环境意识比较淡薄。由于整体的国民环保素质水平不高，很多领导干部很难用热爱自然、善待环境的博大胸襟去处理日益增多的环境问题，往往习惯于采用头痛医头、脚痛医脚式的"先污染、后治理"的方式解决环境问题。政府应站在可持续发展的战略高度，加大公众环境教育力度、健全终身教育制度。同时还要对领导干部环保意识的再培养工作予以足够的重视，可以采取诸如对领导干部进行环保知识轮训、将环境整治目标责任的完成情况作为考核和任用干部的重要依据等方法与措施来不断提升各级领导的环保意识。通过领导干部的素质提高，改变决策人员缺乏整体意识、未来意识、忧患意识的同时，尽量克服其地方保护主义、短期行为等思想倾向。

环境教育的实效性在于环境道德的内化、环境实践的主动性，使可持续发展思想转化成人们的一种自觉心理、一种潜意识。从严格意义上讲，营造理想的环境，光靠自上而下的环境教育是难以奏效的，必须使广大群众不断地参与环保实践活动，不断进行自我教育，如在生产领域实施清洁生产，以最终实现环境与经济的"双赢"，在生活领域大力推广绿色消费，以改变公众对环境不宜的消费方式等，这样，才有利于在保证经济健康、快速发展的同时，使国家环境安全与环境质量改善也能够得以实现。环境教育所强调的公众参与正是这一教育方式的体现。然而，当我们提起"公众参与"时，想到的往往是诸如全民植树、计划生育等活动，而容易忽略全民对污染治理、环境评价等的参与。我们可以借鉴西方发达国家的经验，推广公众参与建设项目的环境影响评价的活动。政府部门应确立群众参与建设项目环境评价的法律地位，落实参与办法，进一步加大公众对环境评价的知晓度。

4. 重视水资源节日，支持水资源保护的民间组织与活动

鉴于全球淡水资源短缺、许多国家将很快陷入缺水的困境，经济发展将受到限制，1993年 1 月 18 日，第四十七届联合国大会作出决议，确定每年的 3 月 22 日为"世界水日"。决议主要内容包括：根据《二十一世纪议程》第十八章所提出的建议，从 1993 年开始确定每年的 3 月 22 日为"世界水日"；各国根据各自的国情，在这一天就水资源保护与开发和实施《二十一世纪议程》所提出的建议，开发一些具体的活动，如出版、散发宣传品、举行会议、圆桌会议、研讨会、展览会等，以提高公众意识；请秘书长就联合国秘书处尽目前条件之可能，且在不影响现行活动的情况下，以任何方式与方法帮助各国组织"世界水日"活动，提出建议，集中在一个与水资源保护有关的特定主题，作出必要的部署，并保证活动的成功；建议可持续发展委员会在执行其任务时把实施《二十一世纪议程》第十八章放在优先地位。

1988 年《中华人民共和国水法》颁布后，水利部即确定每年的 7 月 1 日至 7 日为"中国水周"，考虑到"世界水日"与"中国水周"的主旨和内容基本相同，故从 1994 年开始，把"中国水周"的时间改为每年的 3 月 22 日至 28 日，时间的重合，使宣传活动更加突出"世界水日"

的主题。

"世界水日"和"中国水周"的确立以及其主题的提出,是水资源文化制度的重要内容,为提醒公众重视水资源问题提供了一种特殊的手段。在这些日子里,人们可以意识到水资源的珍贵和世界范围内对于水问题的认识提高。

目前,由于水资源的时空分布不均,各个国家和地区的社会经济发展水平也参差不齐,因而对水资源的关注程度也不尽相同,保护水资源的重点也不一样。如有的国家和地区更多的是缺水,需要人们建立节水意识。而另一些国家和地区则水污染严重,需要人们树立保护水环境的观念。因此,"世界水日"和"中国水周"应当因时因地提出鲜明的、具有针对性的主题,而不是全世界和全国都使用统一主题。只有这样,人们才会真正关心与自身利益密切相关的水资源。

现实中各个国家和民族都还有着各自的各种水节日,通过每年水节日的庆祝活动,推动本国和本民族水资源意识的提高和水资源观念的转变。

始于 1991 年的瑞典斯德哥尔摩水节(Stockholm Water Festival),每年 8 月举行一次,宗旨是保护水资源,防止水污染。水节期间的文化娱乐活动丰富多彩,有歌舞、音乐、杂技、戏剧、电影,以及陆地上或水上的体育竞赛和表演等。由各国水问题专家参加的国际水讨论会,颁发"斯德哥尔摩水奖"(Stockholm Water Prize)、"波罗地海水奖"、"斯德哥尔摩青少年水奖"等是水节的重要项目。"斯德哥尔摩水奖"是一项国际水环境奖,由斯德哥尔摩水基金会提供奖金,每年颁发给为解决世界水问题作出卓越贡献的个人或团体,奖金为 15 万美元。类似于瑞典斯德哥尔摩水节的城市水节还有中国新疆的克拉玛依水节。从 1997 年开始,克拉玛依投资 30 多亿元人民币,在荒漠上修筑引水工程,到 2000 年 8 月 20 日,引水工程全线通水。清清河水从 400 公里外奔流直至克拉玛依市。为了纪念修筑引水工程这一开天辟地的壮举,提高人们的节水意识,更为纪念克拉玛依人民开发石油、建设家园的壮丽伟业,将每年的 8 月 8 日定为克拉玛依水节。干旱的戈壁滩上出现了以水命名的节日,克拉玛依水节不仅用庆祝活动来展示风采,还采用市场运作引入经贸交易活动,打造文化品牌。克拉玛依成为全疆第一家把社会公益文化活动推向社会的城市,达到了"社会公益文化社会办"的目的。

除了以上所说的城市水节,还有各个地区充满地域特征的水节日,如云南的傣族泼水节、海南的龙水节、四川的谢水节、湖南的水府水节等。这些水节日充分地体现了各地水文化,对推动水资源观念的转变,普及水资源知识,创造节水环境发挥着巨大的作用。各级政府应该将这些水节日制度化,纳入水资源规划和水资源管理的制度框架中,使之成为有组织、有目的的文化活动,为建立节水型社会创造有利的文化环境。

另外,政府应对群众自发举行的各种环保活动予以大力支持。为提高公民的环保意识,应鼓励公众监督政府和企业的环保行为的活动,大力发展民间环保组织、群众环保团体,有序组织公众的环保运动。在我国,环保志愿者行为将日益成为风尚,环保志愿者的队伍也将不断扩大。

二、水风俗习惯

水风俗,也可以称为水利风俗,是水利历史文化在民间生活层面上的反映,它虽然是民俗文化,但却深刻地反映了中华文化中有关水和水利的思想、价值观念及由水而形成的行为习惯,甚至是一段历史时期人们水利实践活动的浓缩与映射。简单地说,古代祭祀水神(包括河神、井神等)的风俗,反映出人们自远古时期以来形成的畏惧、崇拜水的心理;傣族的泼水节、西南少数民族抢头水、汲新水等习俗,表现了人们对于水的功能的深刻认识及在此基础上寄予水的象征性意义;藏族的沐浴节、内地的放河灯、水火焰口等习俗,则表现了水的宗教意义;至于汉族和一些少数民族地区广泛流传的划龙舟的习俗,更包含了祭祀与娱乐的双重功能,既有远古形成的原始宗教的意义,又折射出后世人们水上娱乐的心态。

浙江作为一个地域文化特色鲜明的区域,有着自己的文化传统,其中与水相关的风俗、民俗是不可或缺的重要组成部分。比如"钱塘江放水灯"、"新安江水上婚礼"、"楠溪江斗龙"、"宁波请龙求雨"、"运河下水仪式"、"绍兴龙舟竞渡"、"桐乡'蚕花水会'",等等。这些水风俗,或庄严肃穆,或活泼热闹,无不折射出人类在水面前既欲亲近又有所畏惧,既感恩崇拜又心存戏耍与反抗的复杂心理。水风俗从一个侧面反映出人与自然之间的关系以及人类在自然面前的心态。

2007年,中央电视台拍摄了大型系列片《水与中华》。这部系列片的顾问余秋雨说:"我们今天太不尊重水了,因为我们缺乏对水的崇拜。对水的崇拜就是对自然的崇拜,就是对我们民族的崇拜,对我们祖先的崇拜,对我们大河文明的崇拜。中华文明之所以能够延续到今天,就是水文化的胜利。"他还说:"我非常希望中国能进一步建立起对水的崇拜,建立起一种水是不可浪费、不可糟践的心理遗传,敲响水资源缺乏的民族警钟。这样的话,延续我们的民族血脉就会更好一点,我们应该站在这样的高度上。"余秋雨的话确实值得深思。虽然水利风俗在时代的演进中渐渐淡出历史舞台,除了端午赛龙舟之类风俗仍被保留外,大部分已退出老百姓的日常生活,但如果我们从对水的崇拜、敬畏这样的角度去认识水风俗,那么这些风俗习惯对于当今的人们仍是极有意义的。

下面让我们来逐一了解属于浙江人民独特的、饶有趣味的水风俗。

(一)钱塘江放水灯

钱塘江放水灯,这个风俗大约已经流传了两千多年。相传这个风俗与春秋时期的吴越争战有关。吴王杀了伍子胥,但他忠魂不散,被玉帝封为潮神。他每逢八月十五都要掀潮,潮水浸过三江口,意欲淹没西施的故里。故而三江口一带人民每逢潮起汛起时(七月十五)就放水灯,把伍子胥吓退。相传旧历七月半为潮卒打探的日子。因为有水灯,让潮卒一看,满江都是灯火,就去禀报伍子胥,让他八月十五不再把潮水冲过三江口。钱塘江的水灯,主要是千盏万盏的灯笼。每当七月十五日夜晚卯时一到,只听"咚咚咚"三声鼓响,千万盏灯笼便齐刷刷地点亮了。有的人家还在岸边插蜡烛,蚌壳里点灯油,也有的索性把整捆稻草点着,浮在水面上。霎时间,三江口的岸上、水上、船上到处是灯,是火,照得如同白昼。两岸数不清的老百姓唱啊,跳啊,喊啊,锣鼓声此起彼伏,震耳欲聋。

(二)新安江水上婚礼

水上婚礼是久居新安江上的"九姓渔民"特有的风俗。所谓"九姓渔民"的九姓是陈、钱、林、袁、孙、叶、许、李、何。在建德最多的是陈、钱、许、叶、孙几姓。他们世世代代生活在水上,以打鱼、载客为生,很少与岸上人来往,形成了自己独特的习俗。相传"九姓渔民"是明初陈友谅及其部将的后代,因为与朱元璋争夺天下失败,被贬至新安江上,永世不得上岸,不准穿鞋、不准穿长衫、不准读书、不准应试、不得与岸上人通婚。

（三）楠溪江斗龙

楠溪江有斗龙的民俗。据明朝万历《温州府志》载："竞渡起自越王勾践，永嘉水乡用以祈赛。"温州竞渡，至迟在宋时已很流行。叶适诗："一村一船遍一邦，处处旗脚争飞扬，祈年赛愿从其俗，禁断无益反为酷。"可见温州一带的竞渡，渊源于古代越族龙图腾崇拜的祭祀活动，主要是用于祈求平安和丰收。斗龙在江流湍急的楠溪江中进行，十里长途，往返二十里。如果顺潮而下，而中途潮涨，或者顺潮而上，中途潮落，都要斗到终点，不得停止。再加上没有换向转手，要一划到底，它的尾端设置梢桨，把梢两人，船头也有两人，以便保持船的首尾平衡。头龙时，这两人力捺龙头，与三十六把桨一齐行动，有加强速度的极大作用，途长水逆，风紧浪急，锣鼓声喧，喊声震天，真可谓英勇。

（四）宁波请龙求雨

民国《鄞县通志·文献志·礼俗·迷信》载："请龙。农民遇久旱，则请龙，约邻村农民异境庙之神往龙潭祷求，偶见水中有蛇、鳗或蛙、鱼等动物浮出即以为龙，置诸缸内，请之而归。要求邑之长官，跪拜供奉如神，或酿赏演戏以敬之。俟雨下乃送回。"旧时，宁波各县请龙求雨，大体类同，亦有稍异者。鄞县瞻歧地方请龙王，先遣人夜入龙王庙，用麻袋套住神像，抬到当地庙内供奉，称"偷龙王"。数日后仍不雨，则把神像置于烈日下，让"龙王"尝一尝久旱不雨、烈日曝晒之苦，但又恐晒坏神像，乃戴以笠帽、披以蓑衣，称"晒龙王"。再不雨，则相约往"龙潭"请龙求雨。事先遣人鸣锣通告"禁涂"（禁止下海涂捕捞），不准鱼虾上市，各家"净灶吃素"，食荤者处罚。瞻歧附近称龙潭者有四处，但当地农民却信远在镇海三山岩头龙潭"老龙"。午夜出发，抵达后供祭潭边，双手合十跪地，念伴诵"龙王经"，请"龙"显身。时已派好数名青年，手持捞具环潭侍立，一见水上有浮游动物，眼明手快，立即将"龙王"网住，放入"圣瓶"。随后族长许愿，如不日赐雨，即演戏"谢龙"。迎归后供祭在庙内神座前的神案上，昼夜有人轮流"值圣"，族内大户轮供"圣头饭"，每日上香祭供三次，谓之"侍雨"。久旱则雨，适降甘霖，则视为"灵验"，开演"谢龙"戏、行纸会，最后送回龙潭。稍有不同者，有些地方"请龙"时由族长或念伴跪在潭边，用铜锣从潭中兜起浮游动物。有的地方凡加入请龙队伍的人，皆手执小旗，烈日晒头，不得戴草帽，脚穿草鞋或蒲鞋，表示虔诚，以感动"龙王"。

（五）运河下水仪式

大运河用她的乳汁哺育着依河而居的人们，并在他们的生活中留下了鲜明而又隽永的印记：渔夫、船家、纤夫、脚夫和码头工找到了自己的营生，他们一代又一代地在运河上劳作、生息，形成了运河人家特殊的生产、生活、节庆习俗。如江苏淮安地区的运河船家、渔民在其行船、捕鱼的生产过程中，形成了一些独特习俗，如"交船头"、"汛前宴"、"满载会"等。新排的船只投产前，要举行下水仪式，俗称"交船头"，亲朋好友前来致贺，是为船家一大喜事。是时，船上贴对联，插彩旗，船身披挂红绸花球，桅上悬一面筛子，筛子里置一面镜子，以示乘风破浪，逢凶化吉。新船下水时，锣鼓鞭炮齐鸣，司仪领唱喜庆歌曲，新船试航归港后，主家得宴请亲友。"汛前宴"，渔汛前，渔户备好渔具后，各船户主和捕鱼主要劳力在一起聚餐，同时分析鱼情，商讨生产计划，交流作业方法。为预祝丰收，彼此推杯换盏，一醉方休。此外，渔家在春汛前还要做"满载会"。船上扯起白脚旗，船老大穿起长袍、马褂，上香参拜"龙王"，童子（神汉）拉长声音高喊"满载而归"。世代劳作、生息在运河上的渔家船民，傍河而居的百姓人家，在沿袭传统节日如春节、元宵节、端午节，保留传统娱乐活动的同时，对相关娱乐的形式有所变革，内容有所增益，其中处处可见运河印记，带有鲜明的运河色彩。

（六）绍兴龙舟竞渡

有地方志书记载:"竞渡起国越王句践",南宋大诗人陆游更有"稽山何巍巍,浙江水汤汤……空巷看竞渡"等吟咏诗。绍兴是水乡泽国,河道纵横,江湖棋布。这是大自然恩赐给绍兴人赛龙舟的极好的竞技场所。龙舟竞渡前,一般以村为单位,筛选人员,组建参赛队伍,着装统一,并频频演练。届时(如端午节等),各参赛舟船去集水面开阔处,每条龙舟配备10名左右成偶数的划桨手,左右配对使桨。另外,舟首有一人持旗或擂鼓指挥,统一步调和节奏,舟尾还有一位舵手,握一支长橹,边摇边把握方向。当用锣声或挥旗发出竞渡开始的信号后,条条龙舟如箭离弦,争先恐后,参赛者个个周身热血沸腾,神经绷紧,使尽平生力气。一时间,起桨处如拨絮飞雪,号子声、擂鼓声和观众的助威加油声此起彼伏,响彻云霄,场面甚为壮观,人们沉浸在激动和欢乐之中。有的龙舟率先冲过终点获胜后,船头的那位司鼓或挥旗者还会即时表演竖蜻蜓之类的杂耍,引来其他参赛者和观众的齐声喝彩。历史上绍兴的龙舟竞渡不仅在白昼举行,也有安排在夜晚的。夜晚的龙舟竞渡未必是抢速度、争第一为唯一目的,而是利用夜幕,充分发挥灯光等作用,将文化娱乐和体育活动紧密结合起来。在舟船的行驶中,由丝管弦乐伴奏,演员们或表演,或歌唱,微风吹过,分外悠扬。

（七）桐乡"蚕花水会"

历来的庙会都在陆地上举行,然而,浙江省桐乡市洲泉镇清河村双庙渚一带所举行的蚕花庙会,却是在水上举行,人称"蚕花水会",亦称"水上蚕花圣会"。蚕花水会源远流长,相传此俗源于南宋时代,靖康事变,宋室南迁。宋高宗临安(杭州)登基之后,为发展蚕桑业,封蚕神马鸣王菩萨为"马鸣大士",并传旨各地建庙供奉。为此,清河村附近的双庙渚、芝村、南松三地,分别建起贵和庙(今称双庆寺)、芝村庙(后改龙蚕庙)、富墩庙三座庙宇,并在庙中设殿分别供奉三尊马鸣王(人称姐妹仨)。旧时,每年清明节期间,三庙附近蚕农,用农船将马鸣王姐妹仨迎至双庙渚附近的河港上,进行祭拜,祈求蚕神保佑养蚕丰收。其他各地蚕农纷纷出动摇快船、绞丝船、拜香船、打拳船、台阁船、龙灯船、高杆船等,进行水上表演,娱神娱人。这样慢慢就形成了蚕花水会这种独特的蚕乡风俗。迎会时,水上数十条船来回表演,岸上成千上万人围河观看,盛况空前,连附近吴兴、德清等地蚕农也摇船赶来观看,成了蚕乡的一次狂欢节。据民国时期《新崇德民报》报道,新中国成立前最后一次蚕花水会是1948年清明节期间举行的。新中国成立后一切迎神庙会告停。直到1998年,中断了半个世纪的双庙渚蚕花水会才重新恢复举行。

（八）嘉兴"江南网船会"

每年清明和中秋节,江、浙、沪如江阴、无锡、苏州、上海、杭州及嘉兴地区嘉善、海宁、平湖、海盐等地从事渔业、农业、运输业等的渔民、农民、商人及香客,都凭借着江南地区便捷的水上与陆路交通,从四面八方自发汇集到嘉兴市秀洲区王江泾镇东的莲泗荡,祭祀元朝灭蝗英雄刘承忠。这种江南民间自发的民俗祭祀活动,由于起初均为渔民摇着捕鱼的丝网船结队而来,又至少自清宣统年间就开始形成一定的活动规模而沿袭至今,民间称之为"网船会"、"刘王庙会"、"莲泗荡水上庙会"。

网船会集会的日子里,各路船队旗幡招展、鞭炮齐鸣,水上、岸上锣鼓喧天、人声鼎沸,持续时间短则三天,长则七天。各路渔民、船民、商人携带鸡、鱼、猪(猪头)等祭品涌向莲泗荡北岸的刘王庙,来纪念心目中的这位传奇英雄。各路社团不但在船上进行祭祀活动,而且在庙里举行舞龙、打腰鼓、打莲湘、扎肉提香等赶庙活动,成为江南独有的渔民水上狂欢节。

大规模的"网船会",一年里有三次。除了清明节前后,还有八月十三刘王诞生日和大年夜,春秋最盛。前来赶庙会的渔民、船民,每到莲泗荡就在刘公园的湖岸停泊,船头列祭品,有猪头、猪爪、猪蹄髈、条肉、鱼、豆制品和水果、糕点等,还有黄酒。船驶近刘王庙,便燃放大号"高升"爆竹。靠岸第一件事是船民成群结队抬着门板,板上堆放着几十只猪头和其他祭品到庙内供刘王塑像。祭祀完毕,会首的船与各船用大型松木板以铁钉钉成船排,排上搭棚,供社团祭祀。小船小户也在船上会亲、聚友、聚宴,往往通宵达旦到翌日。

第三节　特色水教育校园制度文化建设

一、特色水教育制度体系

在特色水教育制度体系的构建过程中,要把握好几个原则,并可以尝试以下途径。

（一）制度体系构建原则

原则一:科学处理好三个关系

校园制度文化与校园文化、校园物质文化、校园精神文化的关系。对校园文化的结构划分有多种,主要有三分法,即校园物质文化、校园制度文化和校园精神文化。校园制度文化与校园文化是部分与整体的关系,校园制度文化是校园文化的基本元素之一。"文化各元素之间的关系类似于有机体中各部分的关系,文化整体,对文化元素的关系就如同机体与器官的关系。"在一定社会意识形态和教育规律制约下的校园文化必然要以其内在制约机制,使校园制度文化沿着预期的轨道发展。校园物质文化是"外在文化",校园精神文化是"内在文化",校园制度文化是连结校园"外在文化"与"内在文化"的纽带,它是物质文化与精神文化的载体,是高校师生员工实际占有的文化。校园制度文化与物质文化、精神文化是互相影响、互相促进的,健全的制度文化有助于凝聚人们的价值观念、规范行为准则,有助于校园文化的形成。制度文化又是无声的语言,潜移默化地影响着师生,它是一个学校精神风貌的体现,且与学校的治学理念有关,是校园文化的主渠道。特定的制度文化熏陶出特定的群体个性,特定的群体个性折射出特定的校园文化。

校园制度文化与校园管理的关系。校园制度文化有许多内容,其中逐步建立和完善民主管理制度占有很重要的位置,并越来越受到重视。管理与制度通常是密不可分的。"徒法不足以自行",制度是静止的规范,不能自动对社会关系起调节作用,只有当人们将制度作为管理校园的机器,运用其管理校园全部事务时,制度才能由静态变为动态。所以校园制度与校园管理实际上是静态和动态两个层面上的东西,科学的管理是"缘法而治",规范的制度是为管理提供参考标准的。

校园制度文化与校园制度的关系。校园制度是学校管理者根据教学目标,从学校实际出发,结合学生的特点,在建设各行政管理机构的同时,建立一套规章制度,从教师的职业道德到学生的言谈举止都作出明确要求,使师生有规可依,有距可循。但是,并不是制定许多规章制度就等于形成了校园制度文化,只有当规章制度这种"外在文化""内化"为集体成员的"内在文化"时,才算真正发挥了校园制度文化的育人作用,也只有当"校园制度"本身转化为"素质文化"时,才能真正成为校园制度文化。

原则二:应当体现"学校精神"

凡是学校就有其校园文化,然而校园文化应当是独特的,她的独特在于她的教育理念,她的社会功能,更在于一种被称为"学校精神"的东西。也唯有"学校精神"使得学校的校园文化既有纯粹、清高之姿,又有俯身务实之态。

"大学"者,非我中国内生之物,乃舶来之品。无论中西方,大学都由教会学校演变而来。中国古代尽管有太学这样的高等教育机构,但与欧洲中世纪大学不可同日而语。前者主要培养国家官员,后者则是未来职业人员的学习场所。一般认为,除了少数例外,现代大学来源于欧洲中世纪大学。"山雨欲来风满楼",如果没有中世纪的黑暗,也许就不会催生出文艺复兴的人文精神;现代大学,也许就是在"神权"的铁蹄下,迂回长成的一株向往知识、真理、人本、理性与自由的树苗。如今小小树苗长成参天大树,参天大树遍布人类所"诗意栖息的大地",因此有了理性精神的回归、人性的回归、思辨的回归。现代文明社会更是将文化传统的重视归功于高等教育。

从某种意义上说,校园文化是大学的灵魂,是大学精神的"土壤"。校园文化建设必须围绕弘扬大学精神这一核心。培养大学精神才能促进校园文化建设的发展。国外著名大学的精神体现了大学的个性,而大学的文化又体现大学的共性。作为大学这一组织形式的上层建筑的最顶端部分,大学精神具有引导大学校园文化建设的理论与实践价值。

因此,我们在思考学校校园文化的内涵与建设途径之时,必须先从大学精神的视角出发,才能得出最为有效、有利、有益的结论。

原则三:应当体现"公平公正"

围绕公平、公正、客观,建立与时代要求相适应的高校校园制度文化体系。公平是一种基本的制度价值。通常,公平与平等属于同一语义,但是作为与效率相对应的价值概念,它主要是指公正,其理想化状态是指平等,即给予同样的人同等对待的平均状态。高校制度文化的公平价值表现在两个方面,其一是制度的制定公平,其二是制度的实施公平。高校制度文化应当尽可能反映广大教职工与学生的利益,尤其是作为刚性制度文化的高校各种规章制度,从其制定到实施都应有广大师生的参与。高校制度文化是否客观、公正、科学,在于其反映的利益主体的广泛程度,是否注重各个主体之间的利益平衡。高校制度文化体现的利益主体的范围越广泛,该制度文化越公平、公正、客观、科学,因此,高校在其规章制度的制定过程中,应当广纳群言、充分调查研究、尽量平衡不同主体之间的利益要求。同时,高校制度文化并非一成不变,制度本身则要求不断地得到完善和创新。学校正式制度或非正式制度都存在一个不断完善和创新的问题,尤其在全面推进素质教育的今天,有些规章制度经过时间和实践的检验,已不能适应时代发展的要求,必须及时修改、补充和完善。因此,制度文化要求学校有这样一种氛围,即为了学校的发展,要大力提倡全体师生对学校制度文化建设的贡献,在执行制度的过程中不断改进和完善,使学校制度文化与时俱进、有所创新。

原则四:应当体现"以人为本"

树立"以人为本"的民主参与意识,彰显高校校园制度文化建设中各主体的地位。在大学所有的教育资源中,人是最重要、最宝贵的资源。"以人为本"是现代大学最重要的办学和管理理念。以人为本的基础是充分地尊重人,要"以人为本",学校制度建设的基点应该是尊重人的权利,满足人的需要,促进人的发展。在高校制度文化建设中引入"以人为本"就是要始终以人为出发点和旨归,尊重和重视人的因素在学校建设和发展中的重要作用,尊重人的权利,满足个体的合理需求,从而充分调动全体教职员工的积极性、主动性和创造性,促进人的全面发展。

相信每一个教职工,只要把他们放在合适的岗位,他们一定愿意把工作做好,他们一定能够把工作做好;相信每一个学生,他们都有积极向上求进的要求。高校全体师生员工都是校园文化制度的建设者,都处于主体地位。因此,在校园规章制度、校训、校风、学风、领导作风等制度文化的建设中,要重视全方位、全员和全过程育人,以学生为主体,以教师为主导,以管理来促进教学。

以教师为主导,意味着在校园制度文化建设中必须让教师拥有关于学校发展决策制订的参与权和对重大事件的质询权。教师在学校肩负着教书育人、科学研究多重任务,教师是学校良好风气的传承者。所以,尊重教师的参与权和质询权,既是民主制度的体现,也意味着对学术的尊重、对人才的尊重、对道德的尊重、对精神的尊重。只有充分发挥教师群体的作用,才能有效地推进高校校园制度文化的建设。

同时,学生管理也是学校制度文化建设的重要组成部分。学生自我管理与学校文化制度建设紧密联系。学生是被管理者,同时又是自我管理者。一方面,学生自我管理的内容受学校各项管理制度的影响,另一方面学校制度的科学性与可操作性直接影响学生自我管理的执行水平。校园制度应为学生自我管理提供一定的空间,教师尤其是班主任的民主性则给学生的自我管理提供了可能。因此,学校制度文化建设中的管理制度必须是学生能够接受的制度文化,能够渗透到各科教学之中,体现在学校各项教育活动之中。另外,学校在制度的取舍中,应当从"人之好奖不好罚"的本性出发,多采用奖励性规范,尽量避免惩罚性规范。从管理成本来看,适用奖励性措施进行管理并不一定比使用惩罚性规定的成本高,奖励性措施同时也是有效的激励手段。

原则五:应当体现"依法治校"

注重校园制度文化建设的合法性、权威性和可操作性,推行依法治校。建设社会主义法治国家是"十五大"所确立的治国家方略。依法治国、依法治市、依法治校都是建设法治国的基本要求。校园制度是校内法治与德治的最佳结合点,是为适应依法治校的要求,针对全体师生员工具有约束、指导、规范和协调作用的内部规定。校园制度一方面是学校为适应法律法规而制定的具体操作规定,应当同法律法规保持高度一致,绝不能同法律法规规定相抵触;另一方面,校园制度也是实行依法治校,建立良好的校园制度文化的保证,具有一定的权威性。为此,学校应当及时清理废止同现行法律法规相抵触的规章制度,注重校园制度文化的不断创新,制定出切合实际、维护广大师生员工的合法权利的规章制度,弱化对师生员工的人为管理,强化制度管理。同时,校园制度文化建设应当在保证其合法性的前提下,充分体现对师生员工的关怀,尤其是对学生的关怀。依法治校的前提是在合法的条件下,建立完善的规章制度。健全而严密的规章制度是学校管理的最基本的手段,但是严密的规章制度并非一定残酷,良好的规章制度应当是严而不酷、疏而不漏。

(二)通过校园制度文化建设使"水文化"化于行

世间柔弱,莫过于水,世间凶悍,也莫过于水。

水,要按照人的意志,造福于人,必须有一定的堤岸,让水按一定的目标,设定合理的方向流动。如果无堤岸,到处洪流乱注,只会四处汪洋,到处为害。引申到校园文化,必须有制度约束和保证,从这个意义上说,"水文化"是一种制度文化、机制文化。

只有建立一套行之有效的管理规则,建立不同层次的管理制度,把经验上升到制度、规范和程序的高度,使工作有章可循,才能防止工作的盲目性和随意性,使校园和谐有序。制度相互作用进而产生机制,机制的作用是严谨的,是使学校各项管理步入良性循环的保证。

通过校园制度文化建设使"水文化"化于行。校园制度文化,主要包括各种校纪校规、制度、公约、行为规范及约定俗成的习惯等,是保证以教学为中心的教学活动正常开展的一系列硬性指标,规范健全的制度及对其严格执行是校园文化的基础建设。校园文化对学校运行有指导作用,因此,要形成以水文化为主体的校园文化,就必须把水文化制度化,使广大师生员工的价值理念充分体现在学校的现实运行过程之中,形成一种制度,并通过制度的方式来统率师生员工的思想。

1."物斜水不斜"与"公平公正"的制度文化

水不汲汲于富贵,不慼慼于贫贱,不管置于瓷碗还是置于金碗,均一视同仁,而且器歪水不歪,物斜水不斜,是谓"水平"。倘遇坑蒙拐骗,水便奔腾咆哮,此乃"不平则鸣"。因此,应当建立公正、合理的评价制度。公正、平等与合理的评价制度不仅能够保障教学管理目标的实现,而且还指引着教职员工的价值取向与行为方式。学校应以绩效为基础,结合思想品德、知识水平、教学技巧与沟通能力等要素建立系统的评价制度,量化评价标准。只有全体教职员工的价值得到真正意义上的认可和尊重才能使其获得认同感和归属感,进而产生向心力与凝聚力,形成集体荣誉感和使命感,推动学校各项活动的顺利开展。

(1)在干部人才选任管理方面

干部人才是学校的支撑,其选任往往是教职工关注的焦点,必须体现公平、公正、公开。要以提高选人用人公信力作为干部工作的出发点,坚持党管干部原则与走群众路线相结合,认真贯彻执行《党政领导干部选拔任用工作条例》及相关制度,牢牢把握正确的用人导向,不断完善选人用人机制。

在科学发展观的指导下,根据新形势新要求,结合学校实际,进一步加强制度建设:一是建立科学民主的决策机制,制定出台《党委议事规则》《校长办公会议议事规则》《中层干部任免实行票决制的实施办法》《二级学院党政联席会议议事规则》等。二是健全完善干部选拔任用和监督制度,如《中层干部选拔任用工作办法》《中层干部考核评价实施办法》《干部谈心谈话的规定》《中层干部实行谈话诫勉制度的实施办法》《中层干部党风廉政建设责任制考核细则》《领导干部报告个人重大事项和收入申报规定的实施办法》《校、系及相关部门领导联系班级、学生制度》等规章制度,不断增强干部选拔任用工作的透明度,为选准人、用对人提供有力保障。

(2)在校务公开方面

要充分认识到认真做好校务公开工作,是扩大基层民主、加强群众监督的一项重要工作,对强化民主监督和管理,规范办事行为,加强党风廉政建设,促进依法治校、依法行政,推进学校民主政治建设、科学管理、构建和谐校园具有重要的意义。成立校务公开工作领导小组,认真贯彻落实《高等学校信息公开办法》等制度,设立校务公开监督办公室,负责对学校推行校务公开工作的制度建设以及校务公开形式、程序和公开的真实性、时效性、实效性等进行监督检查。学校各院系部、各职能部门主要领导同志负责本部门的校务公开工作。

制定出台《校务公开制度》,把校务公开工作作为学校管理的重要内容。健全教代会制度,维护广大教职工的合法权益。为进一步拓宽学校领导与广大师生员工的沟通联系渠道,广泛听取师生员工对学校工作的意见和建议,推进学校民主建设,制定《校领导接待日制度》、《学生事务信息通报制度》、《校务委员会暂行条例》等,规定涉及学生思想政治教育、学籍管理、评奖评优、帮困助学、校园文化建设、学风建设等涉及学生切身利益的有关事项,以及应向学生公开的学校改革和发展的重大决策和重要事项均需要向学生公开。设立校务委员会,通报和研讨学校发展的重大议题。成立新闻发言办公室,确定学校新闻发言人。

2."源头活水"与"学习创新"的制度文化

"问渠哪得清如许,为有源头活水来。"流动的水才具有生命力,在这个竞争日益激烈的社会,不学习就要落后,不创新就会被淘汰。学习与创新是"水文化"给予我们的启迪,也是知识经济时代的主题。

(1)关于学习型校园

20 世纪 90 年代兴起的学习型组织理论,是近代管理学史上的一次重大革命。随着这一理论传入我国,学习型组织理论为学校校园文化的建设提供了新的发展理念。

学习型校园是指通过培养全体教职工和学生的自主学习和团队学习,形成学校浓厚的学习气氛,充分发挥全体成员的创造性能力,不断突破自己的能力上限,培养全新、前瞻与开阔的思维方式,为实现学校的共同愿景而不断开展创造性、持续性的工作和学习的学校。它以增加学校的学习力为核心,以"学习+激励"的方式来促使学校成员勤奋工作、学习,其侧重点尤为在于使成员更聪明地工作、学习,使学校成员"活出生命意义,自我超越,不断创新,达到增强高校的革新能力和成长能力的目标"。它的特点是弹性、灵活、应变,基础是团结、和谐、进取,核心是学习、思考、创造,模式是精简、扁平、高效,其必须修炼的五项基本功是:自我超越、改善心智模式、建立共同愿景、团队学习、系统思考。在对建设学习型校园的意义的论述上,绝大多数论者都认识到建设学习型校园是顺应时代发展和教育自身良性发展,更好地满足师生们更高层次需求的需要。在对建设学习型校园的决策措施的认识上,论者多认为应该积极构建传统学校向学习型校园转化的平台,这种转化平台不但包括技术上的平台和理论上的平台,更应该包括可操作层面上的政策。

学习型组织既是具有可持续发展能力的组织,也是一个开放性的组织。这样的组织不仅有助于企业的改革和发展,而且对于学校的教育,学校管理制度的合理化,办学理念的更新,办学品位的提升,学校核心竞争力的提高都有很大的影响。而校园文化作为学校管理、学校制度、办学理念、学校竞争力的一个综合性概念,使得学习型组织与校园文化有着密切的联系。

(2)学习型组织理论与校园文化建设的关系

时代的发展使"学习"成为当代社会的首要需求,促进组织成员的身心发展,培养组织成员终身学习的愿望和能力,成为当代教育的首要任务。学校组织成员必须拥有终身学习的理念,充分认识到个人的持续学习力是参与社会竞争和自我发展、自我超越的必备能力之一,也是学校组织系统创新及和谐发展的重要保证。构建学习型校园文化,是当前校园文化建设的重要任务。

文化的确立和改变是缓慢的,因此,校园文化建设是一个长期过程。现时期要创新和加强校园文化建设就必须注重运用学习型组织理论,积极创建学习型组织是建设学习型校园的有效办法。知识经济时代的竞争已出现个性化、多样化的特点,一个组织的竞争力更多地表现为人才的竞争、知识的竞争和学习能力的竞争。要在这一竞争大环境中取得优势关键在于创新。积极创建学习型组织是校园文化创新的力量和源泉,在竞争中起着决定性作用。同时随着人类进入知识经济时代,学校作为传播知识的主阵地和社会学习力的主战场,处在知识革命的前沿。创建学习型组织,努力提高师生队伍整体素质,对建设先进的校园文化、实现学校跨越式发展、维护学校根本利益有着重要意义。

(3)构建学习型校园文化的具体措施

重塑师生学习观,树立个人自我超越的新型学习观。应以自主学习、终身学习、团队学习为核心。要实现学校的可持续发展,使学校真正成为学习型社会建设的重要平台,就应提倡师生自主学习、终身学习。一方面,倡导师生员工重塑学习观,鼓励个人通过学习实现自我超越,鼓励团队学习。另一方面,营造出良好的学习氛围,学校必须注重广大师生的学习意愿与能力,建立满足教师学习多样化需求的机制和环境,为教师提供学习和继续教育的机会,为教师不断努力发展自身、超越自我、实现自己的社会价值创造条件。

体现人文关怀,建设务实创新的教师文化。教师文化是教师在教育教学活动过程中形成与发展起来的价值观念和行为方式。它主要包括教师的职业意向、角色认同、教育理念、教风、价值取向及情绪反应等。对于校园文化而言,教师文化是主体,它规定着学校的价值系统。要积极构建开放、灵活、具有高度适应性的学习机制。学校要为教师持续学习力的增强提供良好的物质条件和氛围,要建立各种学习条件,强调"全员学习"、"合作学习",要组织开展多种多样的校本培训,创设学校"全员学习"的环境,为教师的终身学习注入一池活水。具体地,学校可以围绕着办学目标,把教师的专业发展培训作为给教师的最大福利来实施,形成"全员学习"、"终身学习"的良好学习氛围。

发扬学生主体,建设自主合作、个性丰富的学生文化。学生文化是指学生学习和生活的特定的文化环境和氛围,是学生的主体精神,是一种个体间不断传递着的信息流(含认知流、情感流和道德流等)。从内容上来看,学生文化主要包括道德文化、学习文化、综合实践文化、文娱体育和审美文化等,学校要给学生权利让其自主选择,让学生在宽松和谐的育人氛围中,找到发展自我、表达自我的舞台。具体可包括:丰富开放的学生课程文化,民主自治的学生管理文化,个性飞扬的学生活动文化等。

把学习型组织理论应用于我国校园文化建设,是学校管理上的重大变革,也是一项耗时巨大的系统工程,需要进行全新的观念转变,使学校构建学习型校园文化的理念深入人心,在全校范围内达成共识,从而使正在蓬勃发展的学习型校园文化建设走上一条可持续发展的道路。

3."滴水穿石"与培育"水利精神"的制度文化

水至柔,却柔而有骨,信念执著追求不懈,令人肃然起敬。九曲黄河,多少阻隔、多少诱惑,即使关山层叠、百转千回,东流入海的意志何曾有一丝动摇,雄浑豪迈的脚步何曾有片刻停歇;浪击礁盘,纵然粉身碎骨也决不退缩,一波一波前赴后继,一浪一浪奋勇搏杀,终将礁岩撞了个百孔千疮;崖头滴水,日复一日,年复一年,咬定目标,不骄不躁,千万次地"滴答"、"滴答",硬是在顽石身上凿出一个窟窿来,真可谓以"天下之至柔,驰骋天下之至坚"。倡导特色水教育的育人理念和工作思路,把弘扬水文化作为学校教书育人的有效载体,人才培养质量的重要标准,贯穿于学生培养的全过程。利用厚重的水文化积淀,教育学生牢固树立专业思想热爱水利;激励学生发奋学习服务水利;培养学生艰苦创业奉献水利;不断更新治水理念,实现人水和谐,成为具有"献身、负责、求实"精神的新一代建设者。广大教师要敬业、负责、求实、严谨、忠诚教育事业;广大学生要爱国、勤奋、诚实,立志成才,奉献水利。

4."海纳百川"与"博学求实"的制度文化

"海纳百川,有容乃大。"水最有爱心,最具包容性、渗透力、亲和力,它通达而广济天下,奉献而不图回报。它养山山青,哺花花俏,育禾禾壮,从不挑三拣四、嫌贫爱富。它映衬"荷塘月色",构造洞庭胜景,度帆樯舟楫,饲青鲫鲢鲤,任劳任怨,殚精竭虑。它与土地结合便是土地的一部分,与生命结合便是生命的一部分,但从不彰显自己。

学校在校园制度文化建设中,要秉成"博学求实"的理念,建设"博于问学,笃于务实,多学真知,多干实事"的制度文化。坚持办学特色,培养"用得上、下得去、留得住、干得好、有潜力"的人才。围绕经济建设和水利事业的发展,以市场需求为导向,构建"通识教育与专业教育、知识传授与能力培养、全面发展与个性培养"的三结合人才培养模式。以能力培养为主线,构建学科专业课程体系,实现"实基础、强能力、有发展"的培养目标。以产学研为平台,实现人才培养过程与社会需求相衔接,通过工程实践和项目训练,提高学生的创新能力与实践操作能力。以学生成才需求为导向,构建以学生为中心的多样化教学运行机制,建立弹性、自主学习制度,逐步完善学分制,增强学生对社会的适应能力,促进学生多元化发展。以素质教育为基点,坚持教学改革,积极开展文体教育、校内外文体竞赛、军事教育工作等,提高学生的综合素质,塑造优良的文体文化氛围。

5."清正纯洁"与"廉洁自律"的制度文化

廉政文化是人们关于廉政的知识、信仰、规范和与之相适应的生活方式及社会评价的总和。它作为一种潜在的力量,为反腐倡廉提供了智力支持、思想保证和舆论氛围。2005年1月3日,中央颁布了《建立健全教育、制度、监督并重的惩治和预防腐败体系实施纲要》,明确提出:要大力加强廉政文化建设,积极推动廉政文化进社区、家庭、学校、企业和农村。2005年7月1日,教育部下发《关于在大中小学开展廉洁教育试点工作的意见》,强调:结合大中小学思想道德教育的整体规划,积极推进廉洁教育进课堂、进校园、进学生头脑,立足当前、着眼长远、因势利导、循序渐进,不断增强廉洁教育的针对性、实效性和吸引力、感染力,培养青少年学生正确的价值观念和高尚的道德情操。经过两年的试点工作,2007年起在全国大中小学全面推进廉洁教育工作。

学校是教书育人的"摇篮",特别是我国已步入高等教育大众化阶段,学生进入社会的关口、体念腐败的理论认识都在高等学校,从另外一个层面,随着高校自主权的扩大,高等学校参与市场活动日益频繁。在这样的背景之下,反腐败工作面临着挑战,如何进行关口前移,如何建立惩防体系,采取怎样的途径,是高等学校需要思考的问题。加强高校廉政文化建设,既是建立教育、制度、监督并重的惩治和预防腐败体系的必然要求,也是贯彻落实科学发展观,培养思想素质过硬、综合能力较强、专业知识扎实、理论水平较高的大学生,不断为社会输送高素质人才的重要政治保证。全面推进校园廉政文化建设,对培养学生崇廉敬德的思想品质,建设社会主义和谐校园,进而对弘扬整个社会的廉政文化、促进社会和谐发展具有十分重要的意义。要着力构建廉洁治校、依法治校、和谐育人的长效机制,增强和谐校园建设的合力和实效。

二、特色水教育课程建设

特色水教育校园文化要坚持以水立校、以水兴校、以水强校,以"水利精神、水的品质"塑造学生品德,渗透学生思想,铸筑学校之魂,把水文化的教育纳入日常教学过程,促进专业教育与人文教育相融合,把学生培养成为"德技双馨"的高素质人才。

学校主要结合专业特点,通过在特色水教育课程教学、水利专业教学、思政理论课教学、CDIO工程教育模式中渗透水文化价值引领和道德教育,从而实现德育教育的全方位渗透,以水化人,以水育人。

(一)特色水教育课程建设

1.性质与定位

课程的主要任务是使学生认识水利发展形势、水利在国民经济中的作用、地位及重要性,了解浙江水情,爱惜水资源,保护水环境;了解浙江水历史,弘扬水精神,提高学生人文素养;增强全民水患意识和水法制意识,营造全民关心和支持水利建设的良好氛围。该课程应当设为公共必修课。

2.课程设计思路

课程的总体设计思路是依托行业,依托学校水文化教育资源,以职业能力培养和职业素养养成为重点,组织学生学习相关的水知识,基于水利发展形势和水文化内涵的分析,构建课程体系,总学时建议为20学时,使学生知水、惜水、护水、乐水,切实提高学生的综合素质。

3.课程学习目标

首先要掌握水利形势、政策和基本入门知识,对水工程、水资源、水旱灾害、水历史、水文化等基本概念和水利发展形势有所了解,教学目标如下:

知识目标:

(1)使学生了解当前水利形势,工程水利、资源水利、现代水利、生态水利、民生水利等概念、特点、内容及水利发展阶段。

(2)使学生了解水资源开发、利用、节约、保护和防治水害的基本措施及法规、政策。

(3)使学生掌握浙江水资源的概况和特点,了解其与经济社会发展的关系。

(4)使学生了解浙江水利史、重要治水人物、治水精神、主要水民俗传统、水文化产品等基本知识。

能力目标:

(1)能了解水利形势。

(2)能理解当前水利政策法规。

(3)能基本领悟浙江水文化内涵。

素质目标:

(1)培养良好的职业道德,有爱岗敬业、遵纪守法、诚实守信、刻苦负责、科学严谨等操守和"献身、负责、求实"的水利行业精神。

(2)培养团结协作的社会交往能力。

(3)培养从事水利行业相关工作的基础。

4.课程内容标准及要求

(1)水利形势。了解我国水利发展阶段、水利发展形势及在国民经济和社会发展中的重要地位;掌握工程水利、资源水利、民生水利、生态水利、可持续发展水利等概念、内涵和意义。

(2)浙江水资源配置、利用、保护体系建设。了解浙江水资源概况及与浙江经济社会发展的关系；了解浙江水资源管理法规、原则、主要措施；了解浙江水土保持、水环境保护概况、法规及主要措施。

（3）浙江防洪抗旱减灾体系建设。了解水旱灾害的类型、基本成因、特点及浙江主要水旱灾害情况和对社会的危害；基本了解防汛抢险的方法、步骤及适用情况，了解避灾方法。

（4）浙江水利制度体系建设。基本了解浙江水利行业体制机制改革概况及发展趋势。

（5）浙江水历史及水文化。了解水文化概念、主要内涵和浙江水利发展史概况；了解浙江水利史上重要的工程、人物和制度；基本了解古代对水的经典论述、水利行业精神和浙江治水精神的主要内容；了解浙江主要水民俗文化、水经典文学艺术作品、水文化遗产，增强对中华优秀水文化的认同感。

5.课程考评方法

课程考评按照学校课程考核细则等教学文件执行，每个项目的成绩都是从知识、技能、态度三方面评价。进行过程性评价和总结性评价相结合，过程性评价主要是：考勤、提问及课后作业；总结性评价主要是：可以考虑提交论文或利用特色水教育网络题库资源进行计算机网上考试。

6.推荐课程学习网站

《浙江特色水教育》精品课程网站：http://jgx.zjwchc.com/zjwater/index00.asp

《浙江水文化》网站：http://www.zjwaterculture.com/

7.实训实践

浙江特色水教育是一项以实践活动为主、与实际紧密结合的学校教育方式，注重学生的情感体验和社会实践，采用项目教学法、情景模拟法等让学生感性体验，通过水文化宣传、调查等社会实践活动，增强课堂学习效果。具体可参见《浙江特色水教育实训教程》和《浙江特色水教育社会实践典型实例》。

（二）通过水利专业教学渗透水文化知识，提升学生专业自豪感

寓水人文特色于专业教育之中。水利学科的老师应当坚持教书育人、立德树人的教育理念，把水文化融于专业课讲授过程中，作为育人的重要内容。授课内容可以结合中国几千年的治水历史和实践以文化人；针对浙江洪涝灾害频发、水资源短缺等特点，制作水利建设成就等课件播放，培养水利专业学生对水利事业的责任感和使命感。浙江水利水电专科学校的朱大钧副教授曾经积极探索，实施以邮品辅助水利专业教学和学生文化素质教育，取得了良好的效果，并获得浙江省教学成果一等奖。老师们在向学生讲授专业知识和技能的同时，在学生心田里也深深地播下扎根水利、造福百姓的种子。

（三）《思想道德修养和法律基础》课教学中加强水利职业道德、职业精神教育，促进学生全面发展

结合思政理论课的教学改革，融入水特色。水利专业学生的思政理论课教育除了加强政治思想品德教育、职业道德教育、社会公德教育外，还不断结合浙江水历史、历代治水成就、治水工程及治水人物的事迹，深入浅出地阐释如何处理人与自然、人与社会、人与人的关系以及自身的理性、情感、意识等方面的问题，通过水文化知识的渗透，不断加强水利系学生人文素质和职业道德的培养，从而实现人文素养与科学精神融合，促使学生追求自我完善，实现全面发展。

（四）开展SWH-CDIO工程教育模式改革,同步提升学生的软能力和硬能力

对于工程类学生,在借鉴CDIO先进教育模式的基础上,重视培养学生的专业技能,注重"水利精神、水的品质"的教育,可开展SWH-CDIO人才培养模式改革。

SWH是"水文化"的汉语拼音首字母。"S"蕴含有"水利精神"(献身、负责、求实)、"水的品质"(清纯包容、以柔克刚、锲而不舍等),"W"意即"人文情怀、文化素养","H"是指将弘扬"献身、负责、求实"的水利行业精神与水的品质、人文素质培养有机结合,将其融化渗透在基于CDIO教育模式的人才培养全过程,从而实现水文化的教育、启迪、陶冶、审美、愉悦的功能和作用。可以通过精心设计的典型工程项目为载体,让CDIO教学班学生在完成项目的构思—设计—实现—运行过程中,经历主动学习和系统学习,提高工程系统运用能力;同时,通过体验学习将水利行业精神渗透给学生,结合专门开设的《团队合作导论》、《职业沟通导论》课程进行软能力导入,在项目实践中提高沟通交流能力、团队合作能力和创新能力,从而固化为受益终身的软能力,更好地满足社会及用人单位的需求。

（五）邀请水利专家、校友作报告、讲座,培养学生献身水利的精神

学校应当经常邀请水利专家及校友等到校作报告、开讲座。各种报告和讲座不仅可以给学生带来水利行业的前沿信息,开阔学生的视野,培养学生钻研水利的学术精神。同时学生还可从这些学者、专家、校友的亲身经历中感受到崇高的人格魅力,坚定自己献身水利、立志成才的信心和决心。

三、特色水教育节庆文化

（一）节庆文化

每个民族都有自己的节庆文化,在节日的时空里,它显示了独特的文化内涵。我国的节庆拥有深厚的民俗积淀,体现了传统的和谐之美。中国节庆文化是民间底层焕发的一种蓬勃生命力,也是一种新生、自由、快乐的美学精神。

节日庆典文化是中国传统文化的重要内容,也是民俗文化的集中体现。传统节庆有着历史的、政治的、经济的、艺术的、时效性的共性,同时也因地域、民族、风俗、信仰等的不同,存在一些区别和个性,进而构成了中国民间异彩纷呈、丰富多彩的节日庆典文化形态。

节庆活动是人类文化极其重要的第一性形式。在人类的历史中,人们除了日常生活之外,还有集体狂欢的日子,那就是节庆生活。这是历史赋予人类生活的一种样式,无论官方如何统治,民间节庆都方兴未艾,普通民众在节日中进行娱乐狂欢,享受欢娱带来的快感。中国的节庆文化丰富多彩,不但显示了节日的共性——狂欢性,而且体现了中国特色——和谐性,呈现出狂欢、自由、快乐的美学内涵。

（二）节庆文化建设的原则

1.应当重建精神家园

经过改革开放三十年的发展,市场经济不断完善,对外交流日益频繁,随之而来的是各种外来观念开始进入本土。不可否认其中有许多观念是值得我们借鉴的。与此同时,一些诸如拜金主义、享乐主义、个人主义等错误的思想观念却与中华民族的传统美德产生了激烈的碰撞和冲击,人们的精神世界出现了种种危机。应该说,中国人经历的这种心灵变革也是一个世界性的问题。工业文明、科技发展在给人类创造物质繁荣、带来生活富裕的同时,也给人类带来了灾难和自我异化,表现为思想的物化、制度的物化、主体性的否定、精神家园的

丧失。伴随人们得到丰富物质回报的,是人性宝贵精神内涵的失落。经济的迅猛发展,使人们的物质生活得到了不断改善。然而,人们的精神世界却经历了失落与压抑,心灵的空虚使抑郁、自杀、犯罪率不断攀升。在物质需要得到满足之后,人们开始重新审视自己的精神世界,渴望重建人与人之间那种信任、理解、支持,需要群体性的节庆活动。

2. 应当坚持与时俱进

经济基础决定上层建筑,上层建筑对经济基础有反作用。经济的发展要求有与其相适应的文化。现代化不仅仅是先进的物质设施,也不仅仅是一整套的政治制度,其关键是文化精神的高度文明,其根本是人的现代化。毛泽东说过:"一定形态的政治和经济是首先决定那一定形态的文化的;然后,那一定形态的文化才给予影响和作用于一定形态的政治和经济。"我国经济发展水平长期保持较高的增长态势,文化也需要加紧其前进的步伐来满足人们的需求。因此,传统节庆只有不断发展与创新,更加注重人文关怀,才能与我国现阶段经济发展水平相适应,不至于被人们所遗弃。

3. 应当坚持以人为本

传统节庆文化与时俱进是社会发展对其提出的客观要求,蕴涵于其中的人本诉求是其自身不断发展的体现。这种节庆文化不仅仅是历史的积淀、文化的精髓,更是一种潜在的不断向前发展的文化载体。它自身拥有强大的发展活力,并随着时代的发展不断扬弃。从中沿袭下来的是各个时代的精神财富,发展的是对我国文明和进步有益的成果。在全面建设小康社会的文化背景下,我们更加强调人的主体地位,更加突出人自身的发展。所以,传统文化应该因时而动,提出以人为本的命题。

(三)特色水教育节庆文化建设

水是一切生命赖以生存的基础,是社会经济发展不可缺少和不可替代的重要资源和环境要素。然而,当今的世界,水环境的恶化严重影响了社会经济的发展,威胁着人类的幸福和生存。

特色水教育节庆文化建设,应当充分利用好每年的"世界水日"、"中国水周"、防汛防台日、世界环境日、法制宣传日等特殊日子,集中开展形式多样的水文化宣传活动,除了在校内开展悬挂横幅、开展节水活动、知识竞赛、举办演出、播放水影视片等活动,还可在互联网上制作专题宣传网站,组织有奖征集宣传 QQ 表情、短信、经典宣传语,向社会公众发送节水、护水公益短信,让学生走进中小学、社区、企业、农村开展广泛宣传;同时充分运用报纸、广播、电视台、电台等传统媒体,并在此基础上,整合和调动各种新型媒体力量,拓展宣传的受众面,营造强大的宣传声势。

四、特色水教育行为文化

(一)校园行为文化

校园行为文化是指师生员工在工作、学习、生活中表现出来的言行举止,它是学校群体价值观的折射,是办学理念、精神面貌的动态体现,同时又受制度文化规束和导向。行为文化又可以分三个方面:

一是管理行为。在学校管理行为中处处体现学校的文化特点,体现学校的文化品位。在管理行为中要体现以人为本的理念。

二是教师行为。它是学校文化的具体实践,教师的行为对学生有直接的影响。

三是学生行为。先进的管理行为是良好的教师行为的前提，而良好的教师行为是学生形成良好行为的根本条件。

管理行为文化以制度文化为表现形式，是学校各级组织和个人行为选择的范围和限定，它为学校内部组织和个人的行为活动提供了实际空间，制约并引领着人的行为方向，从而有利于将学校的办学理念等一系列深层次精神文化转变为一种可操作的人的行为实践，为学校的人才培养、科学研究和社会服务提供了诱导和激励机制。

（二）水行为文化

"水行为文化"是一种劳动者与劳动对象相结合过程中形成的水文化，是人们在水事活动和社会实践中形成的水文化，主要包括饮水、治水、管水、用水、亲水等方面的文化。

中华民族历来有"亲水、乐水"的风俗，特别是在一些少数民族中，至今保留着对水的崇敬。比如傣族是一个喜爱水的民族，他们总是择水而居，村寨旁大多有溪水潺潺流过。水与傣家人似乎有着某种天然姻缘，总是融合得浑然一体，如诗如画。傣家人从古到今流传着许多关于水的美丽传说。从这些传说中，傣家人不但吸取了战胜困难的精神动力，还养成世代崇拜水、赞美水的习惯。傣家人认为水是生命之源、吉祥之物，能除去邪恶和灾难，带来安康和幸福。每年傣历新年，他们都要相互泼水祝福，以示来年风调雨顺、吉祥如意。傣族人民居住在西双版纳的景洪、勐海、勐腊三个县（市）的坝区，有自己的语言文字，主要信仰小乘佛教，他们性格温柔、能歌善舞。傣家人历来生活在水草丰富、景色优美的地方，故有"水"的民族之美称。傣族是水的民族，傣家人爱水崇尚水，而最能体现傣族水文化特征的要数傣族的水井了。傣家人爱圣洁的水，因而水井在傣族人民的心目中有着很崇高的地位，他们爱护水井，就像爱护眼睛一样，总是把水井装饰得千姿百态，甚至把水井上升到佛教意义上来看待。在西双版纳的傣族村寨随处可见各式各样的塔井。

（三）营造校园节水行为文化

我国日益严峻的水资源供需形势和不断加剧的人水矛盾，迫切要求把节水型社会建设作为应对当前和今后面临水问题的战略性举措。而这一战略举措实施的根本核心在于构建具有中国特色的水文化价值体系。唯有如此，才能从根本上解决我国面临的水危机，才能真正实现节水型社会建设的战略目标。所以说，节水文化是节水型社会建设之基和灵魂所在，节约用水成了我国当今水文化的重要内容。学校作为培养人才的摇篮，与社会的发展紧密相连，在倡导节水文化中也当发挥相应的作用。学校应该按照社会发展的需求，在培养大批有着强烈节水意识的高素质人才的同时，为节水扬帆领航。

在开展节水活动的过程中，学校具有天然的优势。首先，具有学生数量多、人口密度大、需水量多、流动性大等特点，在节约资源方面有着巨大的潜力；其次，学生的知识层面比较高，认知能力比较强，有良好的素质与修养，接受新事物的能力比较强，较易组织发动，利于节水活动的开展；最后，由于人为的或者设施上的原因，在一些学校中浪费水资源的现象比较严重，节水活动的可操作性强。作为水利学校，更应该把提高学生的节水意识，倡导节水文化，当作水文化建设的一项重要任务来抓。

要建立健全学校的节水规章制度，为学校合理利用水资源，建设节水型校园提供制度保障。应当把建设节水型校园作为考核校园建设的一个标准，纳入学校管理措施中，实行强制节水。

要推广有效的管理措施和先进的节水技术，如对绿化带实施管网滴灌改造，提高用水效率；更新一些以洗手用水为主，使用人次多的水龙头水嘴，改为空气膨化节水嘴，通过使水和空气充分混合形成膨化水,显著提高水的有效利用率等。

要加强节水宣传,在公共用水场所,特别是卫生间和水龙头旁张贴节约用水宣传标语。

要确定合理的用水定额,进行用水计量;加强用水监察,预防有形和无形浪费等。

五、特色水教育社团文化

(一)成立学生水文化社团,宣传保护水资源

要弘扬主旋律,倡导高品位的校园主流行为文化,学校管理者是主导者,学生社团是实施主体。学生社团是由学生依据兴趣爱好自愿组成,按照章程自主开展活动的学生组织,是校园文化组织的重要形式,是开展校园文化活动的组织基础。

特色水教育社团文化建设,首先要倡导成立特色鲜明的学生水文化社团,旨在通过组织开展讲座、调研、宣传等各种活动,弘扬先进水文化,进一步激发广大学生研究水文化,大力宣传水法规、治水新思路以及人与自然和谐相处理念的积极性,倡导"转变用水观念、创新发展模式",营造"知水、爱水、护水、节水"的校园氛围。

学生水文化社团以开展"水文化沙龙"特色活动为主。沙龙可由"水之行"、"水之坛"和"水之会"三个部分组成,分别开展丰富多彩的活动。活跃在校园内外,全省各地。如:几年来,浙江水利水电专科学校学生水资源协会开展了"发展生态教育·建设生态水利"、"打造绿色浙江·共创和谐社会"、"建万里清水河道·打造靓丽新农村"等系列宣传活动,"生态水利"、"绿色浙江"等问卷调查,"农村饮用水现状"系列调研及"我取浙江八杯水"主题活动等,成效明显,被评为浙江省优秀社团。学生们通过协会开展的各种实践活动,增强了协会的凝聚力,提高了协会成员的专业知识和个人能力,受到了全校师生的赞誉。

(二)积极举办形式多样的第二课堂活动

为了使节水、爱水的理念深入每位师生的心中,学校应积极举办形式多样的第二课堂活动。如南昌工程学院每年举办水文化节,通过水文化展、"水之魂"征文比赛、"水之能、水之魅、水之韵"书画大赛、"知水、爱水、节水"宣传周活动等,既可以陶冶师生的情操,又可以增强师生的水意识。华北水利水电学院组织师生参加河南省水利厅、河南省摄影家协会主办的水文杯"生态河南,美丽家园"摄影作品大赛,通过镜头展现河南的山水自然风光、人文景观、风俗民情等,使人们在优美的风景中感受到水的魅力。浙江水利水电专科学校依托每学年的"两节",即"学术科技节"和"文化艺术节",进行以"水韵舞台 魅力青春"为主题的活动,内容包括"水韵讲堂 知水知行"、"青春舞台 传递梦想"、"活力校园 文化育人"、"和谐水专 快乐家园"等版块。融科技、人文知识于一体的系列"水韵大讲堂"受到了师生的广泛欢迎,已成为学校的品牌文化项目。作客大讲堂的有名门大家、资深学者、高校教师、企业精英,他们新颖的学术观点、扎实的研究功底、精彩的讲解和互动,以及从经济、社会到人文、历史,包罗万象的水文化讲座内容,为师生带去了丰富的学术盛宴。文化艺术节中,学生创作演出了大量的水文化节目,绍兴莲花落《护水村官竺水宝》被选送参加水利部纪念"世界水日"、"中国水周"文艺演出。

日益丰富的第二课堂为学生陶冶情操、提升能力素质提供了平台,同时也让广大学生身临其境,加深对水利的认识和理解。在参与诸多水利工程勘测、规划、设计中,学生们感受到了水利事业的崇高和责任。在校外专业实习中,同学们垫稻草、睡地铺、顶烈日、冒酷暑,在专业技能训练中磨炼意志,培养了良好的水利人的精神品质。

第 4 章
校园精神文化建设

第一节　校园精神文化概述

一、校园精神文化的概念、特点和内涵

校园精神文化是一种内隐文化，是学校文化的核心，是在历史和地域文化影响下，在知名学者推崇并经过历代"学校人"共同孕育而形成的学校特有的精神财富，它作用于教学、科研、管理、校园生活各环节，是校园文化建设也是学校持续发展的核心要素。

校园精神文化有以下特点：

从内在形式看，校园精神文化是对学校理想的追求，即学校教育的价值取向，它同时也是卓越的群体意识和优良的校风学风在教育教学实践中的集中概括和高度浓缩，它所蕴含的思想信念、道德规范、价值准则等内在的观念、意识和行为文化长期渗透和附着于学校发展的整个过程。

从表现形式看，校园精神文化泛指具有"学校人"精神特点的精神环境、文化氛围、生活方式和意识形态，是以学校人的精神世界为依托的各种文化现象。作为一种强力文化，校园精神文化决定并制约着学校的方向，规定并影响着"学校人"的行为取向；作为一种共同的群体意识，校园精神文化体现了学校整体的精神气质、文化品格和道德水准，凝结了"学校人"的精神寄托和理想追求；作为激发"学校人"拼搏向上的精神动力，校园精神文化具有相对的稳定性、历史的继承性，同时它又必须与时俱进并且具有一定的前瞻性。

内涵，是指某一概念中所反映的对象的特有属性。因此，从这个意义上来讲，校园精神文化是学校在长期发展中历经思索与实践而凝结和积淀的、为数代师生员工所认同并不断对后来者产生重要影响的特有的价值观念、信仰追求、校风学风、道德情操等，它主要包括一所学校的历史传统、人文精神和科学精神。

历史传统，指的是学校在长期办学过程中逐步形成的体现一定的价值取向、目标认同和思维向往的一种校园精神。人文精神，指的是以爱国主义、社会主义和集体主义为核心的学校人文精神。它涉及面相当宽泛，包括政治的、思想的、道德的、哲学的、文艺的等各个方面。大致体现在理想追求、人格塑造、操守推崇三方面。校园文化的人文精神则是指能促使

学生成长为有明确追求标准而确立操守的人,能在纷繁复杂的世态万象面前,以科学的态度分析事物,看待一切。科学精神则是指师生在长期的科学实践活动中形成的共同信念、价值标准和行为规范的总称,是由科学性质所决定并贯穿于科学活动之中的基本的精神状态和思维方式,是体现在科学知识中的思想或理念。传承科学文化知识是学校教育的主要任务,弘扬科学精神是学校校园精神文化建设和发展的重要方面。

二、校园精神文化的功能

校园文化作为社会文化的一部分,它从一开始就发挥着一般文化的职能,即通过一定的物质环境和精神氛围,使生活在其中的每一个个体,有意无意地在思想观念、心理素质、行为方式、价值取向等诸方面与现实文化产生认同,从而实现对人的精神、心灵、性格的塑造,在发挥一般社会文化共同职能的过程中,校园文化与社会文化是相通的,但校园文化作为社会亚文化,又有其特殊性。校园文化作为先进文化的重要源头,也始终处于社会文化的前沿,在承担着对校园生活主体熏陶重任的同时,也承担引领社会文化的重要任务。大学的权威来自于她能以先进的文化和高尚的精神品质塑造人的心灵。校园精神文化源于校园文化发展历程中精神文化积淀和精神文化发展方向的结合,是学校在长期的教育实践中积淀的最富典型意义的精神特征。她与学校独特的历史、地理、文化环境密切相关,是学校整体面貌、水平、特色以及凝聚力、感召力和生命力的体现,是全体师生员工共同的价值追求,是引导学校走向、塑造学校品格的立校之本。

校园精神文化作为学校现实的精神养成,虽是无形的,却又无处不在,对学生的成长成才会产生潜移默化的影响,因而是一种深沉而强大的力量。新时期校园精神文化具有导向功能、激励功能和约束功能。

导向功能,主要表现为目标导向和价值导向,即通过制定科学合理的奋斗目标,引导广大师生前进;通过校园精神文化的作用,使全体师生在价值取向上具有一致性,树立正确的奋斗目标。

激励功能,就是通过校园精神文化对师生心理和情感的刺激,产生向上、向前的推动力,同时产生一种向心的内聚力,增加全体成员之间的团结与和谐。激励功能的这种推动力和向心力,是任何一个团队和组织都不可缺少的"魂"。

约束功能,是指校园精神文化作为一种教育情景和精神氛围,各种教育引导、约束因素相互交织,对每个个体产生作用,尤其是对其言行起到规范约束作用。这就决定了校园精神文化对德育教育有着重要的意义。虽然校园在精神文化建设的同时还在建设制度文化,以用来约束师生的行为、言语等,但是,精神文化的约束力是隐性而强大的,在一定程度上精神文化的约束作用甚至超越制度对人的作用。

第二节　水之德和治水精神

一、水之德

水,至柔,柔能克刚;水,至刚,水滴穿石;水,至微,润物无声;水,至博,海纳百川;水,至善,能净化人的心灵;水,至美,能激发人们的开拓精神,还能鼓励大家在逆境中不弃不馁。

水为人类展开了一幅幅仁爱、礼义、智慧、勇敢、坚定、包容、趋下、公正的精神画卷。

水，作为自然之源，衍生了世间万物。《管子》中的水也具有人格化、伦理化的特点。它说："故曰：水，具材也。何以知其然也？曰：夫水淖弱以清，而好洒人之恶，仁也。视之黑而白，精也。量之不可使概，至满而止，正也。唯无不流，至平而止，义也。人皆赴高，己独赴下，卑也。卑也者，道之室，王者之器也，而水以为都居。"（《管子·水地》）《管子》认为水具有"仁"、"精"、"正"、"义"和"卑"的特性，尤以"卑"为最，旨在奉劝人们效法水的德行，达到至高无上的境界。

水还有"准"、"素"、"淡"的性质，"准"是指用水作标准，即现在所说水准之意，"准"是五量之宗；"素"是五色之质；"淡"是五味之中。水可调和味、色，即是说所有有颜色的都要以白色作底子，所有有味道的都是以淡为前提，"是以水者，万物之准也，诸生之淡也，廉非得失之质也"。

二、治水精神

水，仁义、智慧、勇敢、坚定、灵敏、有为、包容、趋下、公正、有度。水赋予了人们丰富的民族情怀：有抱负，欢乐，恋侣，友爱，淡泊，忧伤……

（一）水利行业精神

中国是世界上自然灾害最严重的少数国家之一，与自然灾害的抗争贯穿了中国五千年的历史，而水灾更是一直威胁着人民的生命财产安全。在几千年的治水实践中，中华民族积累并形成了水利人心目中特有的道德标准、思维方式和行为准则——"献身、负责、求实"的水利行业精神。

为人民利益献身。早在舜帝时代，大禹就在治水中提出"德惟善政，正在善民"，并身先士卒、躬体力行。大禹为民鞠躬尽瘁的崇高品德和献身精神是水利精神的起源，也是中华民族精神的起源，世世代代为民传承。广大水利人以大禹为楷模，前赴后继，形成了朴素的以民为本的治水理念，和水利人特有的为民谋福、勇于献身的行业精神。

敢于负责。水运系国运，责任重于山，责任大于天。负责既是水利人共同的行为准则，也是水利人共同遵守的道德规范。水利人把对祖国、对人民的热爱和忠诚融化在责任中，恪尽职守、精益求精、勇于负责。

严谨求实。水利是一项专业性、技术性极强的工作，大到编制规划，小到水库闸坝的运行管理和水文水质数据的监测，它要求水利人一切从实际出发，坚持认识和遵循自然规律，崇尚科学，以严谨求实的科学态度和思维方式探寻解决治水难题。

水利行业精神是水文化发展的科学结晶，大力弘扬水利行业精神既是对水文化的继承与发扬，更是一种政治责任和历史使命，通过全行业广泛的参与、实践，将不断赋予行业精神以新的内涵，促进新时期水利工作科学、和谐开展。

（二）大禹精神

大禹的治水精神是奉献精神的典型。大禹是中华民族人文始祖之一，是我国水利事业和水文化的宗师和大圣，是开启中华文明的元勋。大禹的治水精神有着丰富的内容，其核心是奉献精神。一个人如果把生命与事业融为一体，并把事业看得重于生命时，他就会表现出一种鞠躬尽瘁、死而后已的大无畏精神。大禹面对"洪水横流，泛滥天下"（《孟子·滕文公下》）的危难局面，勇敢地担起了治水的重任。为了治水，他"劳身焦思，闻乐不听，过门不入，冠挂不顾,履遗不蹑"(《吴越春秋》)。"腓无胈,胫无毛,沐甚雨,栉疾风。"(《庄子》)可见大禹把自己的全部心身都奉献给了治水事业。大禹治水的成功,使中华民族得以生存繁衍、中国疆土得以开发,并创造了华夏民族的早期文化。这一切无不体现了大禹对群体、对国家、对民族的忠诚。由于治水的功绩,大禹在各部落中拥有了崇高的威望和至高无上的权力,形成了对部落联盟的有力领导。这些使我国诞生了第一个奴隶制国家——夏朝,标志着我国从此进入了人类文明社会。由此可见,正是大禹治水的这种献身精神铸就了我们华夏民族伟大精神的基石。当代水利人是大禹的传人,现在的"献身、负责、求实"的水利行业精神,正是对大禹精神的弘扬、创新和发展,为大禹精神赋予了新的时代意义,增添了新的光彩。

（三）抗洪精神

1998 年夏,我国江南、华南大部分地区及北方局部地区普降大到暴雨,长江干流及鄱阳湖、洞庭湖水系,珠江、闽江和嫩江、松花江等江河相继发生了有史以来的特大洪水,受灾人数之众,地域之广,历时之长,世所罕见。在党中央和国务院的英明领导和决策下,数百万军民众志成城,奋起抗洪。一方有难,八方支援,中华儿女用钢铁般的意志和大无畏的英雄气概,谱写了一曲又一曲气吞山河的抗洪壮歌。党中央密切关注着灾情的发展趋势和抗灾进展,时刻牵挂着受灾群众和抢险军民,各级党组织充分发挥了党的领导作用。洪水无情人有情,全国人民情系灾区,一列列火车、一架架飞机、一队队汽车满载着物资、食品,满载着各地群众的深情厚谊,从各个方向往灾区集结。为了战胜这场特大自然灾害,解放军和武警部队共投入兵力 36 多万人,地方党委和政府组织调动了 800 多万干部群众参加抗洪抢险。加上为抗洪抢险提供直接服务的各部门、各地区、各系统的力量,总数达上亿人。而其他以不同方式关心、支持抗洪抢险的人们更是难以计数。这场抗洪抢险斗争,规模大,气势壮,斗争严酷激烈,而更为重要的是,上下一心、干群一心、党群一心、军民一心、前方后方万众一心。江泽民同志在评价九八抗洪抢险斗争时,强调指出,在这场伟大的抗洪抢险斗争中,我们形成了万众一心、众志成城,不怕困难、顽强拼搏,坚忍不拔、敢于胜利的伟大抗洪精神,这是无比珍贵的精神财富。

（四）浙江抗台精神

浙江地处我国东南沿海,位于东经 118°00′～123°00′、北纬 27°12′～31°31′之间,陆域面积 10.18 万平方公里,常住人口 5442.69 万(2010 年第六次全国人口普查数据),辖 11 个地级市、88 个县(市、区)。

浙江地形自西南向东北呈阶梯状倾斜,西南以山地为主,中部以丘陵为主,东北部是低平的冲积平原,"七山一水两分田"是浙江地形的概貌。境内有西湖、东钱湖等容积 100 万立方米以上湖泊 30 余个,海岸线(包括海岛)长 6400 余公里。自北向南有苕溪、京杭大运河(浙江段)、钱塘江、甬江、椒江、瓯江、飞云江和鳌江等 8 条主要河流,钱塘江为第一大河,上述 8 条主要河流除苕溪、京杭大运河外,其余均独流入海。

浙江地处亚热带季风气候区,降水充沛,年均降水量为 1600 毫米左右,是我国降水较丰富的地区之一。全省多年平均水资源总量为 937 亿立方米,但由于人口密度高,人均水资源占有量只有 2008 立方米,最少的舟山等海岛人均水资源占有量仅为 600 立方米。

由于独特的地理位置和气候条件,浙江历来是洪涝台旱灾害的多发地区。一是洪涝台旱等灾害交替发生,每年 5、6 月份梅雨集中,易成洪涝,7、8 月份受太平洋副热带高压控制,容易发生干旱,8—10 月份沿海地区又常受台风袭击,新中国成立以来有 30 多次台风在浙江登陆,造成巨大损失;二是由于江河源短流急,洪水暴涨暴落,平原地区地势低洼,河口受潮水顶托,排水不畅,洪涝台灾害造成的损失巨大;三是由于人口密度高,水资源地区分布不均,加上随着经济社会的快速发展和水污染的加剧,水资源供需矛盾日益突出。

浙江人民有着悠久的治水历史,史传大禹治水"大会诸侯于会稽",丽水通济堰、鄞县它山堰、钱塘江明清古海塘等古代著名水利工程流传至今。

2004 年 8 月,浙江遭遇了近 50 年来的最强台风。在此期间,全省上下齐心协力,众志成城,各级领导高度重视、紧急部署,到岗到位,靠前指挥;广大干部群众迅速行动、严阵以待,谱写了一曲又一曲动人的赞歌,夺取了一个又一个重大的胜利。在这场战斗中,浙江儿女铸就了"以人为本、科学决策,万众一心、众志成城,顽强拼搏、敢于胜利"的新时代"抗台精神",从而将"自强不息、坚忍不拔、勇于创新、讲求实效"的浙江精神诠释得更加生动,更加振奋人心。抗台精神是新时期浙江精神的丰富、发展与创新,是新时期浙江精神的进一步发扬光大。弘扬"抗台精神",不仅有助于我省积极开展灾后重建工作,也有助于我们在今后的发展道路上无畏前行。

（五）海塘精神

钱塘江北岸海塘是世界上修筑最早、工程最大的海塘之一,对于人类社会来说,它既是物质的,一块块整齐的条石,手挽着手,肩并着肩,昂首挺胸地屹立在钱塘江北岸,默默无言地经受着千千万万次江潮的冲击,又是精神的,海塘身上的斑斑伤痕,记载着钱塘江北岸劳动人民抗御潮患的英勇斗争历史,凝聚着浙北人民与潮患奋斗的智慧结晶,传承着浙北人民抗御潮患的文化遗产。因此,钱塘江北岸的海塘极富文化价值。

由于地理和气候等原因,浙江是一个洪、涝、台等灾害频发的省份。随着经济社会的快速发展,水利基本设施相对滞后。1998 年省委、省政府发出了"全民动员兴水利,万众一心修海塘"的号召,全省水利系统广大干部职工积极响应,从厅长到每个职工慷慨解囊,捐款支持海塘建设。据统计,1998、1999 年两年仅水利厅机关和厅属单位共捐款 68 万元。在建设千里标准海塘和千里钱塘江标准江堤中,各级水利部门干部职工发扬了海塘建设精神,即人民利益高于一切的负责精神,自力更生、万众一心的自强精神,以塘为家、兢兢业业的奉献精神,质量第一、严于管理的求实精神,锐意改革、勇往直前的拼搏精神。两年中,全省就建成标准海塘 700 公里,2000 年底基本完成 1000 公里标准海塘建设任务,钱塘江标准江堤也累计建成 700 公里。

（六）杭嘉湖风格

1991 年 6 月,太湖流域发生全流域性洪涝灾害。一时间,太湖告急,黄浦江告急,杭嘉湖地区也是水满为患。为缓解灾情,确保上海等中心城市,国家防汛总指挥部决定开启太浦闸泄洪,引滚滚洪水入杭嘉湖。7 月 5 日,上海市和浙江省嘉兴市一起执行国务院副总理田纪云签发的《关于太湖流域汛情及防汛部署意见》,炸掉嘉善县境内的红旗塘堵坝,引太湖洪水入黄浦江。5 日上午 9 点,横亘在上海青浦与浙江嘉善县之间 80 余米长的红旗塘坝被炸开 4 个大缺口,坝外蓄积已久的太湖水,迅即涌入坝内青浦县的主要河道大蒸河。浙江人民顾全大局,发扬抗灾自救、无私奉献的"杭嘉湖风格",受到了广泛好评和高度赞扬。

第三节　特色水教育校园精神文化建设

一、特色水教育办学理念

学校是传授知识、传承文化的重要场所。水文化是我国传统文化和当今先进文化的重要组成部分,是校园文化建设的重要内容。学校加强特色水教育与水文化研究,既是建设和谐校园文化、弘扬中华文化的一部分,也是充分利用水文化资源培育人、塑造人、丰富人的精神内容、提升人们的精神境界的一种重要途径。作为服务于水利改革和发展,为水利改革和发展提供决策支持、技术支撑和后备力量的水利教育,近几年来经专业改革、整合,专业设置逐步趋向科学、合理,课程设置也在不断探索。为适应 21 世纪社会发展的需要,水利类专业人才必须既要懂工程技术,又要会经营管理,尤其是要善于把哲学社会科学方面的知识运用到水利工程建设和管理中去,这就要求学校在培养人才时,实行文理科相互渗透,科学技术和人文精神相互交融。开展并加强特色水教育,既可以拓展学校人文社会科学的研究方向,又可以拓宽水利类专业的学科领域,对于培养 21 世纪水利人才具有极其重要的意义。

校园水精神文化是水利院校在长期发展中历经思索与实践而凝结和积淀的、为数代师生员工所认同并不断对后来者产生重要影响的特有的办学理念、价值观念、信仰追求、校风学风、道德情操等的重要内容。

特色水教育校园精神文化建设,首先要强化特色水教育的办学理念,要把特色水教育融入学校办学的各方面,成为学校的办学特色和亮点,力求把学校建成具有一定社会影响力的水文化社会传播基地、水文化培训教育基地、水文化研究推广基地。

二、特色水教育师德师风建设

以道德论为哲学基础的学校教育理念认为,学校除探索知识之外,还应当探索并完善道德;除为社会服务之外,还应当在社会中倡导并践行道德。这种学校教育理念在我国尤为显著。例如清华大学的"自强不息、厚德载物"、厦门大学的"自强不息、止于至善"、河南大学的"明德新民、止于至善"等。这些"自强"、"明德"、"至善"的要求既不是对知识的追求,也不是对功利的追求,而是对个人乃至整个学校的道德修养要求。作为文明传承机构和载体的学校,这种道德论的认识正日益得到中外有识之士的认可,并付诸实践。道德论的学校教育理念在中国绵延数千年,源远流长。教师,是文明的传播者、灵魂的塑造者、教育理念的载体、素质教育的组织者和实施者,是知识创新的推动者,是全社会道德修养水平最高的一个群体。教师的人格、价值取向、精神风貌和专业水平等素质,使其成为韩愈所说的"传道、授业、解惑"者,影响一代又一代的学生去探求真理、知识、不断完善人格。以教师为主导、以学生为主体的学校自然成了开启心智、塑造人格的圣地。

在学校,中国传统文化中的一些道德观念,经过现代转换,仍有其极强的生命力,成为学校教育之道中师生共同遵循的理念。例如,"天下兴亡,匹夫有责"、"天行健,君子以自强不息,地势坤,君子以厚德载物"的人生积极进取精神和博大胸怀。仁、义、礼、智、信、诚、达等优秀的人格修养,这些都是做人的根本,是"学校之道"。司马光所谓的"经师易得,人师难求",则更反映了人们对学校教育之道的理解与对真正师德的追求。

孙中山先生在创办中山大学时亲笔题写"博学、审问、慎思、明辨、笃行"作为校训,反复告诫"要做大事,不可要做大官",在继承优秀传统的基础上,首次冲破了"学而优则仕"的禁区。梁启超先生在解释他为清华大学提出的校训"自强不息、厚德载物"时说:"坤象言君子接物,度量宽厚犹大地之博,无所不载,君子责己甚厚,责人甚轻。"字里行间无丝毫功利,也不仅仅为了求知,而是强调要培养 种高尚的道德品质——人格。

由此可见,我国的学校教育之道中道德教育的历史是如此的悠久,特色是如此的显著。那么,作为培养人才的教师在师德建设方面情况如何呢?中华民族素有崇尚师德、倡扬师德的优良传统,师德不仅是中华优秀传统文化的精粹,而且是优良革命传统的重要组成部分。新中国一直高度重视师德师风建设,教育部门也制定了《教师职业道德规范》,为教师职业道德的建设规定了内容,确定了目标。近年来,我国的师德师风建设取得了良好的成绩,教师们爱岗敬业、为人师表、恪守职业道德,具有良好的职业道德素质和积极向上的追求。

那么,什么是师德的内涵呢?师德,简单地说就是教师的职业道德,它是指教师在特定的教育活动中所必须遵守的基本道德规范和行为准则,以及与之相适应的道德观念、道德情操、道德意志、道德品质等。教师是一种特殊的职业,在社会上有着特殊的地位,教师不仅要"传道、授业、解惑",而且还要用先进的思想、高尚的道德情操和扎实的专业知识去教育和培养专业人才。这就决定了教师师德是职业道德之范,就应该成为世人学习的榜样、敬仰的典范,决定了教师应该是"师者,人之模范也"。而且,它不仅包含道德,也应该包含着当代社会普遍倡导的先进世界观、人生观、价值观等方面的思想素质,体现着社会对教师的信任、期望和要求。

从内涵上来说,教师师德应该具备以下几个方面的要素:一是指坚定正确的政治立场、政治观点、政治态度、政治觉悟和政治信念等。这是当代教师师德的第一要素。教师是承担教育工作的国家工作人员,教学的过程也是培养学生树立正确世界观、人生观、价值观的过程。教师的政治素质的方向和质量,直接影响着学生的成长和发展,影响着学校是否能培养出合格的建设者和可靠的接班人。二是对教育事业、教育对象至亲至爱的情怀。对教育事业、教育对象的热爱应该是教师师德的核心。这种热爱,应该是教师发自内心深处的一种高尚的职业情感,是对祖国教育事业的忠诚,同时,又是一种巨大的不可替代的教育力量。爱是教育的必要前提,爱得越深、越真,对学生就会越亲,其责任心就会越强。因此,教师对待学生就要像对待自己的儿女、弟妹一样关怀、呵护。三是指教师的人品,即师品,它既包括教师内在的品格素养,又包括教师所表现出来的外在的气质风范。师品是教师的文化内涵,也是教师个性的品质特征。教师不仅是知识和文明的传播者,而且还是学生思想品德的塑造者。一个教师的师品,不仅会给学生留下深刻的印象,而且还会直接影响学生情操的陶冶和习惯的养成,直接影响教学的质量。四是指教师的学风、教风和作风。教师肩负着教学和科研两副担子。时代在不断进步,科学技术在飞速发展,教师必须不断地接受新观念、掌握新知识,了解本专业的现状与最新进展,只有这样,才能防止知识老化,才能跟上时代的步伐。教师良好的教风和工作作风是在长期的工作实践中逐步形成的,它具体表现在教育教学过程中的各个方面和各个环节。例如备课时一丝不苟的认真态度、讲课时流畅的语言,文明的举止,具有灵活多样的教学方法,庄重大方的教态、对学生一视同仁,平等相待,教学相长,等等。五是指学校教师教学和科研的才能。教师的职责是教书育人,既要教好书,又要育好人,"人师"与"经师"合一是当代教师师德的本质要求。高校教师作为"经师",必须具备坚实的基础知识、精深的专业知识、宽广的边缘学科知识,掌握正确的教育理论和教育技巧,具备过硬的业务能力。这些业务能力包括独立钻研教材和运用资料的能力,胜任课堂教学的能力,进行科研、学术探讨的能力和组织的能力等。

教师要真正领会上述师德的内涵,以水之德、治水精神和学校精神加强自身修养,从一点一滴的小事做起,培养良好的师德。学校也要积极采取以下措施:一是高度重视和切实加强对教师的水精神文化教育;二是以水制度文化规范导行、政策导向;三是抓好典型,以榜样示范,大力宣传历代优秀治水人物和优秀校友、水利行业的先进人物事迹;四是全面提高教师的专业素质和水人文素质;五是增强教师职业道德修养的自觉性;六是为教师成长创造良好的环境。在校园内努力营造"做人如水、做事如水、做学问如水"的环境氛围。

"学校之道"既是古代先贤们对学业、学问、办学理念的见解,也是教育工作者应该发扬光大的师德精华。师德师风建设是一项艰巨而复杂的系统工程,它必须通过全体教师的共同努力,通过自律与他律的有机结合,才能保证教师职业道德的真正实施,才能为社会培养出"有理想、有道德、有文化、有纪律"的全面发展的合格人才。

三、特色水教育学风建设

学风建设是学校永恒的主题,是全面贯彻党的教育方针,实现培养目标的重要条件,是衡量办学水平的重要标志。良好的学风是一种潜移默化的巨大而无形的精神力量,时时刻刻都在对学生产生着强烈的熏陶和感染,激励学生奋发努力,健康成长。

学风的直观反映是学生对知识、能力的渴求和在学习中是否勤奋刻苦、学习纪律是否严明等,是学生在对待学习这个问题上的思想态度和行为表现。它的评价是围绕着学生的学习需要、学习动机、学习目标、学习态度、学习行为等多项内容综合进行的。学生是学校的主体,所以学生的学风是学校方方面面作风的集中体现。学校的培养目标,指导着学生的学习方向;教师严谨的治学态度,严格的治学要求,对学生的学习具有榜样和示范作用;良好的校园学术风气,可以提高学生的学习兴趣;严格的管理措施,规范了学生的学习行为,养成学生良好的学习习惯,等等。因此,学风建设应该是多方面的,但归根到底要立足于学生、见效于学生,并以学生的学风变化为根本的检验标准。优良学风一旦形成,就会产生一种无形的力量,使学生在学习上精益求精,奋发向上。

首先,我们必须认识到影响学风建设的五个关键因素:学生因素、教师因素、学校因素、家庭因素和社会因素。

学生因素。学生是学风建设的主力军,因此,学风建设中,学生不但应该尽心尽责,还要出谋划策。学生因素将直接导致学风建设这场战争的胜败。

教师因素。教师是学风建设的将领。要想改善学风,先要让学生在学习中找到乐趣。如何在课堂上和课余时给学生带来学习的趣味是所有教师应该考虑的问题。因此,教师因素能让主力军们更忠心于这场激烈的战争。

学校因素。学校管理是学风建设的兵法。在学风建设上,学校不但要制定详细的规章制度,并且要重于实施。因此,学校因素决定了这场战争究竟该怎么打,该朝什么方向发展。

家庭因素。家庭教育是学风建设的精神食粮。孩子已经步入校园,做家长的不仅要关注孩子的学习成绩,同时要重视孩子学习的真正目的是培养能力、熏陶情操,因此要关心孩子学习的兴趣和学习的态度。家庭因素应该是这场战争坚实的后盾。

其次,我们应该清醒地认识到:当下的高等教育,已从"精英化"向"大众化"转换,由于学生人数的连年扩招,学生的素质有所下降,再加上社会上一些不良风气的冲击,学风建设受到了严峻的挑战。在如此关键的时刻,如果没有对大学学风进行改善、加强,则日后逐渐产生的后果是难以想象的。因此,学风建设是对学校能否培养新时代真正德才兼备人才的考验。

学风建设需要教、学、管三管齐下,而且必须长期坚持不懈,持之以恒。

教。学风建设首先要考虑的是,教师如何将学生吸引到课堂上去,这就是"教"的问题。为了吸引学生,大部分高校正在逐步采取一系列的措施提高"教"的质量。包括加大引进人才的力度,加大对一线教师的业务培训力度,加强开展教师的教学研讨工作,等等。另外,还逐步形成了教学评价制度,对教师的责任心、教学态度、教学水平等进行综合评价。

学。"学"的问题,也就是学生的学习主动性问题。为帮助新生尽早适应学校生活,热爱所学专业,应当开展系统的新生始业教育。新生始业教育分集中教育和分散教育两个阶段:集中教育阶段重点是让学生了解和认识大学,实现从高中到大学的转变;了解和熟悉学校,使学生明确学校的要求及所肩负的责任;了解和熟悉学校规章,自觉遵纪守法,争做文明学子;初步了解和认识专业学习和职业方向。始业教育按校史校情教育、大学学习和生活适应教育、安全法制教育、校纪校规教育、教学管理和学生事务等运作、系(院)和专业介绍、学业规划和职业生涯规划介绍等主要课程,实行教育内容全校相对统一,分系(院)、分块组织实施的教学形式;由各主要责任部门组织人员,集体备课,统一完成,效果非常明显。

管。建立以二级学院党总支、团总支、学生会、学生政治辅导员、班主任、学生宿管、学生党员为主的一支督查队伍,不定期抽查课堂和宿舍,认真翔实记录抽查情况并直接与班级和个人的奖惩挂钩。在奖励机制上,学校主要抓住奖学金评定和优良学风班级建设两项工作,努力在全校营造你追我赶的学习氛围。在奖学金的评定上,打破以班级为单位的平均主义,而是以同年级同专业的所有学生为竞争单位,这对于学生以班级为单位开展学风竞赛大有好处。可以推出学习模范生和优秀班级的评选,增强优良学风班的建设效果。

特色水教育学风建设,就是利用厚重的水文化积淀,教育学生牢固树立专业思想,热爱水利;激励学生发奋学习,服务水利;培养学生艰苦创业,奉献水利;不断更新治水理念,倡导人水和谐,成为具有"献身、负责、求实"精神的新一代水利人。新生一进校,学校就要对其进行校园水文化、学校精神和治水精神的始业教育,之后的基础课和理论课学习,入党积极分子的培养,暑期社会实践、毕业实践、毕业设计,到最后的学生毕业离校教育都加入水利行业精神和水之德的教育,再辅之以校园水制度文化的管理和行为约束,步步相连,环环相扣。

四、特色水教育廉政文化建设

(一)廉政文化的内涵

廉政文化是以廉政为思想内涵、以文化为表现形式的一种文化,是廉政建设与文化建设相结合的产物。廉政建设需要以文化为载体,文化建设应包括廉政内容,廉政与文化相辅相成,不可或缺。廉政文化是以先进的廉政制度为基础,以先进的廉政理论为统领,以先进的廉政思想为核心,以先进的廉政文学艺术为载体,具有深厚的历史渊源、广博的文化知识和丰富的社会实践。社会主义廉政文化是中国先进文化的重要内容,是社会主义精神、政治文明建设的重要组成部分。廉政文化是以"廉政"为主题,围绕"廉政"开展的一系列文化教育活动,其目的在于树立正确的世界观、人生观、价值观和地位观、权力观、利益观。江泽民同志在全国宣传思想工作会议上指出,建设有中国特色社会主义的文化,就要以马克思主义为指导,以培育有理想、有道德、有文化、有纪律的公民为目标,发展面向现代化、面向世界、面向未来的,民族的科学的大众的社会主义文化。在廉政文化建设中,要坚持马克思列宁主义、毛泽东思想、邓小平理论和"三个代表"重要思想的指导地位,服从和服务于发展党执政兴国的第一要务,与建设社会主义市场经济体制、发展社会主义民主政治相适应,紧密联系党的建设和反腐倡廉工作的实际,继承和借鉴人类创造的一切优秀文化成果,注重实践、勇于创新、求真务实,不断把廉政文化建设引向深入。

(二)加强廉政文化建设的意义

1.加强廉政文化建设是新时期先进文化建设的需要

先进文化不同于一般文化,它具有丰富的内涵、高尚的精神和先进的理念。"代表中国先进文化的前进方向",能够促进生产力发展和人民利益的实现,推动社会全面进步和人的全面发展的文化才能算先进文化。廉政文化作为先进的文化形态,反映了当代中国先进文化的价值取向,是当代中国先进文化的有机组成部分。加强廉政文化建设,有助于大力弘扬优良传统和作风,有助于坚决抵制官僚主义、享乐主义、极端个人主义等各种腐朽落后的思想意识。充分发挥廉政文化建设激浊扬清、扶正祛邪的功能,对于发展社会主义的先进文化,建设社会主义民主政治,推进物质文明建设,具有十分重要的意义。

2.加强廉政文化建设是深入推进反腐倡廉工作的迫切需要

加强廉政文化建设,是反腐败斗争的基础性工作。党和政府历来高度重视反腐倡廉工作,也取得了明显的成效。但腐败现象在一些地方、部门和领域仍呈易发、多发之势,反腐败形势还比较严峻,这就需要我们按照标本兼治、综合治理、惩防并举、注重预防的方针,在坚决查处违纪违法案件的同时,深入研究治本之策,切实加大预防力度,着力减少和消除腐败现象滋生的土壤和条件,把腐败发生的几率控制在最小的程度。在这种形势下,加强廉政文化建设就显得格外重要。通过廉政文化建设,加大正面宣传引导力度,消除陈旧观念,突破陈规陋习,用健康向上的、先进的廉政文化占领思想"阵地",占领社会"市场"。

3.加强廉政文化建设是建立健全惩治和预防腐败体系的重要内容

党的十六届三中全会、四中全会提出,抓紧建立健全与社会主义市场经济相适应的教育、制度、监督并重的惩治和预防腐败体系,这是以胡锦涛同志为总书记的党中央在发展社会主义市场经济条件下对党风廉政建设提出的新要求,是从源头上预防腐败的根本举措。廉政文化建设是惩治和预防腐败体系的重要内容,旨在加大预防力度,使反腐倡廉教育面向全党全社会,使党员干部做到自重、自省、自警、自励,不犯或少犯错误。只有搞好廉政文化建设,群众的道德素质提高了,法制观念增强了,良好的社会风气形成了,党风廉政建设才能有深厚的群众基础和良好的社会氛围,才能不断取得新的成效。

(三)廉政文化建设要求真、务实、开拓、创新

1.要提高认识,加强领导,为加强廉政文化建设提供有力的组织保证和可靠的制度保证

加强廉政文化建设,必须紧紧抓住"认识是前提、领导是关键"这个重要环节,始终抓住"龙头"、"重头"不放。领导干部要率先垂范,以身作则,树典范、立标杆、做榜样,不仅自身能做到廉洁自律、廉政勤政,而且要高度重视廉政文化建设,亲自抓、重点抓,狠抓落实,求求实效。加强廉政文化建设,要建章立制,制订具体的廉政文化建设总体目标、长远规划和近期

工作安排。要进行目标管理和过程管理,分解任务,落实责任,一级抓一级,层层抓落实,一抓到底,不见成果不撒手。

2.要充分发挥"大宣教"格局的作用,为廉政文化建设搭建展示平台,提供缤纷舞台

加强廉政文化建设,要把阵地建设作为重要载体,开拓广阔天地,提供有力阵地,建设牢固基地,并充分利用这些阵地集中组织主题鲜明、内容丰富、方法灵活、形式多样的廉政文化活动,通过多途径、多渠道、多手段,进行全方位、多层次的廉政文化建设,呈现多种多样、多姿多彩的局面。廉政文化建设要突出地方特色和部门特点,增强廉政文化的影响力、吸引力和渗透力,寓教于理、寓教于文、寓教于乐,把廉政文化建设推向更高的平台和更广阔的舞台。

3.要广泛依靠群众,开展喜闻乐见的廉政文化活动,为加强廉政文化建设奠定坚实的群众基础

廉政文化建设需要广大群众的积极支持,热心参与和自觉行动,没有群众的参与和支持,就等于无源之水,无本之木。按照建设社会主义先进文化的要求,要进一步拓宽反腐倡廉教育的社会覆盖面,积极倡导与中华民族优秀文化相承接、与时代精神相统一的廉政文化和廉洁文化,让廉洁理念深入社区、家庭、学校、企业和农村,充分发挥思想道德教育、职业道德教育、社会公德教育、家庭美德教育的整体效能,在全社会形成以廉为荣、以贪为耻的良好风尚,营造有利于领导干部廉洁从政的道德环境和社会氛围。

(四)特色水教育廉政文化建设

当下,我国正处在社会主义建设的关键时期,道德修养建设的呼声越来越高,"高素质人才"不仅要求具有高超的专业技术,更应具备良好的品德。水普遍地给予,不存在私心;水流到的地方万物都能生长;水流向低处和弯曲的地方都按照一定的规律;水浅处一流而过,深处不可测量。有为、包容、趋下、公正、有度等,几乎人的所有美德都可以从水中得到相应的启迪和表现。故而,各级各单位应该成立由校党委、校纪委和社科部联合组建的,旨在立足于当前学校反腐和学校思想政治理论课教育教学改革的要求的廉政文化研究所,整合科研力量,形成学术团队,结合水利水电行业的实际和特点,深入开展廉政文化建设研究,全面推进廉政文化进校园、进课堂、进头脑工作,为打造具有水特色教育的学校廉政文化建设品牌提供理论支持和实践探索。以浙江水利水电专科学校为例,廉政文化研究所主要由教授、副教授和讲师等组成,绝大部分具有硕士和博士学历学位,部分人员还具有律师资格证,他们在各自的研究领域都具备一定的实力和发展潜力。研究所的成立,还进一步丰富了学校廉政文化教育研究成果,为廉政文化进校园实践积累更多的经验。我们教育学生认识水、欣赏水,矫枉过正,以水养德,教师自己也同理。

第 **5** 章
校园文化媒介建设

20 世纪六七十年代,麦库姆斯和肖提出"议程设置"理论,认为新闻传播媒介在一定阶段内对某个事件和社会问题的突出报道会引起公众的普遍关心和重视,进而成为社会舆论的焦点。虽然该理论存在不足之处,但却提示了新闻媒介的强大舆论导向作用。作为文化建设的重要阵地,新闻媒介以其强大的文化传播力、影响力,不断促进先进文化的传播和发展。因此,为了更好地实现校园文化建设,我们需要不断整合媒介资源,充分挖掘各种传播媒介功能,从而建成一套完善的校园文化传播体系。

第一节　校园文化媒介概述

校报、校园广播、校电视台、校园网络、校园期刊等都是从报纸、广播、电视、互联网、杂志等新闻媒介的基础上得以衍生出来的,它们共同组成了一个相对独立的校园文化媒体传播系统。它们不但具有大众传媒的基本特性,同时还具有校园媒介的传播特征。

一、校园文化媒介

(一)校报

报纸是以刊载新闻与新闻评论为主,并公开发行的定期出版物①。它通过印刷在平面纸张上的文字、图片、色彩、版面设计等符号传递信息,这也是它区别其他媒介的不同之处。报纸利于文字的高度象征性和相对抽象性,给读者留下了较大的想象空间,因此,报纸长于对传播内容的深度报道。但报纸传播也有一定的缺陷,它的时效性较差,并且信息感染力不及广播、电视。

校报一般是在学校内部及学校之间传播,作用于广大师生。它作为学校党委、行政的机关报,秉承了党新闻事业的性质,旗帜鲜明地坚持党的新闻宣传的党性原则,忠实于党的总路线、总方针。校报充分发挥校报的喉舌作用,及时地把党委和行政的决策的内容、工作的具体任务,以及工作中会遇到的困难等诉之全校师生员工,上情下达。同时,还要反映全校师生员工对学校政策、方针和教学改革、行政管理等方面的意见和建议,做到下情上传。

---

① 申凡、戚海龙:当代传播学,华中科技大学出版社,2008 年第 1 版,第 95 页。

（二）校园广播

广播是指通过无线电波或导线传送声音的新闻传播工具。通过无线电波传送节目的称为无线广播，通过导线传送节目的称为有线广播，只传送声音的称为声音广播，即我们通常说的广播。广播传播迅速，影响面广，它借助声音符号，诉诸人的听觉来传播信息，因此广播所传播的信息更具有感染力。但广播也有弱点，它传播的信息保存性差，声音信息转瞬即逝，因此对一些逻辑关系复杂、理论性强的内容，听众往往很难听清或听懂，最终影响了传播效果。

校园广播是在广播产生的基础上得以产生的，20世纪70年代初期，很多学校开办了校园广播，用于丰富校园文化生活和召开广播会议。20世纪90年代后，有线广播电视网络和无线小调频广播进驻校园，并担负起校园教育和校园文化传播的重担，成为校园传播主体。它通过生动活泼、形式多样的节目，将校园文化渗透到对校园生活的各个层面、各个角落，起潜移默化的引导作用。

（三）校园电视台

电视是指用电子技术传输图像及声音的现代化传播媒介[①]。电视集合了报纸、广播等媒介的特点和功能，以同步的速度传播绚丽多彩、形象清晰的视听符号，为人们提供了大量的信息。一般来说，电视在时效性上不如广播，但要比报纸强很多，而且电视传播信息有很强的说服力和感染力。但由于电视传播主要是依靠直观画面，所以一般情况下，电视更适合于告知信息，不适合对信息进行分析、解释、说理。

校园电视台是随着校园有线电视和互联网的发展而出现的。主要是围绕学校中心工作，承担学校对内和对外宣传报道任务，构筑学校特色文化氛围，丰富广大师生精神文化生活。目前，大部分校园电视台都是以学生为主体，由相关部门的老师专门管理，日常事务性工作由学生来完成。

（四）校园网络

随着互联网的高速发展，学校的信息化进程也在逐渐加快，全国绝大部分学校已经建立起比较完备的校园网。与传统媒介相比，网络媒介最显著的特点是它们能实现真正意义上的双向互动传播，除了传播者，受众也可以发表言论参与到信息传播中来，因此，在网络传播过程中，传播者和受众界限日益模糊；其次，网络集图像、文字、声音乃至虚拟现实为一体，多维传播突破了传统意义上的单一感官传播；最后，网络具有任何一个媒介所无可比拟的传输便捷性和迅速性。

特色水教育校园网络建设是指利用信息技术，把实体水文化中复杂多变的信息和服务内容转化为可以度量的数字、数据，并通过网络进行展示、传播和交流，以实现水文化的育人功能。

（五）校园期刊

期刊是有固定刊名，以期、卷、号或年、月为序，定期或不定期连续出版的印刷读物。它根据一定的编辑方针，将众多作者的作品汇集成册出版。按性质分，杂志可分为：学术性期刊、技术性期刊、普及性期刊、教育性期刊、情报性期刊、启蒙性期刊和娱乐性期刊等。总的来说，杂志注重专题报道，深层次挖掘新闻背后的内涵，因此杂志报道详细具体，具有稳定的

① 申凡、戚海龙：当代传播学，华中科技大学出版社，2008年第1版，第98页。

专业性受众,阅读率高,保存性好,但由于一般定为半月刊、月刊,所以时效性较差。

校园杂志一般是以学校为创作基地及宣传阵地,因此传播环境具有相对封闭性。与商业化的杂志迎合大众趣味、获得经济收益的目的不同,它以特定群体为主要服务对象,以传播先进思想文化为导向,借助充实的信息、生动丰富的表现方式,为受众提供有用的知识,宣传先进的人物或先进事迹,从而引导受众的价值取向,实现校园先进文化传播事业的不断深化和发展。

二、校园文化媒介的特点

不同的校园媒介尽管具有各自不同的媒介特征,但由于它们最终都根植于校园,以校园为文化传播的力量源泉,因此彼此之间又具有一定的共性,即较高素质的受众群体、浓厚的学术性和巨大的包容性。

（一）较高素质的受众群体

校园文化传播的主要受众是广大学生和教师。他们都受过比较系统的高等教育,有着较高的文化修养和职业素养。尤其是学生,毫无疑问是受众中的绝对主体,他们在数量上占绝对优势,并且有着相近的年龄、相似的经历、相同的教育背景,他们对校园媒体的解读能力是一般社会受众所无法比拟的。

（二）浓厚的学术性

培养人才、科学研究、服务社会、文化传承创新是高等学校的四大职能,它们相互联系、相互渗透。培养社会建设所需的高素质人才是学校的根本使命和核心职能,科学研究水平的高低则直接关系到学校的学术水平和人才培养的质量,服务社会是学校培养人才和科学研究职能的自然延伸和最终目标,文化传承创新也是高校的社会责任,正是这四大职能决定着学校媒体在传播内容上体现了浓厚的学术性。

（三）巨大的包容性

不同的学术思想通过媒体交流、碰撞,推动了学术的研究与繁荣。学校普遍存在着多种学科的交叉融合,因此其媒体文化往往会体现出巨大的包容性。

三、校园文化媒介的作用

校园媒介在学校深化教育教学改革、促进教学质量和办学效益的不断提高、加强精神文明建设和校园文化建设以及培养"四有"人才等方面发挥着重要的作用,具体而言,其功能主要体现在舆论引导、激励和对学生进行自我教育三个方面。

（一）校园文化媒体具有舆论引导功能

江泽民同志说过:"我们国家的报纸、广播、电视都是党、政府和人民的喉舌。这既说明了新闻工作的性质,又说明了它在党和国家中的极其重要的地位和作用。"

校园媒介,如校报作为学校党委、行政的机关报,是学校党委、行政的喉舌,必须始终坚持宣传贯彻党的方针政策,宣传贯彻学校的办学方针和办学思路,引导广大师生全面了解学校的育人环境和办学宗旨,并自觉地把所学专业和当前形势结合起来,与服务社会的目标结合起来,不断提高思想政治素质,自觉遵守学校的各项规章制度,做一个政治上、专业上都合格的新世纪人才。

（二）校园文化媒介具有激励功能

校园媒介必须坚持正面宣传为主的方针,而加强典型事迹的宣传则是新闻报道坚持正面宣传的最好体现。校园媒介加强对学校先进事物和典型人物的宣传报道,能带动一大批人。适时地采写专稿、开辟专栏,利用生动、感人而又真实的典型事件或人物事迹,有效地调动广大师生内心积极向上的因素,起到潜移默化的教育效果,从而起到典型示范、榜样引路、精神激励的作用。

3.校园文化媒介具有自我教育功能

校园媒介对大学生中的新闻写作和文学爱好者始终有着很强的吸引力,他们既是读者也是作者。几乎所有的校园媒体都会有计划、有目的地围绕学校中心工作、思想教育的重点和一些热点焦点组织发动他们写文章,如让他们写身边的优秀教师、教职员工,挖掘优秀同学、先进集体的事迹;写师生情、同学谊,甚至爱国心;记录成长历程,参与社会实践的体会以及对人生价值的思考,让他们自由抒发美好情怀。这一方面可以使学生在写作过程中通过思考、提炼以提高自己的思想修养和文字表达能力,更重要的是可以使他们通过在校园媒体上发表文章,引起同学的思想共鸣并起到相互启迪和教育提高的作用。

第二节　校园水文化媒介建设

一、浙江水文化媒介建设

近年来,随着水利事业大发展大繁荣的号角被吹响,大力加强水文化建设工作在全国范围内轰轰烈烈地展开。自从改革开放以来,浙江省充分认识到加强水文化建设的重要意义,准确把握水文化建设的总体要求,全面落实水文化建设的各项措施,已经取得了丰硕的成果。但是,目前浙江水文化建设中仍存在不少问题,如水文化宣传力度不足、水文化媒介建设落后等问题已经凸显出来。

调查研究表明,目前浙江省内以大力弘扬水利精神、浙江精神为宗旨,以满足人民群众的精神文化需求为出发点,以传播水文化内涵为宣传内容的媒介载体建设还远远落后。省级媒体浙江日报报业集团旗下有《美术报》、《浙江老年报》、《浙江法制报》等16张系列报刊,但没有一张浙江水利报,甚至也没有定期的水文化专栏。覆盖全省范围传播的广播电视媒体至今尚未设置一档专门弘扬水文化精神及内涵建设的栏目,只有少数地市级媒体,如绍兴电视台以拍摄制作系列报道的宣传形式,介绍绍兴地方水文化特色,展示绍兴古城风情。期刊除了《浙江水利科技》和《浙江水利水电专科学校学报》作为浙江省水利行业公开出版的学术类刊物外,没有其他刊物宣传水文化。而《浙江水利科技》和《浙江水利水电专科学校学报》定位为集实用性、技术性、学术性于一体的水利专业期刊,因此阅读受众局限在广大水利科技人员和管理人员中。就连传播最便捷、门槛最低的浙江水文化网站也尚未组建专业人员机构,实现独立运营。目前,浙江水文化版块仅作为浙江水利网站的其中一小块专题,由浙江省水文化研究教育中心管理运营,以第二级网页链接的形式呈现在受众面前。

由此可见,浙江水文化媒介建设亟待加强和完善,在各种传播媒介、传播内容、传播时机的选择、利用上需要进一步加强规划,在加强水文化建设的重要性、紧迫性和民生意义等问题上需要把好方向、重点宣传。只有这样,浙江水文化建设才会大步向前推进,才能创造于无愧于时代的先进水文化。

二、浙江特色水教育校园文化媒介建设

（一）校报、校园期刊等平面媒体建设

校报、校园期刊作为学校传播社会主义先进文化和精神文明建设成果的重要载体，展示学校对外形象和塑造学校品牌的重要窗口，其作用是显而易见的。但是，我们也不难看到，尽管校报、校园期刊有了很大的发展，尤其是近年来进步不小，而真正高水平、高品位的校报、校园期刊仍然为数不多，特别是能充分发挥平面媒介优势传播水文化、开展特色水教育的校报和校园期刊更是屈指可数。

因此，要高质量地办好一份校报、一本校园期刊，除了学校党委的高度重视，有足够的资金投入，有关部门、单位的大力支持外，还需要编辑部在编辑办报、办刊上下工夫，加大水文化宣传报道，拓展水文化传播的深度和广度。但由于新闻工作者要遵循新闻规律，报纸、杂志往往容易受版面、周期所限，因此，这就需要在加大水文化宣传报道总量的前提下，不断做深做精。

1. 不断丰富传播表现手段，激活读者的视觉趣味点。

采用立体式多样化的报道。就是在充分遵循"五个 W"的前提下，采用全方位、多角度立体式的深入报道，激活读者的视觉趣味点。泛泛报道一次水文化研究会议、一项水文化建设的日常活动等，往往会让新闻报道流于平淡，让受众对该新闻失去阅读兴趣。因此，校报、校园杂志可以充分发挥文字张力的优势，做好深度报道、组合式报道等。例如，校报可以在要闻版的每篇报道后面，开辟新闻名词解读，就这篇新闻涉及的内容进行阐释，或对系列零散的新闻进行新闻综述等，这样做可避开新闻时效性差的先天不足。或是纵贯时间、地域两条线，通过开设固定的栏目对历史、当代水文化，全国、浙江水文化进行解读。校园杂志还可以在此基础上，再利用自身稳定的专业性受众，图文并茂、印刷精美等优势，增加"理论探讨"、"思想纵横"、"图说水利"等版块报道，从理论深度、鲜艳图像上赚取卖点，满足受众的感官需求和精神需求。《南方周末》、《新周刊》等大报、杂志就很值得借鉴，它们都是以深挖新闻背后的新闻而受到读者的关注的。

2. 在栏目上下工夫，拓宽水文化的表现形式。

栏目内容本身应该随着传播范围不断扩大，日益丰富起来。例如，"水文化"栏目既要报道新近发生、发现的水文化研究、教育、传承、弘扬方面的信息，同时还要刊登广大师生对掌握的水知识、遵循的水风俗、创作的水文艺作品等。栏目可以凭借其深刻的主题表现力和较大的信息含量来打动读者，以取得良好的传播效果。另外，在当今信息时代，仅靠纸质的平面手段来实现特色水教育校园文化的丰富、有效传播已经不能适应时代的要求，特别是校园网络的普及，更应该不断拓展新的领域、新的空间来适应需求。因此，这需要校报、校园广播、校园电视台、校园杂志、校园网络之间互相融合，取长补短。例如，在校报、校园杂志上选登微博上有关水文化建设的评论和建言，或是定期推出一个人物专访，将人物访谈实录文字化、专栏化；定期将校园特色水教育相关新闻视频制作成电子版，随校园杂志发行赠送电子光盘等。除此之外，校报还可以以创办特色副刊来吸引受众，克服和弥补旧闻的缺陷，通过邀请学生参与投稿的方式，让学生既作为水文化知识的学习者，又担负起水文化传播的使命。

3.用生动的版面吸引读者,实现内容与形式完美结合。

平面媒体的创新无非是内容上的创新和形式上的创新,只有这样才能最大限度地发挥平面媒体的功效。为了能让版面活跃起来,要增强视觉冲击力,标题大小、图像色彩清晰度、位置排版都要有所讲究。从采写到稿件处理,从标题制作到版面安排,改变栏数和版块结构,标题四周、文章与图片四周留白尺度,都要做到精益求精,形成自己独特的风格。

(二)校园广播、电视等电子传播媒体建设

尽管网上教育已经显示出其难以超越的传播成效,但是校园广播、校园电视台仍然以高校教育的必要载体,承担着校园普及科学技术知识、精神文化知识的职责和义务。但是校园广播、校园电视台也存在着一些问题、弊端,如容量有限、节目质量不高等。

广播、电视信息传播更多是依赖于口头传播。但在一定时间内,口头传播的信息总量极为有限,30分钟的新闻播报只有6000字,仅抵得上对开报纸的半个版面容量。再加上学生受众群体接收广播信息、电视信息的时间总量十分有限,所以他们往往会根据传播内容本身的质量高低而有选择地进行接收。这样一来,就给广播、电视等媒体真正实现有效传播带来考验。因此,校园广播、电视一方面要在提高节目质量上使足力,另一方面还要做好受众心理研究,满足传播受众的需求,激起他们的兴趣。

1.利用媒介基本特征,追求内容功效最大化。

校园广播可以利用自身感染力强的传播特性,增加一些与水有关的生活栏目、风土人情、心情故事等内容,将水文化不断具体化、细节化、生活化,让水文化真正融合到学生受众的点滴生活中。而校园电视台则应该充分发挥其可信度高、说服力强、能实时实现双向传播的特性,以电视新闻报道和专题片、纪录片等形式进行水文化传播,或是利用借鉴《百家讲坛》栏目的成功做法,邀请水文化研究的权威专家选择学生受众感兴趣的题材和内容进行故事化讲解;或是邀请与水文化相关的人物作嘉宾,组织现场学生观众就水文化的方方面面进行探讨,加强互动性;或是定期采访一位与水相关的人物,通过挖掘他与水之间千丝万缕的情缘,展现出该人物崇高的人格魅力,为师生树立榜样典范。

2.分析受众特征,实施水文化分众传播。

同样的信息对不同受众会产生不同的影响,不同层次的受众群体的需要和趣味会呈现出多元化的面貌。但总体来说,同一类别的群体具有相似或相近的兴趣、爱好和价值观,这使他们喜欢选择近似的传播媒介、传播方式和传播内容[①]。因此,为了最大限度地传播水文化,需要改变既往"一视同仁"的传播方法,应根据"不同受众群体的文化素养水平和文化需求"采取分众传播策略。

这需要我们针对不同受众群体进行调查。了解受众接收信息的动机主要侧重于满足合群需要、娱乐消遣,还是获取科学文化知识;了解受众接收信息时的选择心理和选择行为。例如,水文化的传播内容主要分为以下几个类别:水文化历史渊源(与水文化有关的历史人物、事件、现象等)、水文化文学经典、水文化艺术、水文化与经济、水文化与社会生活、水文化与地方风俗文化、水文化与科学技术工程等。水文化传播者可以将不同领域的水文化精华通过加工后,传播给受众。在传播内容上,充分考虑受众的理解力、倾向性,注重心理和地理的接近性;在传播形式上,通过准确判断受众对某一论点所持的支持性或反驳性态度,逐步

① 申凡、戚海龙:当代传播学,华中科技大学出版社,2008年第1版,第77页。

量化新信息与受众原先所持态度之间的差异程度,采用不同信息组织形式进行传播;在传播手段上,改变常规报道平铺直叙的叙述方法,学会设置悬念和矛盾冲突,注重声音、图像的渲染效果,充分调动受众参与传播的热情。

三、浙江特色水教育校园网络建设

据 CNNIC 第 28 次中国互联网络发展统计报告,截至 2011 年 6 月底,我国共有网民 4.85 亿人,网站 183 万个,互联网的快速发展,产生了一种全新的文化形态——网络文化。党和国家领导人对我国的网络文化建设十分重视,胡锦涛总书记、温家宝总理多次对网络文化建设作出重要指示。胡锦涛总书记在中共中央政治局第三十八次集体学习时强调:加强网络文化建设和管理,充分发挥互联网在我国社会主义文化建设中的重要作用,有利于提高全民族的思想道德素质和科学文化素质,有利于扩大宣传思想工作的阵地,有利于扩大社会主义精神文明的辐射力和感染力,有利于增强我国的软实力。我们必须以积极的态度、创新的精神,大力发展和传播健康向上的网络文化,切实把互联网建设好、利用好、管理好。

随着互联网的高速发展,学校的信息化进程也在逐渐加快,全国绝大部分学校已经建立起比较完备的校园网。由于校园网的普及,学生率先成了上网的主力军,网络已经成为师生获取信息、交流思想、开展思想政治教育的有效平台。

(一)特色水教育校园网络建设的概念

特色水教育校园网络建设是指利用信息技术,把实体水文化中复杂多变的信息和服务内容转化为可以度量的数字、数据,并通过网络进行展示、传播和交流,以实现水文化的育人功能。

(二)特色水教育校园网络建设的特征

1. 在水文化的物质环境文化层面上,网络是校园物质文化的重要依托。

基于校园网络的水文化不是对已有的校园水文化推倒重来,而是使传统的校园水文化展现出新的特征,传统的有形的校园社区依然是校园水文化最重要的物质基础。在网络时代,校园内的许多教学、管理都将通过校园网来实施,师生之间、同学之间的交流也将更加依赖网络来进行,实习在外的师生也可以通过网络来参与校园文化活动和各种在线活动。传统的校园物质文化正是通过网络扩大了传播的范围,增加了覆盖面,在教书育人上发挥更大的作用。

2. 在水文化的制度文化层面上,网络将体现校园水文化高效和规范的特征。

目前,很多高校都建立起了统一数字认证平台,建立了统一资源库,校内的行政管理、教学管理、学生管理、科研开发等各类系统都建立在统一的数据库之上,这样就实现了信息的准确性和数据交换的高效性。管理者可以依据数据说话,这样不仅提高了管理者的工作效率,也减轻了管理者的负担。与此同时,网络还能提高教师和学生之间的交流,加强各层面的信息传递和相互了解,各类制度的落实也将更加有效。

3. 在水文化的精神文化层面上,网络使校园水文化更加具有时代特征。

这一点主要表现为民主意识、开放意识、创新意识和未来意识的不断增强。民主意识的形成是因为校园网络为学校师生参与学校管理、师生之间的沟通与交流、管理者和被管理者之间的沟通和交流提供了场所,在网上,人人平等,谁也不能压制谁,谁也不能强迫谁。开放意识是由于网络已经超越了原有校园的围墙,可以浏览全世界的信息。创新意识是由于在网络时代,传统的以教师为中心、以课堂为中心的教育模式逐渐淡化,代之以学生为中心、以实践为中心的现代教育方式,学生的创新意识不断加强。未来意识是指在网络时代,人们将从未来社会发展来思考今天的教育和生活,以未来社会发展来要求今天的教师和学生。

(三)特色水教育校园网络建设的意义

1.拓展了水教育的新渠道

一方面,建设稳定和谐、文化氛围浓厚的校园网络水文化可以激发师生的内在情感,唤起学生的进取精神,在空间上使学校教育工作和教育生活环境融为一体,形成思想教育与环境熏陶有机结合的全方位的育人环境。

另一方面,利用网络资源,能够将教育延伸到课余时间,扩展到家庭和社会,拓展了教育工作的领域,同时也给学校的教育工作带来了巨大的活力。

2.有利于扩大水教育的覆盖面

网络环境下学校校园水文化建设之所以能够引起学生的强烈兴趣,其主要原因是:校园网络水文化雅俗共赏、内容丰富、信息量大、新知识多、传递速度快、观念开放、气氛轻松自由,以网络为载体开展的校园水文化活动交互性强、形式新颖、不受时间和空间的限制。同时,在网络环境下,学生不必担心暴露自己的身份,可以避免面对面交流的尴尬,可以把一些在平时不方便说或不愿意说的话吐露出来,包括学习上、生活中的困惑,同学之间的矛盾,对老师或学校的意见,对某件事情的看法,等等。而教师亦可以匿名参与,倾听学生内心的声音,感受学生的情感,从而能更深入地了解学生。这种方式有利于学生与教师平等地交流沟通,变单向灌输为双向互动。

3.创新了教育形式

网络本身就是学校教育工作的一种新渠道和新手段。在网络普及之前,我们的教育工作方法一是沿用传统的"一支笔,一本书,一块黑板"的课堂教学模式,或者是"听报告、开大会、读报纸"的方式,受教育者被动地在一个封闭环境中接受"灌输",而教育者由于信息资源的局限性,表达手段的单一性,也很难达到预期效果;二是对学生不论其思想基础、接受能力以及性格特征的差异如何,都采取"齐步走"模式进行教育,根本不符合教育规律,结果使教育效果大打折扣。网络特有的信息集成性、双向交流性和可选择性,为特色水教育提供了一个极具个性特色的教育环境,学生可以在不受外界控制的前提下,自由发表自己的观点,真正实现畅所欲言。

4.增加了时效性

在网络环境下,教育工作者掌握了网络应用技术,就能找到自己所需的无尽的信息。网络中的信息既有时事性的,又有数据库性质的。时事性的信息能在时间发生后极短的时间内报道出来,并且这些信息可以长期保留在网上备查。

(四)浙江特色水教育校园网络建设的原则

1.多样性原则

互联网可以传达给用户的信息量非常大,且手段丰富。一个汉字只占 2 个"比特",一家图书馆的藏书用一个硬盘就能轻轻松松地装下,庞大的实物可以转变为计算机屏幕上逼真的三维图像,极大地拓展了访问者的想象空间,相比传统媒体,更容易形成访问者对水文化的沉浸感和构思。

通过访问虚拟平台,师生除可以接收海量而翔实的图片、文字介绍外,还可以通过视频和音频技术领略水利工程的动态效果,更可以通过三维虚拟显示技术,走进由计算机构建的"真实"的水利工程中,甚至跨越时空和李冰等古代水利工程专家进行对话,使师生最大限度地经历"自助式"学习的体验,真正激发师生认识水利工程过程中对水文化的学习热情。

2. 开放性原则

传统媒体面向"大众",其传播特点之一就是"无固定传播对象",而互联网则不存在这个问题。有的人对某一事件不感兴趣,可以一条也不看;有的人对同样的事件感兴趣,可以看相关事件和更详细的内容,也可以看评论文章,还可以通过博客、评论版块、留言板、BBS 等发表个人观点。受众的覆盖面和内容的辐射面是传统媒体难以做到的。

水文化环境的形成是一个逐渐改变、慢慢培养、渐渐渗透的过程,因此应该利用互联网尽可能多地扩大受众覆盖面,多角度提供足够丰富的水文化内容。

3. 交互性原则

传统文化传播手段一般都是单向的,受众在阅读报刊、收看电视节目、收听广播的时候,很难立刻对所接收的信息进行交互,而互联网则给予访问者一个前所未有、十分宽广的交流平台,互联网的互动性特点决定了它在文化传播过程中具有无法比拟的优势。

网络使人们在吸收信息时有更大的选择性和主动性,信息发布者也可以直接从受众每一次的选择中得到反馈信息,增强了信息发布的针对性和灵活性。

4. 及时性原则

与传统信息传播方式相比,网络集报纸、期刊、广播、电视、电报、电话等诸多手段于一身,它能够以光速完成信息的传播,比传统媒体更及时、更快速。当信息传播者发布信息时,报纸由于发行周期,广播、电视限于节目版块,不可能随时发布新闻。互联网则完全不同,它没有截稿时间,只要网络畅通,它所发布的信息是即时的、不受限制的,即"全天候"的发稿方式,这样的发稿频率是传统媒体难以做到的。

微博的产生更是将互联网的及时性和快速性发挥得淋漓尽致。目前,一个事件最先的报道往往开始于微博。越来越多的人通过微博获取、分享信息,实现人际交往。微博正在成为社会公共舆论、企业品牌和产品推广以及传统媒体传播的重要平台。

(五)浙江特色水教育校园网络建设的基本设想

浙江特色水教育校园网络建设的主要设想是在传统水文化研究的基础上,建设以水利文献中心、浙江水文化网、特色水教育网为代表的水文化数据库,并通过互联网传递给在校师生,继而利用互联网收集水文化研究和发展的相关资料和信息,实现水文化的广泛交流,实现育人功能。

总体构想图如下:

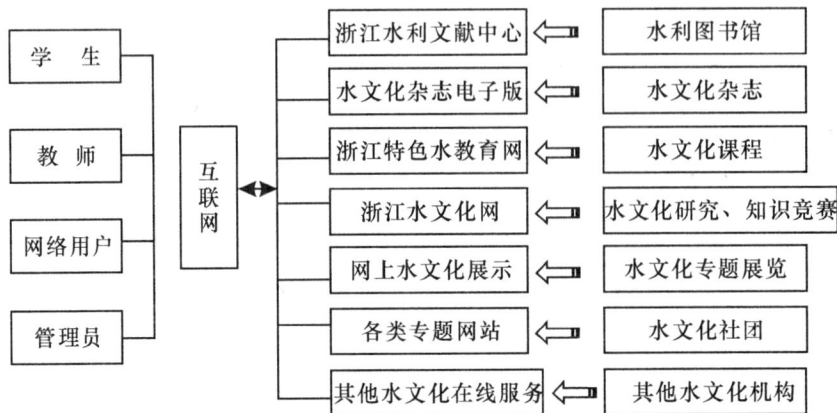

学生			浙江水利文献中心	⇐	水利图书馆
教师			水文化杂志电子版	⇐	水文化杂志
网络用户	互联网		浙江特色水教育网	⇐	水文化课程
			浙江水文化网	⇐	水文化研究、知识竞赛
管理员			网上水文化展示	⇐	水文化专题展览
			各类专题网站	⇐	水文化社团
			其他水文化在线服务	⇐	其他水文化机构

特色水教育网络教学内容:

(1)阅读特色水教育网络书籍

利用水利文献中心选取特色水教育优秀网络书籍,学生在网络书籍中选取自己喜欢的进行阅读。

(2)学习特色水教育网络课程

依托浙江特色水教育网站,上传优秀教师的特色水教育课堂视频,开展网络教学。

(3)观看特色水教育宣传片

选取优秀的水教育宣传片,如《人·水·法》、《节水知识》宣传片等。

(4)参加特色水教育网络知识竞赛

依托浙江水文化网站,建设特色水教育网络知识竞赛系统,定期开展网络知识竞赛。

(六)浙江特色水教育校园网络建设的创新与实践

1.建立水利文献中心

旨在充分发挥高校数字资源的优势,为浙江省水利系统行业和社会提供海量数字信息,促进水利事业的发展。这一共享平台整合了丰富的数字信息资源,内容包括期刊、标准、图书、视频等。如浙江省水利信息管理中心和浙江水利水电专科学校图书馆共同建立了浙江水利文献中心。至今,水利期刊数据库已收集国内所有水利类专业期刊68种,其中核心期刊16种,全部实行全文收录,绝大多数期刊回溯至创刊号。按照浙江省水利厅发布的最新现行有效标准目录清单,水利标准数据库全文收录了水利行业现行有效标准578条,同时收录了与水利行业相关的电力、建筑类标准2700余条。Apabi电子图书收集500本水利类电子图书和500本优秀人文类小说,是目前国内质量最好的电子图书。视频资源数据库分党政版视频数据库和其他专辑数据库,收集适用党政机关学习视频数据491篇,其他系列视频数据3600篇。在信息服务方面,浙江水利文献中心提供免费文献传递服务,通过QQ、电子信箱等传送读者所需的数字文献。

浙江水利文献中心

2.建设水文化网站

浙江已经由浙江省水文化研究教育中心(浙江水利水电专科学校)建立了"浙江水文化"网(www.zjwaterculture.com),是宣传浙江省水文化建设,发布水文化研究最新成果的重要平台。共设有"网站首页、新闻动态、水文化教育、水文化研究、名人治水、工程水利、水诗韵、水景观、文件汇编、关于我们、八大水系"十一大版块,并有"世界水日"、水文化学习系统、浙江水利图书文献、浙江水系文化通讯等专题模块,使用者可以直观地看到浙江在水文化建设方面的已有成果,以及浙江省有关风土人情,并借由相关平台进行水文化知识等的学习。

浙江水文化网

3.建设特色水教育网站

2009年,浙江水利水电专科学校建成"浙江特色水教育"网(http://jgx.zjwchc.com/zjwater/index00.asp),该网站集中展示了浙江水文化、浙江八大水系、节水型社会建设等内容。下设"源远流长、润泽百世、饮水思源、捍海长城、水路纵横、长虹卧波、群星闪烁、惠泽安民、秀水一方、功在千秋、水云之歌"等版块,是在校学生学习浙江水文化的一个重要平台。

4.建立水利知识竞赛系统

浙江水利知识博大精深,可通过举办全省水利百科知识竞赛,使水利系统干部职工进一步了解水利、热爱水利,同时能够面向全省人民普及水利知识,宣传水利建设辉煌成就,增进社会各界人士对水利事业的关注和了解,使全省人民进一步认识水、关心水、爱护水、节约水。

浙江水利知识竞赛系统(http://zxb.zjwchc.comzsjsindex_soft.asp)由练习系统和竞赛系统组成,练习系统分为六大版块;竞赛系统随机出100题,供参赛人员答题,并自动倒计时60分钟。答题完成后,直接给出分数。

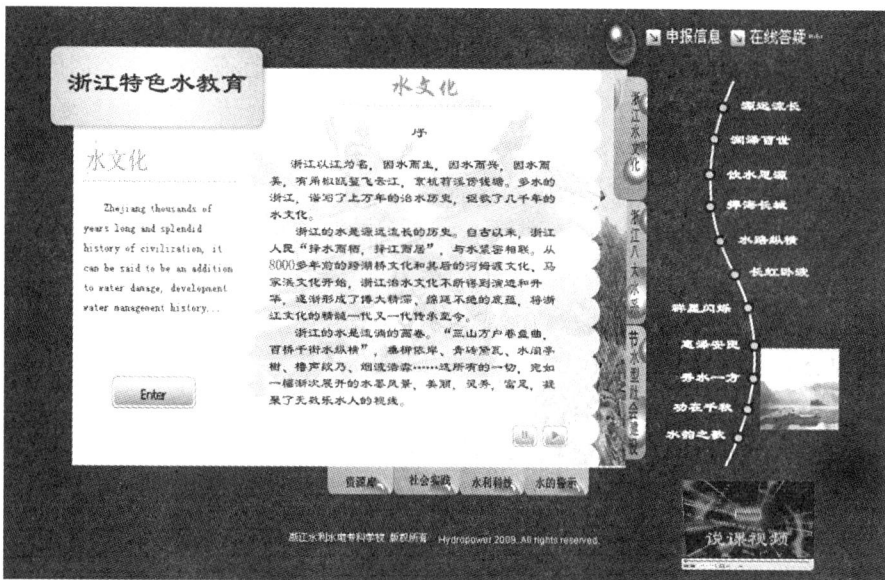

浙江特色水教育网

浙江水利知识竞赛系统

另外,全国设有一些与水文化相关的专题网站,如:

中国水文化网:http://www.waterculture.net/

中国水利博物馆网:http://www.nwmc.cn/

四、特色水教育校园文化媒介管理

据"关于高校校园媒体平台使用情况"的调查数据显示[1],校园媒介受众的媒体接收习惯已经有显著改变,以校园网络为代表的新媒体的接触频率高达65%,远远高于以校报为代表的传统媒体。而在受众对校园文化媒介的满意度调查中,47%受访者认为"能满足一些",25%认为"能满足大部分";在"认为校园媒体存在的主要问题"中,投票率居于前三名的

---

① 张娜:数字化条件下高校校园媒介的融合开发与管理研究,电子科技大学硕士论文。

分别是:互动方式太少;发行量小、覆盖点少;容量小,不能反映丰富的校园生活。

由此可见,建设各种形式的参与反馈渠道,加强传受者互动;通过采用不同的媒体形式,拓展容量,已经成为加强校园文化传播建设,提高校园文化媒介传播效率的重要手段。但要想实现这一目标,必须要打破校园文化媒介壁垒管理政策,实行相互间融合开发管理。

当前,绝大多数校园媒介都分别以孤立的个体运作管理。一般学校党委宣传部下设校报编辑部、校园网络,由同一个上级领导统一管理;而广播、电视设在学校现代教育技术中心或其他部门,分别由不同领导进行管理。由于校内媒介相对单一,没有详细地分部门、分科室进行管理,也没有部门之间的协作机制作为制度保障,合作交流往往存在着多重阻碍。因此,学校各媒介的传播效果很难发生"1+1>2"的聚合效应,各媒介的总体传播影响力更是难以提高。

因此,如何借鉴先进的媒介传播观念和技术,改造特色水教育校园文化媒介的内容生产和传播模式,通过内容生产的融合、信息发布体系的共享、校园文化媒介融合管理体制的保障,实现特色水教育校园文化媒介建设健康、有序推进,是未来校园文化媒介建设的重要课题之一。

第 6 章
校园文化的融合与辐射

第一节　校园文化的融合

教育与社会经济发展紧密联系,人才培养目标决定了它必须立足社会,以行业、企业的需求作为办学导向,根据岗位对人才素质的全面要求,努力培养能与社会"零距离"的学生。这样一来,就要求学生不仅要有过硬的专业知识、专业技能,还要求学生具有主动适应行业、企业文化,进入行业、企业就能立足、生存和发展的综合职业素质,这就必然使得校园文化建设还有一种与区域、行业、企业文化相互渗透融合的内在要求。

一、校园文化与企业文化的融合

(一)校企文化融合的理论基础与现实依据

如前所述,校园文化是生长发展在学校环境中的一种社会亚文化,是师生在长期教育实践过程中所形成和创造的反映人们在价值取向、思维方式、行为规范、精神状态上有别于其他社会群体并具有校园特色的一种团体意识和精神氛围。而企业文化则是指在企业生产经营活动过程中形成的,得到企业员工普遍认同的,并得以贯彻执行的最基本的经营理念、价值观念、行为规范、管理方式、用人机制、共同信念和凝聚力等。它是企业用于企业管理的企业内部一种取之不尽、用之不竭的力量,企业文化的核心是企业精神。企业精神就像一只无形的手把员工的思想指引到企业实现目标上来,激发员工的积极性和创造性,使企业得以生存和发展。

1. 校园文化与企业文化的相通性

校园文化与企业文化都是从属于社会主流文化的亚文化,虽然具有不同的内容、特点和形式,但都具有培养人、塑造人、引导人、感染人的功能,两者有很多的相同点。首先,两者都是用一种无形的力量对人的行为准则、价值观念和道德规范起导向、激励和潜移默化作用的群体文化;其次,两者都是以人为着眼点,都是一种以人为中心的管理文化、组织文化;第三,两者有大致相同的结构:都可以分为物质文化、精神文化、制度文化三个层次,其中精神文化是总体文化的核心。从对人关注的方向上看,校企文化的精神均以实现人的素质的全面发展作为终极目标,两者在终极价值取向上一致。

2.学校教育以就业为导向,是校企文化渗透与融合的现实要求

高等教育,特别是高职高专教育,具有职业性、技术性、应用性特点,决定了学生一毕业就要上岗并有效地开展工作,但从毕业生就业情况的跟踪调查发现,毕业生中相当部分学生因为不能适应企业的要求而最终离开企业。不能适应企业的要求不仅仅是知识、技能不足带来的,更是不适应企业文化导致的心理差异、文化差异、习惯差异、经验不足等带来的。产生这种不适应的主要原因是校园文化是以育人为核心的教育文化,而企业文化是一种以企业规章制度和物质、效益为载体的管理文化和经济文化,两种文化的差异使学生在校学习时的情景与进入企业后的情景形成巨大反差。要培养符合企业需要的人才,就必须克服这种"不适应"现象,校园文化建设就必须将职业特征、职业技术、职业道德及职业所需的人文素质等因素融入其中,将优秀的企业文化引入校园,使学生通过校园文化的熏陶,在毕业后能较快地适应现代企业的管理理念和方法,认同企业精神,自然地融入企业,较快完成从"学生"到"员工"的角色转换。

(二)校企文化渗透与融合的意义

教育的宗旨是服务于企业,为生产、建设、管理、服务第一线培养人才,因而了解企业文化,具备一定的企业职业素质是培养学生所必需的。学校为使学生毕业后能快速地适应现代企业的管理理念、管理方法,在校园文化建设中引入企业文化,从先进企业的文化理念中吸收有价值的元素,丰富、拓展校园文化建设的内容,探寻企业文化与校园文化的最佳结合点,建设具有高职高专特色的校园文化,使学生学会适应企业环境,进而赢得在企业发展的机会。职业素质仅仅通过知识和技能的学习是不够完整的,职业实践和企业文化的熏陶,是养成良好职业素质不可或缺的重要途径。通过渗透有一定企业文化内涵的校园文化来引导和规范学生的思想和行为,使学生逐步了解、习惯和自觉遵守相关职业的素质要求,形成合作精神,发挥创新能力,并成为现代企业文化的倡导者和建设者,这也是教育的重要任务。

同时,校园文化在选择和吸收企业优秀文化的过程中,又对企业文化具有强烈的辐射和促进作用。因此,校园文化与企业文化的互动与融合并实现无障碍对接,对于学校实现人才培养目标具有极其重要的意义。

校园文化与企业文化的渗透与融合,对学生的成长成才、就业创业具有积极的价值,主要表现为:

1.可以激发学生的学习热情,有利于学生成才。由于有些学生的文化素质较差,相当一部分学生学习目的不明确,学习缺乏动力,兴趣不浓,有时甚至厌学。同时,他们的人生观和世界观还处于自我觉醒、自我确立、不断修正的阶段,思想极其活跃,观念容易改变。通过让学生直接接触企业以及企业文化,亲身体会到企业与企业、人才与人才之间激烈竞争的现实,可以使广大学生亲身感受优秀企业文化在企业生产经营中所发挥的巨大作用,感受到企业对人才的要求除具备专业知识、技能外,还必须具备职业责任和其他全面的职业素质,从而自觉树立强烈的危机感、严肃的使命感和时不我待的紧迫感,激发他们学习专业知识和技能的内在动力,增强他们的学习目的性和成才的自觉性,更加端正学习态度,珍惜学习机会,努力掌握知识。

2.可以塑造学生良好的道德品质,有利于学生成长。校园文化与企业文化对人格的塑造各有长处:校园文化作为社会文化的敏感点,对学生的道德人格具有再选择功能,提升孕育道德人格的文化品位,通过突出优良的校园文化,形成健康向上的校园氛围;同时又通过

源源不断地向企业和社会输送人才,将学校文明辐射到企业和社会。企业文化作为一种新型的管理文化,其精髓在于"质量第一"、"诚信为本"、"顾客至上",并把它们体现在生产经营管理中。这种管理要求人们具有强烈的质量意识、效益观念、团结协作精神和一丝不苟的工作态度,也从根本上激发了人们的工作热情,从而促进人的发展进步,使人格素质得以全面完善、提高,使人的潜能得以充分发挥。校园文化与企业文化渗透与融合的结果,能正确引导广大学生处理好社会效益与经济效益、效率与公平、自主与监督、竞争与协作、纪律与自由、理想与现实、奉献与索取等的关系,能促进高职高专学生加深对社会发展的理性认识,纠正其认知上的偏差。透过企业管理文化,帮助学生树立正确的世界观、人生观和价值观,提高对社会的认同感,加深其对不同文化和多元社会的认识与理解,这对高职学生形成作为未来企业人的全面素质、更快地适应社会需要、更好地服务企业,无疑会奠定一个良好的基础。

3.可以增强学生的社会适应能力,有利于学生就业。尚未走上社会的学生,人生阅历浅,心理不成熟,言谈举止多"书生气",思维方式过于理想化,对复杂的生活常常想当然,遇事易冲动。由于对企业不熟悉,缺乏对企业文化的了解和认同,有些毕业生社会适应能力较差,在跨出校门进入企业时很难适应企业的管理环境,无法在企业较快找准自己的位置,容易被企业淘汰。尤其是现在的学生大多是独生子女,父母为他们营造了良好的生活和学习环境,很少有吃苦的体验和精神,纪律意识和责任意识淡薄,心理承受力差。再加上在学校,学生教育、管理的手段方法与企业管理的手段方法往往差别较大,学生无法通过学校的管理行为领会到企业管理的主旨;校园文化氛围和企业文化氛围有较大的差异,学生不能通过校园文化感受到企业文化,这就导致了学生毕业后不能顺利地从学生角色转变为企业员工的角色。因此,从这个意义上来说,学校应该为学生提供更多走向社会、深入企业的机会,让学生感受企业严格刚性的管理和近乎苛刻的纪律要求,感受企业员工吃苦耐劳的品质和坚忍不拔的意志,有效锻炼和培养他们的生存能力和心理承受能力,帮助他们主动调整心态、重新自我定位,提高社会适应能力,缩短就业后适应企业岗位的时间。

4.可以培养学生的创新精神,有利于学生创业。校企文化建设的科学与否,直接决定着学校能否培养和创造出现代化建设所需要的人才和科技。许多诸如交际、娱乐、审美、创造等方面的综合素养、实践能力和可持续发展的潜力及终身教育理念,不可能单纯从传统、正统的教育活动中获得,校园文化、企业文化的长期熏陶是必经之路。因此,学生要不失时机地参与到企业文化的活动中去,完善自我、提升自我,了解企业、了解社会,特别是那些重视产品开发与技术创新的企业。校园文化与企业文化渗透与融合,能使学生明白企业需要什么样的人才,学生自我应该具备什么样的素质,从而提升广大学生的信心,激发他们的创业欲望,增强他们的创业素质和能力。

(三)校企文化渗透与融合的实践

校园文化必定对现代企业的企业文化产生强大的辐射作用和促进作用;优秀企业的管理哲学、经营理念和企业文化也必定给学校带来强有力的影响。探索校园文化和企业文化相互渗透与融合的途径及其最佳结合点,关系着学校特色校园文化的建设,关系着学校人才培养能否成功地与企业对接。

1.校企文化渗透与融合的着力点——精神文化

企业精神是企业文化的核心,与时俱进的企业先进文化是校园文化建设的根本出发点。学校在努力挖掘历史文化资源、传承办学传统、突出办学理念、积极培育和大力弘扬学校精神的同时,更要加强与企业和市场的衔接,要借鉴和吸纳包括企业价值观、企业精神、战略目标、经营管理理念等在内的企业精神文化。当下,社会价值的多元化必定影响学生的价值取向,企业核心价值观是学生毕业后进入企业首要面临的问题,它对学生人生观、价值观的完善有着重要的意义。校风、校纪、校训建设与企业精神的培养和企业道德教育紧密联系在一起,学生在校期间,应向学生传输企业的价值意识,使学生树立正确的价值观念,对企业产生积极的认同意识。如果学生在校期间能接受有效的引导,校园文化就能与企业文化很好地对接,学生毕业后就能顺利完成角色的转换。从某种意义上说,学校精神是企业精神的前奏,企业精神是学校精神的续曲。

2. 校企文化渗透与融合的切入点——物质文化

学校在建设物质层面校园文化的时候应呈现出企业文化特色。学校应结合实际,将教学环境设计建成为教学工厂模式,建立理论与实践一体化教学的专业教室,融教室、实训、实验、考工、技术服务与生产为一体,使专业教室具有多媒体教学、实物展示、演练实训、实验、考工强化训练等多种功能,营造出较为真实的职业环境和氛围。以浙江水利水电专科学校为例,其水利、机电、电气、计算机等教室多半集实验、实训、考工等功能于一身,教室里张贴的也是企业人才培养与企业管理的经典理论,橱窗中展示的是学校创业成功的校友偶像,校企合作班就以企业名称来命名,学生的校服就是企业员工的工作服。

3. 校企文化渗透与融合的突破口——课程文化

课程文化是指按照企业对学生获得企业适应能力的要求而形成的一种课程观念和课程活动形态。课程文化要集中表现为科学与人文、理论和实践相结合的课程文化观及课程活动观,并在课程目标、课程内容和课程实施三个层面展示其主要内涵及特点。在学校课程文化建设上,表现为"三个零距离"的课程改革思路,即以市场需求和毕业生就业为导向,适时调整和更新专业结构和课程结构,使专业设置及课程开发与企业和社会零距离配合;以应用为主旨和特征,适时改革课程体系,使教学内容与职业需求零距离贴近;以优良的实践教学条件为支撑,强化学生职业能力训练,实践教学与职业岗位零距离接触。学校在广泛的社会调查和人才需求预测的基础上,由专业建设指导委员会及相关行业、企业的专家共同参与,根据行业企业提出的岗位培养目标,设置专业和培训项目,搞好课程开发,按照行业企业的要求组织教学活动,并参与企业新产品、新技术的开发,为企业提供职工培训、技术咨询服务等。学校在教学计划的编制上重在知识与技能的实用性,突出实验、实训环节,在专业课教学中采用案例教学、仿真训练、现场教学等,教学环境尽可能地与企业环境渗透融合。

(四)校企文化渗透与融合的落脚点——制度文化和行为文化

在制度文化和行为文化建设上,学校在学生品德教育上不能只是局限于《普通高等学校学生管理规定》的教育,在学生管理模式上不能只偏重于对学生进行"象牙塔"式的单纯管理,还必须注意汲取优秀企业的管理经验和企业文化,强化诸如诚信、守纪、敬业、合作等与企业文化密切相关的教育内容,尤其是要注意培养学生与企业员工相同的行为规范。另外,学校引进企业先进的文化理念,对学生做人的原则和做事的作风也会产生广泛而深远的影响。学校可以实施与企业接轨的实习管理制度,要求学生在实训车间统一穿工作服,佩戴岗位卡上岗等,甚至实验室、实训室内必须按规定路线行走,不准超越警戒线,不许擅离岗位和大声喧哗等。学生作为企业的"准员工",在学校内感受到的是浓郁的企业文化氛围,接受的是具有企业特色的校园文化熏陶。

二、校园文化与行业文化的融合

秉着"立足行业、依托行业、服务行业"的办学宗旨和理念,行业文化对校园文化的影响由来已久,而同时企业文化和行业文化是一脉相承的,行业文化是企业文化的背景场,因此,从实质上来说,校企文化的对接与融合就是从行业文化中抽取典型要素进行培育,促进共同价值的塑造、教学质量的提升和学校发展的整体推进。

学校的共同价值观是学校对影响学校发展的诸多因素的全面认识作出关于学校发展目标,并被广大师生高度认同和可实践的综合追求。只有树立了共同价值观,才能使学校各级各部门树立整体发展的信念。行业文化是指凝聚着同行业价值观、发展观的文化,其在行业中具有共同性,在行业发展中具有引领性,它与校园文化的公共性和专业性、职业性相吻合,是校园文化与企业文化相融合的基础。

对于学校教学质量的评定,归根结底是培养的人才在社会上的适用度,"校企合作、工学结合"是培养目标的途径,而在校园文化中植入行业文化则是使培养的人才在文化上实现的零距离。一个了解行业文化并有一定行业精神的毕业生一定是下得去、干得好、留得住、有潜力的员工。

学校的专业设置、课程改革、招生规模等,都与行业发展有着密切联系。行业的先进性与前瞻性在一定程度上与教育资源的优先策略相一致。企业有时为了追求自身利益会选择简单再生产,相对行业而言,它们的升级与转型往往会滞后于行业发展的需要,不利于高校"四大功能"的发挥。因此,在校园文化中导入行业元素、根植行业文化是必然选择。

三、校园文化与区域文化的融合

学校的校园文化建设是一个多维的系统工程,学校校园文化与企业文化对接,与行业文化融合,归根到底是与区域文化的对接和融合。区域文化是学校校园文化建设的源头活水和最终归宿。学校的校园文化与学校所在地的区域文化相对接,是由学校的历史使命和教育目标所决定的,它是学校校园文化建设的逻辑起点。

一方面,学校教育先天具有行业性和区域性的特点,"从地区和行业的实际需要出发","为区域经济发展作贡献"是学校的办学宗旨和神圣职责。怎样更好地为区域经济服务、在服务中谋发展,是学校教育中一直探索的基本问题。然而,对毕业生的追踪调查发现,跳槽率高、工作满意度低、人生成就感不足等问题困扰着不少毕业生。深入调研后发现,这些问题最终都纠结在一点:这些被困扰的毕业生对所在企业的文化认同度相对较低。但是,在学校教育中很难让学生提前接触并融入后来工作的企业文化中,更何况,不同的学生将来走上不同的工作岗位,接触的企业文化也不会完全一致。所以,要让学生对未来不同的企业文化有基本的认同,必须要找到这些不同企业文化背后的共同内核。

另一方面,校园文化建设的目的不是营造一个世外桃源,而是要让学生在从校园到社会的过程中经历一个文化缓冲地带。校园文化必须与学生毕业后所工作的文化环境有某种对接,才能够起到这种缓冲与过渡作用。也就是说,校园文化与学生今后所从事的职业领域中的企业和行业文化具有某种程度的同构性。而企业和行业虽有差异性,但是,同一地区的企业往往具有共同的文化品质,这种文化品质的基因来源正是企业所在地的区域文化。于是,在履行学校教育为区域经济服务的职责和校园文化建设为学生营造走向社会的文化缓冲带的探索中,我们的认识不断深化,最终指向了一个基点——校园文化与区域文化的对接与交融。任何一所学校,其服务的地域特征决定了它的专业设置和人才培养目标都必须与其所在地的产业特色相吻合,这种吻合看起来是产业链的一致性,而其根基却是区域文化的同一性。

第二节　浙江水利行业文化建设

一、加强水利行业文化建设的意义

水利行业文化是水文化最重要的组成部分,加强水利行业文化建设是实现水利事业全面、可持续发展的必然要求。一方面我们要站在水利的角度去看文化,反思文化的良莠利弊。最典型的例子是中国的都江堰和埃及的阿斯旺水坝。都江堰工程自建成后2000余年来,不断改善着成都平原的生态环境,灌溉效益不断扩大。其高度的技术成就令当代国内外水利专家们为之瞠目,同时因其巧妙的布局、秀丽的景色和宏大的规模,吸引着万千的游客,成为重要的旅游胜地。都江堰工程的成功,不仅仅是我国古代水利工程技术和管理技术的成功,更可反映我国古代文化的先进性和可继承性。从水利技术的角度对都江堰进行研究,应该可以得出很多文化学上的结论。

埃及的阿斯旺水坝,是为发电和灌溉的目的而兴建的,可是由于设计者们没有考虑到尼罗河谷中的诸多生态关系,工程建成后,导致了被灌溉农田的盐碱化和土地贫瘠,河口三角洲海岸被侵蚀,纳塞尔湖的水面蒸发造成水资源的严重损失,助长了血吸虫病的传播,甚至东地中海的整个生态都受到它的影响,如沙丁鱼数量的骤然下降,等等。阿斯旺水坝的失败之处,不仅仅是水利工程某些技术的失败,或者是现代科学技术对环境造成巨大影响的一个表现,它同样可以促使人们去反省现代文化所隐含着的某种危机,关注人类的共同命运。

另一方面,我们要站在文化的角度看水利,探讨文化对水利决策与水利行为的影响。一切水利的思想、决策、行为、工程等,都是同时代文化的重要组成部分,都是与同时代的文化紧密相连且相互影响与促进的。比如,浙江绍兴三江闸设有二十八孔闸(又称"应星闸"),浙江鄞县(今宁波市鄞州区)的它山堰砌石坝建有六大级台阶,每一大级台阶又由六小级台阶组成。

如何解释上述工程中的数字问题才能更接近实际。古代的文化观念,在古代水利工程的设计、施工和管理中的运用,往往起着极其重要的作用,因而从文化的角度去研究水利,其意义是明显的。只有全面提高水利工作者的思想文化素质,才有高水平的水利工作。随着社会经济的不断发展和人们物质文化生活水平的不断提高,水利的功能日益多样化,不仅要满足除害和提供生产、生活用水的需要,还要建设清澈、美丽、舒适、人水相亲、人水相依的水环境,满足人们亲水、爱水、戏水、休闲、娱乐等文化的需要。在此情况下,就要求更新设计和建设观念,注重水工程的文化内涵和人文色彩,把每一项工程当作文化精品来设计、建设;使每项水利工程成为具有民族优秀文化传统与时代精神相结合的工艺品,使水工程和水工程管辖区在发挥工程效益和经济效益的同时,成为旅游观光的理想景点、休闲娱乐的良好场所、陶冶情操的高雅去处,为提高人们的生活质量提供优美的水环境。

二、浙江水利行业文化建设现状

大禹治水留下的理念对后人治水产生了重要的启示和影响。几千年来,浙江境内建设了大量的水利工程。春秋末期(公元前5世纪初),越王勾践兴建了富中大塘、吴塘、山阴古道等水利工程。后汉时期山阴南湖(即今天的绍兴鉴湖)面积超过200平方千米、灌溉600平方千米土地,是一个包括完整涵闸系统的大型人工湖泊。京杭大运河是中华民族创造出的最伟大的水利工程之一。西湖自唐宋修整以来,一直是杭州地区重要的水利工程,而且形成了闻名于世的"西湖文化"。南北朝时期兴修了处州通济堰,两宋时代增筑配套设施,且自南宋始,制订了完善的堰规,实行"三源分片轮灌"制度。唐代修建了鄞县它山堰,宋代起到明清时期逐步完善配套设施。通济堰和它山堰至今仍在发挥作用。宋代以来不断修整浙江东南陆域海岸及沿海岛屿所筑的一条条(段)海塘(浙东海塘),历代修整的钱塘江海塘等都发挥了巨大的功效。

新中国成立以后,浙江水利事业揭开了新的篇章,取得了历代无可比拟的成就。培修加固海塘河堤,大力疏浚河道,建成数千座水库,水力发电、滩涂围垦等都有长足发展,水利科技、水利经济也卓有成效。这些水利成就是浙江社会经济发展的重大保障。

在长期的水利建设中,形成、传承了诸多的水文化,水利志书如海塘志、河闸志、堰志、湖经等为数众多,以水为载体的水制度文化、水精神文化产品丰富多样。

(1)一批关于浙江省水文化研究的成果陆续出现。在我省水利战线,活跃着一批既有理论功底又有丰富实践经验的水利工作者。像湖州水利局、绍兴水利局、丽水水利局、温州水利局、宁波水利局等单位,都有水利工作者在不同程度地研究浙江省水文化问题,发表或出版一批高质量的成果。全省已编有《浙江省水利志》、《钱塘江志》、《西湖志》等地方志、江河志、水利工程志。

(2)在制度文化层面,各类水利政策制度不断完善。以水利厅有关处室牵头的浙江省水利政策制度不断出台,目前已形成了地方性法规、政府规章、一系列规范性文件以及涉水乡规民约等构成的完整的水利制度体系,还继承、丰富了有关水礼仪习俗,扩大了影响,这些对推动浙江经济社会发展起到了重要的作用。

(3)水工程结合水文化、水环境综合建设成绩明显。近几年来,浙江省各地在水利工程建设中,比较注重水文化的综合建设,注重水环境的改善。各地在制定水利发展规划时,基本都纳入了水文化的有关内容。绍兴市水利局在环城河整治方面积累了丰富的经验,环城河成为绍兴市新的城市名片,该工程被水利部命名为水利示范工程。杭州市水利局在运河、钱塘江沿岸整治时,做到历史、人文、景观的密切结合,使杭州成为人们向往的新天堂。

绍兴的环城河已有2500年历史,具有丰富的历史文化积淀,在环城河整治工程建设中,充分注重发掘古越文化,依据史料记载,恢复重建了吴越国时代皇家园林——西园,在原址修建了水陆要塞迎恩门和都泗门,建成了具有浓厚绍兴水乡文化、桥文化和街市文化的稽山园,通过充分发掘历史文化,使环城河的文化品位得到了显著提高,古城文化和历史得到了有效保护。由于在工程建设中注意历史文化的挖掘,尤其注重水乡特色的体现,并相应进行了文化布展,拓宽其文化内涵,使环城河成为了一条历史文化特色鲜明、水乡特色浓厚的旅游线和休闲带。

(4)治水理念逐步提升。近些年来,浙江省水利工作者在水利建设过程中,注意了水利功能的多样化,水利工程不仅要满足除害和提供生产、生活用水的需要,还要建设清澈、美丽、舒适、人水相亲、人水相依的水环境,满足人们亲水、爱水、戏水、休闲、娱乐等文化的需要。水利工作者已经在自觉不自觉地运用水文化理论进行水利工程建设。

(5)水精神产品日趋丰富。"杭嘉湖风格"、"海塘精神"以及不断推出的水利文学、艺术、科技作品等给人们的生活提供了丰富多彩的精神食粮。

(6)水文化的宣传教育工作渐显成效。浙江省配合"世界水日"、"中国水周"、"节水宣传周"的宣传,在全省范围内进行广泛的爱惜水、节约水、保护水的宣传工作。两所水利学校已为面向全省的水利事业培养了大批合格的水利工作者,为全省水利建设作出了巨大贡献。中国水利博物馆坐落在杭州萧山境内,它的建成也为浙江省乃至全国水文化的宣传、教育发挥了更加重要的作用。

长期以来,浙江在水文化建设上取得了一定的成绩。特别是近几年来,水文化意识逐步在水利工作者中得到强化,逐步体现在水工程建设、水文化研究、水制度制定、水宣传教育等方面,但是也存在一定的问题。主要表现在:

(1)历史水文化成果研究、保护有待加强。

有些优秀历史水文化资源没有挖掘收集和整理研究,任凭其千百年尘封,影响历史水文化的传承光大。在浙江省两千多年来的水利建设中,涌现了一大批治水英雄、事迹、文献。从古代的大禹到汉代的马臻、明朝的潘季驯、清代的陈潢,从唐代的白居易到宋代的沈括等,有的是浙江人士,有的是在浙江主政过,他们对浙江乃至全国的治水都作出了重大贡献,他们的事迹、他们留下的治水文献都是宝贵的精神财富。到现在全省还没有一个统一的编修计划,应当把这些宝贵财富迅速、系统、有计划地整理出来,供全省水利工作者乃至全省人民了解、认知和学习。据有关统计,浙江省古代的水利文献达200多种,有很多已经亡佚缺散,因此必须想方设法追溯研究,进行弥补,使之流传下去,为浙江水利事业发挥存史、资治、教化的功用。

一方面,水利编志工作各地进展不平衡。编志人员缺乏,很多地方编志办的人员是退休老同志,他们具有丰富的水利经验,但是限于身体条件,根本不容易完成这样需要耗费大量精力、体力的工程。另外,有些地方修志的经费没有保障。

另一方面,对水文物和遗址的保护不够,一些地方在大规模的城乡建设中,漠视水文物和遗址存在的社会价值与历史价值,水文物和遗址遭到严重破坏,令人十分惋惜。丽水的通济堰自修建到90年代末有1500多年历史,且一直都在发挥作用,但是现在随着当地经济的发展,农业的衰退,通济堰仅保留渠首,而其下面的水系在当地经济发展的大势下,大部分被开发区覆盖。其他地方的水文物和遗址或多或少都受到不同程度的损害。因此,这方面的保护工作刻不容缓,亟待出台一个系统的规划,这是造福子孙、泽被后人的大业。

上述问题究其原因,有认识因素,也有体制因素。社会上对水文化建设的重要性及其历史成果的重视程度还不高,也没有相应的研究平台。对水文物及其遗址的保护,现有法规规定了文物部门管理,但是水利部门也负有保护管理职责。文物部门只保护水文物遗址实体,而不考虑它的主要功能;水利部门重视它的水利功能,而忽视了与当地周围环境的配套和协调。

(2)人水和谐的治水理念有待进一步强化。

新中国成立以来水利发展史的一大成就就是"人定胜天"的治水理念的转变,转变为人水和谐的治水理念。现实中这个理念还没有在实际中体现,突出表现就是水工程建设文化品位不高。

水利工程文化的表现形式还不够,目前对水利工程表现的文化内涵研究不够。有的水工程单纯追求安全和稳定,形式粗大笨拙,忽视水文化和景观,缺乏人文性。有的只考虑水工程单体的美观,而没有很好地与周边及区域的历史、环境和景观相协调,造成水工程形象不伦不类的后果。比如有的地方修建的闸门,单看设计很漂亮,但是从周边配套看,其闸门的欧式风格与周围江南水乡特色民居形成反差,谈不上和谐,更不美观。

究其原因是多方面的,有经费原因,但主要还是水工程规划设计人员的文化内涵不足,调研工作不够,仅仅从水利自身的资料调研,但是对当地民俗、风土人情、水系了解不多,摆脱不了传统水利规划设计的条条框框,大量设计成果亲水性差,工程缺少生态性,并与区域文化结合不紧密,达不到传承历史文化的效果。杭州的京杭大运河整治,效果还可以,但是出现沿岸景观中的碑刻有错别字情况,成为笑谈。

(3)水利职工文化素养有待提高,科教建设还需加大力度。

水利文化人才缺少,水利职工文化素养不够高、文化层次较低。一些水利建设急需的专业和前沿性学科人才短缺,传统学科人才相对过剩;地市及以下基层单位缺乏较高水平学术技术带头人,致使缺乏创新能力;高技能人才队伍数量不足。低文化层次的职工队伍、水利文化人才的缺少制约了浙江水利事业的发展。

浙江水利科技、教育投入还不能适应浙江经济、社会发展需要。全省还没有一所水利本科院校。职工教育培训存在方式单一、重资格轻能力、重理论轻实践的问题;各单位开展技术合作较少,系统内人力资源相互整合与互补的效应没能充分发挥。

(4)水文化宣传教育实效性有待加强。

缺乏生动、形象、有效的水文化宣传教育手段、方法和长效机制,水文化尚未真正深入,全社会节水、爱水、护水意识尚未真正形成。1988年开始的"中国水周"宣传活动到2012年已经举办了25届,"世界水日"宣传活动自1993年开始也进行了20届,但是实效性还有欠缺。节水、爱水、护水宣传效果不明显,水利精神的宣传也是一样。

(5)水文化产品有待丰富、拓展。

水文化产品包括数量和内涵两个方面。在水文化产品的数量上,总量不多;在水文化产品的内涵挖掘、弘扬方面,反映可持续发展的现代治水理念的文学、艺术、影视、科普的题材、产品不多,反映水利精神面貌的产品较少。

(6)水人文精神有待深入人心,真正内化为人们的自觉行动。

水利精神宣传不够,不仅全社会对水利精神了解不多,就是水利系统内部也没有把水利精神宣传深入,水人文精神没有真正内化为人们的自觉行动。

三、浙江特色水教育校园文化是校园文化与区域行业文化融合的范例

浙江特色水教育校园文化建设思路是通过全面、系统、渐进的水文化教育、熏陶、渗透、实践,坚持传统和时代精神相统一,坚持课堂课余、校内校外、理论和实践相结合,依托水利行业优势,发挥校友资源作用,从知水、亲水到乐水,培养学生水利人的情怀和品质。

浙江特色水教育的教学内容主要是浙江区域的水情和水文化,包括水利行业的治水理念、行业精神、治水人物、治水规范和治水主要措施等,是浙江区域文化和水利行业文化建设

的组成部分之一,是浙江区域文化和水利行业文化在学校校园文化方面的落实和体现,但又有自身学校的个性特征。

因此,要进一步加强浙江特色水教育校园文化与水利行业文化以及浙江区域文化的融合,首先应当整合研究教育资源,大力加强学校水文化研究教育队伍与浙江全省及水利行业水文化研究力量的紧密合作,建立全省协作网络,加强学术交流,开阔思路,使校园文化与浙江区域文化及水利行业文化更好地融合,充分发挥行业整体合力。其次应当加强学校为行业区域提供科技和社会服务,共同开展一些水文化实践活动,使校园水文化更贴近单位、贴近行业、贴近社会实际,进一步增强水文化研究教育的针对性和实效性。

第三节 特色水教育校园文化的辐射

当前,我国正处于改革开放和全面建设小康社会的重要时期,水利事业正经历着从传统水利向现代可持续发展水利转变的关键阶段,水利在经济社会发展中的基础作用日益凸显,在防灾减灾中的支撑作用日益突出,在解决民生需求中的服务作用更加彰显,在生态文明建设中的保障作用更加重要。深入贯彻落实科学发展观,依托水利行业、社会区域,紧跟水利改革发展对人才和科技的需求,为行业、企业提供人才、科技支撑和服务作出积极贡献,已成为学校的重要任务。文化在社会进步和经济发展中发挥着越来越重要的作用,从文化的角度研究水问题、重新审视人和水的关系已逐渐引起了全社会的广泛关注。组织水文化研究、教育、宣传与培训,为水利行业提供技术、人才和文化支持,扩大水文化在社会上的影响力,加强校园水文化向社会的辐射,也是学校责无旁贷的重要任务。

工程设施是特色水教育的重要载体,新中国成立以来浙江水利发展使水文化有了更为丰富的内涵,特别是 90 年代以来,浙江水利进入空前发展新阶段,建设现代化水利体系成为水文化发展的主要特征。通过水利工程设施的建设、展示,初步形成了全社会重视水利的观念,并使人民群众对水文化有了更直接、更切身的体验。开展特色水教育,传播、弘扬水文化,同样需要有效的载体,如水文化论坛、"世界水日"和"中国水周"、社科普及周、科普周、防汛防台日等社会实践宣传活动。

一、水文化、水教育论坛

2009 年 11 月 13 日,首届中国水文化论坛在山东济南举行。

陈雷部长在论坛上作了重要讲话,并指出,要充分认识加强水文化建设的重要意义:大力加强水文化建设,是推进传统水利向现代水利转变的迫切需要,是推动民生水利新发展的迫切需要,是推动生态文明建设的迫切需要,是推动社会主义文化大发展大繁荣的迫切需要。加强水文化建设,必须坚持四项原则:一是坚持社会主义先进文化发展方向。要把水文化建设纳入社会主义文化建设体系中,坚持"为人民服务、为社会主义服务"的根本方向,坚持"百花齐放、百家争鸣"的基本方针,结合水利实践,大力弘扬中国特色社会主义文化的主旋律,确保水文化建设的正确方向。二是坚持服务于水利发展与改革事业。既要注重从水利发展与改革实践中培育、丰富水文化,又要注重运用水文化建设成果指导水利发展与改革实践。及时挖掘整理、总结提炼、推广运用水文化中的先进理念、优秀作品、精神产品,更好地引领和推进水利事业发展。三是坚持贴近实际,贴近生活,贴近群众。立足水利工作实际,深入水利职工生活,在群众中传播、分享水文化建设成果,努力满足广大水利干部职工的精神文化需求。四是坚持继承与创新的辩证统一。既要积极从中国传统水文化中汲取精华,从世界各民族优秀水文化中借鉴经验,又要及时吸收新鲜养分,充实时代元素,与时代进步同行,与水利发展同步。

陈雷部长还强调指出,加强水文化建设,要重点抓好以下几项工作:第一,切实加强社会主义核心价值体系的学习实践;第二,不断丰富完善可持续发展治水思路和民生水利内涵;第三,积极引导全社会建立人水和谐的生产生活方式;第四,大力提升水利工程的文化内涵和文化品位;第五,着力加强传统水文化遗产的发掘和保护;第六,深入开展水利行业精神文明创建活动。同时他要求:全面落实水文化建设的各项措施,一要进一步加强对水文化建设的领导;二要进一步深化水文化理论的研究;三要进一步丰富水文化建设的载体;四要进一步推动水文化宣传交流;五要进一步强化协作配合;六要扎实抓好水文化队伍的建设。

首届中国水文化论坛层次较高,主题鲜明,研讨充分,成果丰富,打开了水文化建设的崭新一页,对进一步推进水文化建设产生了积极而深远的影响。

学校可以适时组织举办大规模、有影响的水文化、水教育论坛,把特色水教育校园文化的理论研究和实践成果加以总结提炼,通过对水文化工作者工作理念和工作思路的影响,从而对全国的水文化研究和实践产生积极的辐射作用。

二、水宣传社会实践活动

通过策划举办声势浩大、形式多样的"世界水日"、"中国水周",社科普及周、科普周、防汛防台日等大型主题宣传活动,让学校广大师生参与到特色水教育中来,宣传水文化、弘扬水精神,把知水、爱水、节水、护水的理念传播辐射给全社会。

自 2004 年以来,浙江省纪念"世界水日"、"中国水周",举办了"保障饮水安全,维护生命健康"(2005 年)、"创建节水型社会,保护水资源千里行"(2006 年)、"我取浙江八杯水、节水宣传进万家"(2007 年)、"再取浙江八杯水、水利联系你我他"(2008 年)、"节约用水从我做起——探访城市水源"(2009 年)、"关爱家园、从我做起"(2010 年)、"节约用水、由我发起"——节水宣传进百校(2011 年)、"水润浙江晚会暨浙江省节水大使颁证仪式"(2012 年)等主题活动;组织进行了全省"钱江杯"水利百科知识竞赛、中国水利博物馆开馆演出;每年暑期还开展水文化调研、宣传方面的社会实践活动,进行了"建万里清水河道,展江南水乡新貌,创绿色生态浙江"、"关注农民饮用水,共创和谐小康村"、"情系农民饮用水,服务建设新农村"、浙江省水法宣传教育实践、浙江省千库保安宣传教育实践、科学节水宣传教育实践等主题活动,全是由浙江水利水电专科学校承办的,学校为全社会的水文化传承教育工作增添了浓墨重彩的一笔。

《浙江省水利系统"六五"普法规划(2011—2015 年)》对今后五年浙江水法制、水文化教育进行了部署,提出要完成六项具体任务:

(1)精心组织"世界水日"、"中国水周"、防汛防台日、浙江法制宣传月、全国法制宣传日、法律法规颁布纪念日等主题活动,各单位要结合实际、精心筹划、丰富内容、创新载体,形成水利法制宣传的高潮,使法治理念得到广泛传播。

(2)开展"水法下基层"活动。加强经常性宣传,各单位要紧紧围绕党中央、国务院和省委、省政府关于加快水利改革发展的目标任务,努力推进水情、水法教育纳入国民素质教育体系和中小学教育课程体系,在今年启动"节水进百校"活动的基础上,充分利用学生社会实践,深化开展"节水宣传进学校、进乡村、进社区、进企业"。积极为乡村和社区提供法律服务,使广大群众进一步了解自身权利和义务,自觉维护水事秩序和社会稳定。加强对各类企事业单位节水型社会建设、取用水管理、河湖水域管理、河道采砂管理、水利工程管理、水土保持、防汛抗旱、水文设施管理等专题的水法规宣传教育活动,增强依法开展水事活动的自觉性。

(3)开展节水大使评选活动。为更好地宣传国情水情和节水知识,促进人们用水消费方式的转变,促进企业节水生产方式的变革,推进节水型社会建设,在全省通过媒体评选和发布,聘任几位有影响的公众人物为节水大使,开展相关水法制宣传。

(4)编辑出版水利法制教育丛书。针对社会公众、青少年学生、水利系统职工、水行政执法人员、领导干部等不同对象,组织力量分别编辑出版《水法规知识读本》、《水事违法典型案例集》、《水政监察培训教材》等系列水法制宣传教育丛书。

(5)举办"水利法制教育大讲堂"。加强重点对象的法制宣传教育,纳入领导干部和公务员理论学习规划和培训教育内容。每年各单位党委(党组)中心组理论学习须有不少于两次的水利法制讲座和研讨;各级水行政主管部门的公务员集中学习须有不少于一次的水利法制讲座;各单位按专业组织相关水法规培训不少于8学时;水利系统所属院校学生须有不少于16学时的水利法制教育课;水利法制宣传教育机构须进入"市民讲堂"进行不少于一次的宣讲。对青少年和市民的水法制宣传教育要注重寓教于乐,提高趣味性、演示性,增强教育效果。

(6)建设"水利法制宣传精品网站"。加强法制宣传阵地建设,切实发挥广播、电视、报刊等传统媒体优势,拓展手机、互联网特别是微博等新型媒体平台,加强水利法制信息交流,重点抓好水利法制宣传网站和专题栏目建设,适时在全省水利系统评选精品网站和专栏,不断提高水利法制宣传的覆盖面和影响力。

(7)建设"水利法治文化研究教育基地"。建立适应不同群体需求的水利法治文化研究、教育、实践基地,增加投入,完善相关设施。要鼓励社会各方力量参与水利法治文化产品创作生产,增加数量,提高质量,加强优秀水利法治文化作品的宣传和推广力度。加强水利法治文化研究,发挥浙江省水文化研究教育中心、中国水利博物馆等载体的作用,挖掘水利法治文化历史,保护水利法治文化遗产,将水利法治文化与水文化建设、与精神文明建设、与治水实践有机融合,扩大水利法治文化的影响力、渗透力和感染力。

(8)组织全省水利系统职工法制知识竞赛和法律知识考试。通过知识竞赛或考试,检验水利法制宣传教育效果,并将法律知识考试(考核)或竞赛成绩作为任职、晋级、奖惩的重要依据。大力探索推进领导干部和公务员特别是水行政执法人员学法用法的有效方法和工作机制。充分利用城市街道、乡村和单位宣传栏、公益广告牌等固定和流动宣传设施,进行水利法制宣传教育。通过举办图片展、文艺演出、研讨会、推进会、商谈会等多种形式,把水利法制宣传和治水实践相结合,贯穿水利建设、改革与管理的全过程,不断加深社会各界特别是管理相对人对水法规的了解和理解,自觉形成尊重法律、崇尚法律、遵守法律的观念。

这些宣传活动的举办又将为学校开展面向社会的水法制、水文化宣传提供广阔的空间,为特色水教育校园文化向中小学、社区、企业、农村辐射创造良好的平台。

2011年世界水日宣传启动中浙江省省长夏宝龙在节水签名墙上签名

三、水文化培训

举办全国水文化知识培训班,将特色水教育辐射至全国水利系统乃至全国。2010年10月20日至24日,由水利部文明办和中国水利文学艺术协会主办,全国首届水文化培训班在华北水利水电学院成功举办,来自全国水利系统的140余名精神文明建设工作者、水文化工作者、行政领导干部和水文化研究爱好者参加了培训,培训效果良好,达到了预期目的。

培训班主要围绕水文化建设的重要意义及主要任务、水文化的内涵与外延、水文化研究的简要历程及成果、人水情缘与和谐水利、河流伦理学的探讨、水文化与水景观等内容进行专家讲座和学习研讨。

培训班体现了四大特点:一是领导重视程度高,水利部文明办、中国水利文学艺术协会和华北水利水电学院党政领导就培训班的筹备多次召开专题会议研究,提出明确要求。二是学员来源广、层次高。学员来自水利部机关各司属、直属单位、各大流域机构、水利厅、设计院、工程管理处、水库管理局、市县水务局、高校研究单位、报刊编辑部等,还有高校学生、中学教师、社会公益人物等,主体是各级党政部门领导,其中厅级干部5人,正处级干部38人,副处级干部38人。三是授课专家教学水平高。他们均是目前我国水文化研究领域一流的专家,他们学识渊博,理论联系实际。四是学员参与积极性高。收到培训通知后各单位报名踊跃,河北、河南、湖北、内蒙古、陕西等厅局还组团参加。

2011年4月18日,全国水利系统基层单位专兼职精神文明建设工作者水文化知识培训班在杭州金川宾馆开班。这次水文化培训班由水利部精神文明建设指导委员会办公室和中国水利文学艺术协会主办,浙江省水利厅协办,浙江水利水电专科学校承办。活动旨在普及水文化的基础知识,发挥全国水利文明单位在水文化建设中的引领和示范作用,进一步提高水利基层单位精神文明专兼职干部水文化建设能力和水平,为实现水利改革发展新跨越提供强有力的文化支撑。

承办水文化培训班,是发挥学校优势的体现。通过对全国水文化工作者的培训,扩大特色水教育校园文化的影响力,使校园文化更好地辐射到水利行业文化建设中。

四、特色水教育基地建设

(一)浙江特色水教育基地组织架构

针对浙江水文化研究教育现状,为了进一步整合资源,形成合力,大力推进水文化的研究教育工作,使水文化研究向深度延伸,水文化建设向广度扩展,水文化教育能够和治水、工程、市场相结合,能够有高度、有品位、出精品,能够为社会各界广泛接受认可,成立水文化研究教育机构显得十分有必要。为此,2010年9月,经浙江省水利厅研究决定,成立了浙江省水文化研究教育委员会,并在浙江水利水电专科学校设立浙江省水文化研究教育中心。浙江省水文化研究教育委员会下设办公室,办公室设在浙江水利水电专科学校,校长兼任办公室主任,并在该校设立浙江省水文化研究教育中心,浙江省水文化研究教育委员会办公室与浙江省水文化研究教育中心合署办公。

浙江省水文化研究教育委员会由省水利厅厅长亲任主任,一位副厅级领导任副主任,成员由水利厅办公室、政策法规处、规划计划处、建设处、水资源与水土保持处、财务审计处、科技外事处、水政处、人事教育处、直属机关党委、围垦局、防指办、监察专员办公室、水库管理总站、河道管理总站、农村水利总站、水电管理中心、水利信息管理中心、中国水利博物馆、浙江同济科技职业学院等20个单位负责人组成。

(二)特色水教育基地职责

1.融社会主义核心价值体系于水文化研究教育之中,举办水文化宣传教育活动,组织水文化教育培训。

社会主义核心价值体系是社会主义制度的内在精神和生命之魂,是社会主义制度在价值层面的本质规定,它揭示了社会主义国家经济、政治、文化、社会的发展动力,体现了富强、民主、文明、和谐的社会主义现代化国家的发展要求,反映了全国各族人民的核心利益和共同愿望。建设社会主义核心价值体系是文化工作的根本任务。坚持以建设社会主义核心价值体系为根本,就必须把建设社会主义核心价值体系摆在水文化宣传教育培训的首要位置,要把社会主义核心价值体系融入水文化宣传教育培训的全过程。

2.组织水文化理论研究,开展水文化学术交流研讨。

大力传承中华水文化,加强水文化的理论研究。要围绕人与水、社会与水、经济与水的关系,从历史地理、风土人情、传统习俗、生活方式、行为规范、思维观念等方面多角度、宽领域、全方位加强水文化研究,构建较为完善的水文化理论体系。当前,要把水文化研究的重点放在关系水利发展的非物质性因素上,包括治水理念、思想认识、制度设计、价值取向等领域,为推进传统水利向现代水利、可持续发展水利转变提供先进文化依托和保障。要紧紧围绕水利发展趋势和存在问题,深入研究水资源与生态环境,社会、经济与水的关系,为人水和谐提供理论支撑;深入研究河流伦理,为维护河流健康生命提供理论支撑;深入研究民生水利的阶段性、差异性和交互性,为推进民生水利提供理论支撑;深入研究水环境与水景观、水利工程与文化的关系,为提升水利工程文化品位提供理论支持;深入研究水利制度和水利行业精神,为完善水利制度文明,推进水利行业理想信念、价值观念、道德规范等思维方式和行为方式的进步提供理论支持。要聚集学术力量,构建水文化研究平台,建立健全有利于理论创新的课题规划、成果评价应用机制,促进水文化研究。

3.收集水文化建设信息,大力提升水利工程的文化内涵和文化品位。

时代赋予水利新的使命、新的内涵。随着我国人民生活水平的不断提高,人们对水工程、水环境在满足除害兴利要求的同时,更加重视其文化功能和愉悦身心的作用。我们要及时收集水文化建设信息,打破传统的思维定式,充分发挥水、河流、水利工程的文化功能,进一步提高水利工程对生态和文化的承载能力。水利建设不仅要承担蓄水抗旱、防洪排涝、供水发电等除害兴利功能,还要体现先进设计理念,展示建筑美学,营造水利景观,承载文化传承功能。要把当地人文风情、河流历史、传统文化等元素融合到水利工程设计中,提升水利工程的文化内涵。要在水利工程建设中注重展现建筑美学,在保障工程安全的基础上,努力使每一处水利工程都成为独具风格的水利建筑精品,成为展现先进施工工艺和现代管理水平的典范,实现水、水工程与水生态、水环境、水景观的有机结合,实现水利与园林、防洪与生态、亲水与安全的有机结合。展现现代水利建设的文化内涵,彰显水利工程的文化功能。实际上,文化塑造景观,景观反映文化,优美、壮丽、独特的水域景观是优秀水文化的源泉,以治水安邦、除害兴利为主的水工程,集哲理性、科学性和艺术性于一体,客观上表现了该工程文化内涵的深浅,也无不流露着工程策划者、设计者、建造者的审美观念、文化修养和实际水平,它是人们对自然的认识改造和开发利用的成果,是劳动人民辛勤与智慧的结晶,是历史与现实、科学与进步的高度文化积累,是重要的景观资源和水文化的有效载体。

4.推广水文化研究成果,整理挖掘传统水文化遗产,建立并发布全省水文化教育基地。

2005年国务院颁发的关于加强文化遗产保护的通知指出:"加强文化遗产保护刻不容缓。地方各级人民政府和有关部门要从对国家和历史负责的高度,从维护国家文化安全的高度,充分认识保护文化遗产的重要性,进一步增强责任感和紧迫感,切实做好文化遗产保护工作。"

伴随着我国几千年社会进步而发展的水利事业,是我国光辉灿烂的文化遗产的重要组成部分,其中蕴含着许多成功的经验和失败的教训。既然人类与自然的关系并没有发生根本性的改变,它就必然对今天水利的宏观问题的认识有重要的借鉴价值。中国的水利融合了中国特有的自然地理特点和注入坚忍不拔的民族精神,合理保护和利用古代水利遗产是我们的责任。以史鉴今,今天的水利人需要从我国深厚的历史文化积淀中去发掘和吸收未来水利发展的思想营养。

附　　录

附录 A

中共中央关于"深化文化体制改革 推动社会主义文化大发展大繁荣"若干重大问题的决定

（2011 年 10 月 18 日中国共产党第十七届中央委员会第六次全体会议通过）

中国共产党第十七届中央委员会第六次全体会议全面分析形势和任务，认为总结我国文化改革发展的丰富实践和宝贵经验，研究部署深化文化体制改革、推动社会主义文化大发展大繁荣，进一步兴起社会主义文化建设新高潮，对夺取全面建设小康社会新胜利、开创中国特色社会主义事业新局面、实现中华民族伟大复兴具有重大而深远的意义。全会作出如下决定。

一、充分认识推进文化改革发展的重要性和紧迫性，更加自觉、更加主动地推动社会主义文化大发展大繁荣

文化是民族的血脉，是人民的精神家园。在我国五千多年文明发展历程中，各族人民紧密团结、自强不息，共同创造源远流长、博大精深的中华文化，为中华民族发展壮大提供了强大精神力量，为人类文明进步作出了不可磨灭的重大贡献。

中国共产党从成立之日起，就既是中华优秀传统文化的忠实传承者和弘扬者，又是中国先进文化的积极倡导者和发展者。我们党历来高度重视运用文化引领前进方向、凝聚奋斗力量，团结带领全国各族人民不断以思想文化新觉醒、理论创造新成果、文化建设新成就推动党和人民事业向前发展，文化工作在革命、建设、改革各个历史时期都发挥了不可替代的重大作用。

改革开放特别是党的十六大以来，我们党始终把文化建设放在党和国家全局工作重要战略地位，坚持物质文明和精神文明两手抓，实行依法治国和以德治国相结合，促进文化事业和文化产业同发展，推动文化建设不断取得新成就，走出了中国特色社会主义文化发展道路。我们坚持解放思想、实事求是、与时俱进，不断推进马克思主义中国化时代化大众化，形成和发展了中国特色社会主义理论体系，为开辟和拓展中国特色社会主义道路、确立和完善中国特色社会主义制度提供了科学理论指导；坚持推进社会主义核心价值体系建设，用马克思主义中国化最新成果武装全党、教育人民，用中国特色社会主义共同理想凝聚力量，用以爱国主义为核心的民族精神和以改革创新为核心的时代精神鼓舞斗志,用社会主义荣辱观引领风尚,巩固了全党全国各族人民团结奋斗的共同思想道德基础;坚持为人民服务、为社会主义服务的方向和百花齐放、百家争鸣的方针,发扬广大人民群众和文化工作者的创造精神,推动优秀文化产品大量涌现,丰富了人民精神文化生活;坚持推进文化体制改革,创新文化发展理念,解放和发展文化生产力,推动文化事业全面繁荣、文化产业健康发展,大幅度提高了人民基本文化权益保障水平,大幅度提高了文化在经济社会发展中的地位和作用;坚持发展多层次、宽领域对外文化交流格局,借鉴吸收人类优秀文明成果,实施文化走出去战略,不断增强中华文化国际影响力,向世界展示了我国改革开放的崭新形象和我国人民昂扬向上的精神风貌。我国文化改革发展,显著提高了全民族思想道德素质和科学文化素质、促进了人的全面发展,显著增强了国家文化软实力,为坚持和发展中国特色社会主义提供了强大精神力量。

当今世界正处在大发展大变革大调整时期,世界多极化、经济全球化深入发展,科学技术日新月异,各种思想文化交流交融交锋更加频繁,文化在综合国力竞争中的地位和作用更加凸显,维护国家文化安全任务更加艰巨,增强国家文化软实力、中华文化国际影响力要求更加紧迫。当代中国进入了全面建设小康社会的关键时期和深化改革开放、加快转变经济发展方式的攻坚时期,文化越来越成为民族凝聚力和创造力的重要源泉、越来越成为综合国力竞争的重要因素、越来越成为经济社会发展的重要支撑,丰富精神文化生活越来越成为我国人民的热切愿望。我国仍处于并将长期处于社会主义初级阶段,人民日益增长的物质文化需要同落后的社会生产之间的矛盾仍然是社会主要矛盾。全面建成惠及十几亿人口的更高水平的小康社会,既要让人民过上实实富足的物质生活,又要让人民享有健康丰富的文化生活。我们必须抓住和用好我国发展的重要战略机遇期,在坚持以经济建设为中心的同时,自觉把文化繁荣发展作为坚持发展是硬道理、发展是党执政兴国第一要务的重要内容,作为深入贯彻落实科学发展观的一个基本要求,进一步推动文化建设与经济建设、政治建设、社会建设以及生态文明建设协调发展,更好满足人民精神需求、丰富人民精神世界、增强人民精神力量,为继续解放思想、坚持改革开放、推动科学发展、促进社会和谐提供坚强思想保证、强大精神动力、有力舆论支持、良好文化条件。

我国文化领域正在发生广泛而深刻的变革,推动文化大发展大繁荣既具备许多有利条件,也面临一系列新情况新问题。我国文化发展同经济社会发展和人民日益增长的精神文化需求还不完全适应,突出矛盾和问题主要是:一些地方和单位对文化建设重要性、必要性、紧迫性认识不够,文化在推动全民族文明素质提高中的作用亟待加强;一些领域道德失范、诚信缺失,一些社会成员人生观、价值观扭曲,用社会主义核心价值体系引领社会思潮更为紧迫,巩固全党全国各族人民团结奋斗的共同思想道德基础任务繁重;舆论引导能力需要提高,网络建设和管理亟待加强和改进;有影响的精品力作还不够多,文化产品创作生产引导力度需要加大;公共文化服务体系不健全,城乡、区域文化发展不平衡;文化产业规模不大、结构不合理,束缚文化生产力发展的体制机制问题尚未根本解决;文化走出去较为薄弱,中华文化国际影响力需要进一步增强;文化人才队伍建设急需加强。推进文化改革发展,必须抓紧解决这些矛盾和问题。

全党必须深刻认识到,社会主义先进文化是马克思主义政党思想精神上的旗帜,文化建设是中国特色社会主义事业总体布局的重要组成部分。没有文化的积极引领,没有人民精神世界的极大丰富,没有全民族精神力量的充分发挥,一个国家、一个民族不可能屹立于世界民族之林。物质贫乏不是社会主义,精神空虚也不是社会主义。没有社会主义文化繁荣发展,就没有社会主义现代化。在新的历史起点上深化文化体制改革、推动社会主义文化大发展大繁荣,关系实现全面建设小康社会奋斗目标,关系坚持和发展中国特色社会主义,关系实现中华民族伟大复兴。我们要准确把握我国经济社会发展新要求,准确把握当今时代文化发展新趋势,准确把握各族人民精神文化生活新期待,增强责任感和紧迫感,解放思想,转变观念,抓住机遇,乘势而上,在全面建设小康社会进程中、在科学发展道路上奋力开创社会主义文化建设新局面。

二、坚持中国特色社会主义文化发展道路,努力建设社会主义文化强国

坚持中国特色社会主义文化发展道路,深化文化体制改革,推动社会主义文化大发展大繁荣,必须全面贯彻党的十七大精神,高举中国特色社会主义伟大旗帜,以马克思列宁主义、毛泽东思想、邓小平理论和"三个代表"重要思想为指导,深入贯彻落实科学发展观,坚持社会主义先进文化前进方向,以科学发展为主题,以建设社会主义核心价值体系为根本任务,以满足人民精神文化需求为出发点和落脚点,以改革创新为动力,发展面向现代化、面向世界、面向未来的,民族的科学的大众的社会主义文化,培养高度的文化自觉和文化自信,提高全民族文明素质,增强国家文化软实力,弘扬中华文化,努力建设社会主义文化强国。

建设社会主义文化强国,就是要着力推动社会主义先进文化更加深入人心,推动社会主义精神文明和物质文明全面发展,不断开创全民族文化创造活力持续迸发、社会文化生活更加丰富多彩、人民基本文化权益得到更好保障、人民思想道德素质和科学文化素质全面提高的新局面,建设中华民族共有精神家园,为人类文明进步作出更大贡献。

按照实现全面建设小康社会奋斗目标新要求,到二○二○年,文化改革发展奋斗目标是:社会主义核心价值体系建设深入推进,良好思想道德风尚进一步弘扬,公民素质明显提高;适应人民需要的文化产品更加丰富,精品力作不断涌现;文化事业全面繁荣,覆盖全社会的公共文化服务体系基本建立,努力实现基本公共文化服务均等化;文化产业成为国民经济支柱性产业,整体实力和国际竞争力显著增强,公有制为主体、多种所有制共同发展的文化产业格局全面形成;文化管理体制和文化产品生产经营机制充满活力、富有效率,以民族文化为主体、吸收外来有益文化、推动中华文化走向世界的文化开放格局进一步完善;高素质文化人才队伍发展壮大,文化繁荣发展的人才保障更加有力。全党全国要为实现这些目标共同努力,不断提高文化建设科学化水平,为把我国建设成为社会主义文化强国打下坚实基础。

实现上述奋斗目标,必须遵循以下重要方针:

——坚持以马克思主义为指导,推进马克思主义中国化时代化大众化,用中国特色社会主义理论体系武装头脑、指导实践、推动工作,确保文化改革发展沿着正确道路前进。

——坚持社会主义先进文化前进方向,坚持为人民服务、为社会主义服务,坚持百花齐放、百家争鸣,坚持继承和创新相统一,弘扬主旋律、提倡多样化,以科学的理论武装人,以正确的舆论引导人,以高尚的精神塑造人,以优秀的作品鼓舞人,在全社会形成积极向上的精神追求和健康文明的生活方式。

——坚持以人为本,贴近实际、贴近生活、贴近群众,发挥人民在文化建设中的主体作用,坚持文化发展为了人民、文化发展依靠人民、文化发展成果由人民共享,促进人的全面发展,培育有理想、有道德、有文化、有纪律的社会主义公民。

——坚持把社会效益放在首位,坚持社会效益和经济效益有机统一,遵循文化发展规律,适应社会主义市场经济发展要求,加强文化法制建设,一手抓繁荣、一手抓管理,推动文化事业和文化产业全面协调可持续发展。

——坚持改革开放,着力推进文化体制机制创新,以改革促发展、促繁荣,不断解放和发展文化生产力,提高文化开放水平,推动中华文化走向世界,积极吸收各国优秀文明成果,切实维护国家文化安全。

三、推进社会主义核心价值体系建设,巩固全党全国各族人民团结奋斗的共同思想道德基础

社会主义核心价值体系是兴国之魂,是社会主义先进文化的精髓,决定着中国特色社会主义发展方向。必须强化教育引导,增进社会共识,创新方式方法,健全制度保障,把社会主义核心价值体系融入国民教育、精神文明建设和党的建设全过程,贯穿改革开放和社会主义现代化建设各领域,体现到精神文化产品创作生产传播各方面,坚持用社会主义核心价值体系引领社会思潮,在全党全社会形成统一指导思想、共同理想信念、强大精神力量、基本道德规范。

(一)坚持马克思主义指导地位。马克思主义深刻揭示了人类社会发展规律,坚定维护和发展最广大人民根本利益,是指引人民推动社会进步、创造美好生活的科学理论。要毫不动摇地坚持马克思主义基本原理,紧密结合中国实际、时代特征、人民愿望,用发展着的马克思主义指导新的实践。坚持不懈用中国特色社会主义理论体系武装全党、教育人民,推动学习实践科学发展观向深度和广度拓展,引导党员、干部深入学习贯彻党的基本理论、基本路线、基本纲领、基本经验,学习马克思主义经典著作,系统掌握马克思主义立场、观点、方法。科学分析世情、国情、党情新变化,深入研究解决改革开放和社会主义现代化建设新课题,不断深化对共产党执政规律、社会主义建设规律、人类社会发展规律的认识,不断把党带领人民创造的成功经验上升为理论,不断赋予当代中国马克思主义鲜明的实践特色、民族特色、时代特色。坚持以领导班子和领导干部为重点,以提高思想政治素养为根本,以建设学习型党组织为抓手,大力推进马克思主义学习型政党建设。深入推进马克思主义理论研究和建设工程,实施中国特色社会主义理论体系普及计划,加强重点学科体系和教材体系建设,推动中国特色社会主义理论体系进教材、进课堂、进头脑,加强和改进学校思想政治教育。

(二)坚定中国特色社会主义共同理想。中国特色社会主义是当代中国发展进步的根本方向,集中体现了最广大人民根本利益和共同愿望。要深入开展理想信念教育,引导干部群众深刻认识中国共产党领导和中国特色社会主义制度的历史必然性和优越性,深刻认识中国特色社会主义道路既是实现社会主义现代化和中华民族伟大复兴的必由之路,也是创造人民美好生活的必由之路,自觉把个人理想融入中国特色社会主义共同理想之中,最大限度把广大人民团结和凝聚在中国特色社会主义伟大旗帜之下。紧密结合中国特色社会主义成功实践,联系干部群众思想实际,针对社会热点难点问题,从理论和实践结合上作出有说服力的回答,引导干部群众在重大思想理论问题上划清是非界限、澄清模糊认识,有力抵制各种错误和腐朽思想影响。深入开展形势政策教育、国情教育、革命传统教育、改革开放教育、国防教育,组织学习中国近现代史特别是党领导人民进行革命、建设、改革的历史,坚定广大干部群众对中国特色社会主义的信心和信念。

（三）弘扬以爱国主义为核心的民族精神和以改革创新为核心的时代精神。爱国主义是中华民族最深厚的思想传统，最能感召中华儿女团结奋斗；改革创新是当代中国最鲜明的时代特征，最能激励中华儿女锐意进取。要广泛开展民族精神教育，大力弘扬爱国主义、集体主义、社会主义思想，增强民族自尊心、自信心、自豪感，激励人民把爱国热情化作振兴中华的实际行动，以热爱祖国和贡献自己全部力量建设祖国为最大光荣、以损害祖国利益和尊严为最大耻辱。广泛开展时代精神教育，引导干部群众始终保持与时俱进、开拓创新的精神状态，永不自满、永不僵化、永不停滞，以思想不断解放推动事业持续发展。大力弘扬一切有利于国家富强、民族振兴、人民幸福、社会和谐的思想和精神，大力发扬艰苦奋斗、劳动光荣、勤俭节约的优良传统。加强民族团结进步教育，增进对伟大祖国和中华民族的认同，促进各民族共同团结奋斗、共同繁荣发展。加强爱国主义教育基地建设，用好红色旅游资源，使之成为弘扬培育民族精神和时代精神的重要课堂。

（四）树立和践行社会主义荣辱观。社会主义荣辱观体现了社会主义道德的根本要求。要深入开展社会主义荣辱观宣传教育，弘扬中华传统美德，推进公民道德建设工程，加强社会公德、职业道德、家庭美德、个人品德教育，评选表彰道德模范，学习宣传先进典型，引导人民增强道德判断力和道德荣誉感，自觉履行法定义务、社会责任、家庭责任，在全社会形成知荣辱、讲正气、作奉献、促和谐的良好风尚。深化群众性精神文明创建活动，广泛开展志愿服务，拓展各类道德实践活动，倡导爱国、敬业、诚信、友善等道德规范，形成男女平等、尊老爱幼、扶贫济困、扶弱助残、礼让宽容的人际关系。全面加强学校德育体系建设，构建学校、家庭、社会紧密协作的教育网络，动员社会各方面共同做好青少年思想道德教育工作。深入开展学雷锋活动，采取措施推动学习活动常态化。深化政风、行风建设，开展道德领域突出问题专项教育和治理，坚决反对拜金主义、享乐主义、极端个人主义，坚决纠正以权谋私、造假欺诈、见利忘义、损人利己的歪风邪气。把诚信建设摆在突出位置，大力推进政务诚信、商务诚信、社会诚信和司法公信建设，抓紧建立健全覆盖全社会的征信系统，加大对失信行为惩戒力度，在全社会广泛形成守信光荣、失信可耻的氛围。加强法制宣传教育，弘扬社会主义法治精神，树立社会主义法治理念，提高全民法律素质，推动人人学法遵法守法用法，维护法律权威和社会公平正义。加强人文关怀和心理疏导，培育自尊自信、理性平和、积极向上的社会心态。弘扬科学精神，普及科学知识，倡导移风易俗、抵制封建迷信。深入开展反腐倡廉教育，推进廉政文化建设。

四、全面贯彻"二为"方向和"双百"方针，为人民提供更好更多的精神食粮

创作生产更多无愧于历史、无愧于时代、无愧于人民的优秀作品，是文化繁荣发展的重要标志。必须全面贯彻为人民服务、为社会主义服务的方向和百花齐放、百家争鸣的方针，立足发展先进文化、建设和谐文化，激发文化创作生产活力，提高文化产品质量，发挥文化引领风尚、教育人民、服务社会、推动发展的作用。

（一）坚持正确创作方向。正确创作方向是文化创作生产的根本性问题，一切进步的文化创作生产都源于人民、为了人民、属于人民。必须牢固树立人民是历史创造者的观点，坚持以人民为中心的创作导向，热情讴歌改革开放和社会主义现代化建设伟大实践，生动展示我国人民奋发有为的精神风貌和创造历史的辉煌业绩。要引导文化工作者牢记为人民服务、为社会主义服务的神圣职责，坚持正确文化立场，认真对待和积极追求文化产品社会效果，弘扬真善美，贬斥假恶丑，把学术探索和艺术创作融入实现中华民族伟大复兴的事业之中。坚持发扬学术民主、艺术民主,营造积极健康、宽松和谐的氛围,提倡不同观点和学派充分讨论,提倡体裁、题材、形式、手段充分发展,推动观念、内容、风格、流派积极创新。把创新精神贯穿文化创作生产全过程,弘扬民族优秀文化传统和五四运动以来形成的革命文化传统,学习借鉴国外文化创新有益成果,兼收并蓄、博采众长,增强文化产品时代感和吸引力。

(二)繁荣发展哲学社会科学。坚持和发展中国特色社会主义,必须大力发展哲学社会科学,使之更好发挥认识世界、传承文明、创新理论、咨政育人、服务社会的重要功能。要巩固发展马克思主义理论学科,坚持基础研究和应用研究并重,传统学科和新兴学科、交叉学科并重,结合我国实际和时代特点,建设具有中国特色、中国风格、中国气派的哲学社会科学。坚持以重大现实问题为主攻方向,加强对全局性、战略性、前瞻性问题研究,加快哲学社会科学成果转化,更好服务经济社会发展。实施哲学社会科学创新工程,发挥国家哲学社会科学基金示范引导作用,推进学科体系、学术观点、科研方法创新,重点扶持立足中国特色社会主义实践的研究项目,着力推出代表国家水准、具有世界影响、经得起实践和历史检验的优秀成果。整合哲学社会科学研究力量,建设一批社会科学研究基地和国家重点实验室,建设一批具有专业优势的思想库,加强哲学社会科学信息化建设。

(三)加强和改进新闻舆论工作。舆论导向正确是党和人民之福,舆论导向错误是党和人民之祸。要坚持马克思主义新闻观,牢牢把握正确导向,坚持团结稳定鼓劲、正面宣传为主,壮大主流舆论,提高舆论引导的及时性、权威性和公信力、影响力,发挥宣传党的主张、弘扬社会正气、通达社情民意、引导社会热点、疏导公众情绪、搞好舆论监督的重要作用,保障人民知情权、参与权、表达权、监督权。以党报党刊、通讯社、电台电视台为主,整合都市类媒体、网络媒体等宣传资源,构建统筹协调、责任明确、功能互补、覆盖广泛、富有效率的舆论引导格局。加强和改进正面宣传,加强社会主义核心价值体系宣传,加强舆情分析研判,加强社会热点难点问题引导,从群众关注点入手,科学解疑释惑,有效凝聚共识。做好重大突发事件新闻报道,完善新闻发布制度,健全应急报道和舆论引导机制,提高时效性,增加透明度。加强和改进舆论监督,推动解决党和政府高度重视、群众反映强烈的实际问题,维护人民利益,密切党群关系,促进社会和谐。新闻媒体和新闻工作者要秉持社会责任和职业道德,真实准确传播新闻信息,自觉抵制错误观点,坚决杜绝虚假新闻。

(四)推出更多优秀文艺作品。文学、戏剧、电影、电视、音乐、舞蹈、美术、摄影、书法、曲艺、杂技以及民间文艺、群众文艺等各领域文艺工作者都要积极投身到讴歌时代和人民的文艺创造活动之中,在社会生活中汲取素材、提炼主题,以充沛的激情、生动的笔触、优美的旋律、感人的形象,创作生产出思想性艺术性观赏性相统一、人民喜闻乐见的优秀文艺作品。实施精品战略,组织好“五个一工程”、重大革命和历史题材创作工程、重点文学艺术作品扶持工程、优秀少儿作品创作工程,鼓励原创和现实题材创作,不断推出文艺精品。扶持代表国家水准、具有民族特色和地方特色的优秀艺术品种,积极发展新的艺术样式。鼓励一切有利于陶冶情操、愉悦身心、寓教于乐的文艺创作,抵制低俗之风。

(五)发展健康向上的网络文化。加强网上思想文化阵地建设,是社会主义文化建设的迫切任务。要认真贯彻积极利用、科学发展、依法管理、确保安全的方针,加强和改进网络文化建设和管理,加强网上舆论引导,唱响网上思想文化主旋律。实施网络内容建设工程,推动优秀传统文化瑰宝和当代文化精品网络传播,制作适合互联网和手机等新兴媒体传播的精品佳作,鼓励网民创作格调健康的网络文化作品。支持重点新闻网站加快发展,打造一批在国内外有较强影响力的综合性网站和特色网站,发挥主要商业网站建设性作用,培育一批网络内容生产和服务骨干企业。发展网络新技术新业态,占领网络信息传播制高点。广泛开展文明网站创建,推动文明办网、文明上网,督促网络运营服务企业履行法律义务和社会责任,不为有害信息提供传播渠道。加强网络法制建设,加快形成法律规范、行政监管、行业自律、技术保障、公众监督、社会教育相结合的互联网管理体系。加强对社交网络和即时通信工具等的引导和管理,规范网上信息传播秩序,培育文明理性的网络环境。依法惩处传播有害信息行为,深入推进整治网络淫秽色情和低俗信息专项行动,严厉打击网络违法犯罪。加大网上个人信息保护力度,建立网络安全评估机制,维护公共利益和国家信息安全。

(六)完善文化产品评价体系和激励机制。坚持把遵循社会主义先进文化前进方向、人民群众满意作为评价作品最高标准,把群众评价、专家评价和市场检验统一起来,形成科学的评价标准。要建立公开、公平、公正评奖机制,精简评奖种类,改进评奖办法,提高权威性和公信度。加强文艺理论建设,培养高素质文艺评论队伍,开展积极健康的文艺批评,褒优贬劣,激浊扬清。加大优秀文化产品推广力度,运用主流媒体、公共文化场所等资源,在资金、频道、版面、场地等方面为展演展映展播展览弘扬主流价值的精品力作提供条件。设立专项艺术基金,支持收藏和推介优秀文化作品。加大知识产权保护力度,依法惩处侵权行为,维护著作权人合法权益。

五、大力发展公益性文化事业,保障人民基本文化权益

满足人民基本文化需求是社会主义文化建设的基本任务。必须坚持政府主导,按照公益性、基本性、均等性、便利性的要求,加强文化基础设施建设,完善公共文化服务网络,让群众广泛享有免费或优惠的基本公共文化服务。

(一)构建公共文化服务体系。加强公共文化服务是实现人民基本文化权益的主要途径。要以公共财政为支撑,以公益性文化单位为骨干,以全体人民为服务对象,以保障人民群众看电视、听广播、读书看报、进行公共文化鉴赏、参与公共文化活动等基本文化权益为主要内容,完善覆盖城乡、结构合理、功能健全、实用高效的公共文化服务体系。把主要公共文化产品和服务项目、公益性文化活动纳入公共财政经常性支出预算。采取政府采购、项目补贴、定向资助、贷款贴息、税收减免等政策措施鼓励各类文化企业参与公共文化服务。鼓励国家投资、资助或拥有版权的文化产品无偿用于公共文化服务。加强文化馆、博物馆、图书馆、美术馆、科技馆、纪念馆、工人文化宫、青少年宫等公共文化服务设施和爱国主义教育示范基地建设并完善向社会免费开放服务,鼓励其他国有文化单位、教育机构等开展公益性文化活动,各类公共场所要为群众性文化活动提供便利。统筹规划和建设基层公共文化服务设施,坚持项目建设和运行管理并重,实现资源整合、共建共享。加强社区公共文化设施建设,把社区文化中心建设纳入城乡规划和设计,拓展投资渠道。完善面向妇女、未成年人、老年人、残疾人的公共文化服务设施。引导和鼓励社会力量通过兴办实体、资助项目、赞助活动、提供设施等形式参与公共文化服务。推进国家公共文化服务体系示范区创建。制定公共文化服务指标体系和绩效考核办法。

(二)发展现代传播体系。提高社会主义先进文化辐射力和影响力,必须加快构建技术先进、传输快捷、覆盖广泛的现代传播体系。要加强党报党刊、通讯社、电台电视台和重要出版社建设,进一步完善采编、发行、播发系统,加快数字化转型,扩大有效覆盖面。加强国际传播能力建设,打造国际一流媒体,提高新闻信息原创率、首发率、落地率。建立统一联动、安全可靠的国家应急广播体系。完善国家数字图书馆建设。整合有线电视网络,组建国家级广播电视网络公司。推进电信网、广电网、互联网三网融合,建设国家新媒体集成播控平台,创新业务形态,发挥各类信息网络设施的文化传播作用,实现互联互通、有序运行。

（三）建设优秀传统文化传承体系。优秀传统文化凝聚着中华民族自强不息的精神追求和历久弥新的精神财富,是发展社会主义先进文化的深厚基础,是建设中华民族共有精神家园的重要支撑。要全面认识祖国传统文化,取其精华、去其糟粕,古为今用、推陈出新,坚持保护利用、普及弘扬并重,加强对优秀传统文化思想价值的挖掘和阐发,维护民族文化基本元素,使优秀传统文化成为新时代鼓舞人民前进的精神力量。加强文化典籍整理和出版工作,推进文化典籍资源数字化。加强国家重大文化和自然遗产地、重点文物保护单位、历史文化名城名镇名村保护建设,抓好非物质文化遗产保护传承。深入挖掘民族传统节日文化内涵,广泛开展优秀传统文化教育普及活动。发挥国民教育在文化传承创新中的基础性作用,增加优秀传统文化课程内容,加强优秀传统文化教学研究基地建设。大力推广和规范使用国家通用语言文字,科学保护各民族语言文字。繁荣发展少数民族文化事业,开展少数民族特色文化保护工作,加强少数民族语言文字党报党刊、广播影视节目、出版物等译制播出出版。加强同香港、澳门的文化交流合作,加强同台湾的各种形式文化交流,共同弘扬中华优秀传统文化。

（四）加快城乡文化一体化发展。增加农村文化服务总量,缩小城乡文化发展差距,对推进社会主义新农村建设、形成城乡经济社会发展一体化新格局具有重大意义。要以农村和中西部地区为重点,加强县级文化馆和图书馆、乡镇综合文化站、村文化室建设,深入实施广播电视村村通、文化信息资源共享、农村电影放映、农家书屋等文化惠民工程,扩大覆盖、消除盲点、提高标准、完善服务、改进管理。加大对革命老区、民族地区、边疆地区、贫困地区文化服务网络建设支持和帮扶力度。深入开展全民阅读、全民健身活动,推动文化科技卫生"三下乡"、科教文体法律卫生"四进社区"、"送欢乐下基层"等活动经常化。引导企业、社区积极开展面向农民工的公益性文化活动,尽快把农民工纳入城市公共文化服务体系。建立以城带乡联动机制,合理配置城乡文化资源,鼓励城市对农村进行文化帮扶,把支持农村文化建设作为创建文明城市基本指标。鼓励文化单位面向农村提供流动服务、网点服务,推动媒体办好农村版和农村频率频道,做好主要党报党刊在农村基层发行和赠阅工作。扶持文化企业以连锁方式加强基层和农村文化网点建设,推动电影院线、演出院线向市县延伸,支持演艺团体深入基层和农村演出。中央、省、市三级设立农村文化建设专项资金,保证一定数量的中央转移支付资金用于乡镇和村文化建设。

六、加快发展文化产业,推动文化产业成为国民经济支柱性产业

发展文化产业是社会主义市场经济条件下满足人民多样化精神文化需求的重要途径。必须坚持社会主义先进文化前进方向,坚持把社会效益放在首位、社会效益和经济效益相统一,按照全面协调可持续的要求,推动文化产业跨越式发展,使之成为新的经济增长点、经济结构战略性调整的重要支点、转变经济发展方式的重要着力点,为推动科学发展提供重要支撑。

（一）构建现代文化产业体系。加快发展文化产业,必须构建结构合理、门类齐全、科技含量高、富有创意、竞争力强的现代文化产业体系。要在重点领域实施一批重大项目,推进文化产业结构调整,发展壮大出版发行、影视制作、印刷、广告、演艺、娱乐、会展等传统文产业,加快发展文化创意、数字出版、移动多媒体、动漫游戏等新兴文化产业。鼓励有实力的文化企业跨地区、跨行业、跨所有制兼并重组,培育文化产业领域战略投资者。优化文化产业布局,发挥东中西部地区各自优势,加强文化产业基地规划和建设,发展文化产业集群,提高文化产业规模化、集约化、专业化水平。加大对拥有自主知识产权、弘扬民族优秀文化的产业支持力度,打造知名品牌。发掘城市文化资源,发展特色文化产业,建设特色文化城市。发挥首都全国文化中心示范作用。规划建设各具特色的文化创业创意园区,支持中小文化企业发展。推动文化产业与旅游、体育、信息、物流、建筑等产业融合发展,增加相关产业文化含量,延伸文化产业链,提高附加值。

(二)形成公有制为主体、多种所有制共同发展的文化产业格局。加快发展文化产业,必须毫不动摇地支持和壮大国有或国有控股文化企业,毫不动摇地鼓励和引导各种非公有制文化企业健康发展。要培育一批核心竞争力强的国有或国有控股大型文化企业或企业集团,在发展产业和繁荣市场方面发挥主导作用。在国家许可范围内,引导社会资本以多种形式投资文化产业,参与国有经营性文化单位转企改制,参与重大文化产业项目实施和文化产业园区建设,在投资核准、信用贷款、土地使用、税收优惠、上市融资、发行债券、对外贸易和申请专项资金等方面给予支持,营造公平参与市场竞争、同等受到法律保护的体制和法制环境。加强和改进对非公有制文化企业的服务和管理,引导他们自觉履行社会责任。

(三)推进文化科技创新。科技创新是文化发展的重要引擎。要发挥文化和科技相互促进的作用,深入实施科技带动战略,增强自主创新能力。抓住一批全局性、战略性重大科技课题,加强核心技术、关键技术、共性技术攻关,以先进技术支撑文化装备、软件、系统研制和自主发展,重视相关技术标准制定,加快科技创新成果转化,提高我国出版、印刷、传媒、影视、演艺、网络、动漫等领域技术装备水平,增强文化产业核心竞争力。依托国家高新技术园区、国家可持续发展实验区等建立国家级文化和科技融合示范基地,把重大文化科技项目纳入国家相关科技发展规划和计划。健全以企业为主体、市场为导向、产学研相结合的文化技术创新体系,培育一批特色鲜明、创新能力强的文化科技企业,支持产学研战略联盟和公共服务平台建设。

(四)扩大文化消费。增加文化消费总量,提高文化消费水平,是文化产业发展的内生动力。要创新商业模式,拓展大众文化消费市场,开发特色文化消费,扩大文化服务消费,提供个性化、分众化的文化产品和服务,培育新的文化消费增长点。提高基层文化消费水平,引导文化企业投资兴建更多适合群众需求的文化消费场所,鼓励出版适应群众购买能力的图书报刊,鼓励在商业演出和电影放映中安排一定数量的低价场次或门票,鼓励网络文化运营商开发更多低收费业务,有条件的地方要为困难群众和农民工文化消费提供适当补贴。积极发展文化旅游,促进非物质文化遗产保护传承与旅游相结合,发挥旅游对文化消费的促进作用。

七、进一步深化改革开放,加快构建有利于文化繁荣发展的体制机制

文化引领时代风气之先,是最需要创新的领域。必须牢牢把握正确方向,加快推进文化体制改革,建立健全党委领导、政府管理、行业自律、社会监督、企事业单位依法运营的文化管理体制和富有活力的文化产品生产经营机制,发挥市场在文化资源配置中的积极作用,创新文化走出去模式,为文化繁荣发展提供强大动力。

(一)深化国有文化单位改革。以建立现代企业制度为重点,加快推进经营性文化单位改革,培育合格市场主体。科学界定文化单位性质和功能,区别对待、分类指导、循序渐进、逐步推开,推进一般国有文艺院团、非时政类报刊社、新闻网站转企改制,拓展出版、发行、影视企业改革成果,加快公司制股份制改造,完善法人治理结构,形成符合现代企业制度要求、体现文化企业特点的资产组织形式和经营管理模式。创新投融资体制,支持国有文化企业面向资本市场融资,支持其吸引社会资本进行股份制改造。着眼于突出公益属性、强化服务功能、增强发展活力,全面推进文化事业单位人事、收入分配、社会保障制度改革,明确服务规范,加强绩效评估考核。创新公共文化服务设施运行机制,吸纳有代表性的社会人士、专业人士、基层群众参与管理。推动党报党刊、电台电视台进一步完善管理和运行机制。推动一般时政类报刊社、公益性出版社、代表民族特色和国家水准的文艺院团等事业单位实行企业化管理,增强面向市场、面向群众提供服务能力。

(二)健全现代文化市场体系。促进文化产品和要素在全国范围内合理流动,必须构建统一开放竞争有序的现代文化市场体系。要重点发展图书报刊、电子音像制品、演出娱乐、影视剧、动漫游戏等产品市场,进一步完善中国国际文化产业博览交易会等综合交易平台。发展连锁经营、物流配送、电子商务等现代流通组织和流通形式,加快建设大型文化流通企业和文化产品物流基地,构建以大城市为中心、中小城市相配套、贯通城乡的文化产品流通网络。加快培育产权、版权、技术、信息等要素市场,办好重点文化产权交易所,规范文化资产和艺术品交易。加强行业组织建设,健全中介机构。

(三)创新文化管理体制。深化文化行政管理体制改革,加快政府职能转变,强化政策调节、市场监管、社会管理、公共服务职能,推动政企分开、政事分开,理顺政府和文化企事业单位关系。完善管人管事管资产管导向相结合的国有文化资产管理体制。健全文化市场综合行政执法机构,推动副省级以下城市完善综合文化行政责任主体。加快文化立法,制定和完善公共文化服务保障、文化产业振兴、文化市场管理等方面法律法规,提高文化建设法制化水平。坚持主管主办制度,落实谁主管谁负责和属地管理原则,严格执行文化资本、文化企业、文化产品市场准入和退出政策,综合运用法律、行政、经济、科技等手段提高管理效能。深入开展"扫黄打非",完善文化市场管理,坚决扫除毒害人们心灵的腐朽文化垃圾,切实营造确保国家文化安全的市场秩序。

(四)完善政策保障机制。保证公共财政对文化建设投入的增长幅度高于财政经常性收入增长幅度,提高文化支出占财政支出比例。扩大公共财政覆盖范围,完善投入方式,加强资金管理,提高资金使用效益,保障公共文化服务体系建设和运行。落实和完善文化经济政策,支持社会组织、机构、个人捐赠和兴办公益性文化事业,引导文化非营利机构提供公共文化产品和服务。加大财政、税收、金融、用地等方面对文化产业的政策扶持力度,鼓励文化企业和社会资本对接,对文化内容创意生产、非物质文化遗产项目经营实行税收优惠。设立国家文化发展基金,扩大有关文化基金和专项资金规模,提高各级彩票公益金用于文化事业比重。继续执行文化体制改革配套政策,对转企改制国有文化单位扶持政策执行期限再延长五年。

(五)推动中华文化走向世界。开展多渠道多形式多层次对外文化交流,广泛参与世界文明对话,促进文化相互借鉴,增强中华文化在世界上的感召力和影响力,共同维护文化多样性。创新对外宣传方式方法,增强国际话语权,妥善回应外部关切,增进国际社会对我国基本国情、价值观念、发展道路、内外政策的了解和认识,展现我国文明、民主、开放、进步的形象。实施文化走出去工程,完善支持文化产品和服务走出去政策措施,支持重点主流媒体在海外设立分支机构,培育一批具有国际竞争力的外向型文化企业和中介机构,完善译制、推介、咨询等方面扶持机制,开拓国际文化市场。加强海外中国文化中心和孔子学院建设,鼓励代表国家水平的各类学术团体、艺术机构在相应国际组织中发挥建设性作用,组织对外翻译优秀学术成果和文化精品。构建人文交流机制,把政府交流和民间交流结合起来,发挥非公有制文化企业、文化非营利机构在对外文化交流中的作用,支持海外侨胞积极开展中外人文交流。建立面向外国青年的文化交流机制,设立中华文化国际传播贡献奖和国际性文化奖项。

(六)积极吸收借鉴国外优秀文化成果。坚持以我为主、为我所用,学习借鉴一切有利于加强我国社会主义文化建设的有益经验、一切有利于丰富我国人民文化生活的积极成果、一切有利于发展我国文化事业和文化产业的经营管理理念和机制。加强文化领域智力、人才、技术引进工作。吸收外资进入法律法规许可的文化产业领域,保障投资者合法权益。鼓励文化单位同国外有实力的文化机构进行项目合作,学习先进制作技术和管理经验。鼓励外资企业在华进行文化科技研发,发展服务外包。开展知识产权保护国际合作。

八、建设宏大文化人才队伍,为社会主义文化大发展大繁荣提供有力人才支撑

推动社会主义文化大发展大繁荣,队伍是基础,人才是关键。要坚持尊重劳动、尊重知识、尊重人才、尊重创造,深入实施人才强国战略,牢固树立人才是第一资源思想,全面贯彻党管人才原则,加快培养造就德才兼备、锐意创新、结构合理、规模宏大的文化人才队伍。

(一)造就高层次领军人物和高素质文化人才队伍。高层次领军人物和专业文化工作者是社会主义文化建设的中坚力量。要继续实施"四个一批"人才培养工程和文化名家工程,建立重大文化项目首席专家制度,造就一批人民喜爱、有国际影响的名家大师和民族文化代表人物。加强专业文化工作队伍、文化企业家队伍建设,扶持资助优秀中青年文化人才主持重大课题、领衔重点项目,抓紧培养善于开拓文化新领域的拔尖创新人才、掌握现代传媒技术的专门人才、懂经营善管理的复合型人才、适应文化走出去需要的国际化人才。创新人才培养模式,实施高端紧缺文化人才培养计划,搭建文化人才终身学习平台。鼓励和扶持高等学校和中等职业学校优化专业结构,与文化企事业单位共建培养基地。完善人才培养开发、评价发现、选拔任用、流动配置、激励保障机制,深化职称评审改革,为优秀人才脱颖而出、施展才干创造有利制度环境。重视发现和培养社会文化人才。对非公有制文化单位人员评定职称、参与培训、申报项目、表彰奖励同等对待。完善相关政策措施,多渠道吸引海外优秀文化人才。落实国家荣誉制度,抓紧设立国家级文化荣誉称号,表彰奖励成就卓著的文化工作者。

(二)加强基层文化人才队伍建设。基层文化人才队伍是文化改革发展的基础力量。要制定实施基层文化人才队伍建设规划,完善机构编制、学习培训、待遇保障等方面的政策措施,吸引优秀文化人才服务基层。配好配齐乡镇、街道党委宣传委员、宣传干事和乡镇综合文化站专职人员。设立城乡社区公共文化服务岗位,对服务期满高校毕业生报考文化部门公务员、相关专业研究生实行定向招录。重视发现和培养扎根基层的乡土文化能人、民族民间文化传承人特别是非物质文化遗产项目代表性传承人,鼓励和扶持群众中涌现出的各类文化人才和文化活动积极分子,促进他们健康成长、发挥作用。壮大文化志愿者队伍,鼓励专业文化工作者和社会各界人士参与基层文化建设和群众文化活动,形成专兼结合的基层文化工作队伍。

（三）加强职业道德建设和作风建设。文化工作者要成为优秀文化的生产者和传播者，必须加强自身修养，做道德品行和人格操守的示范者。要引导广大文化工作者特别是名家名人自觉践行社会主义核心价值体系，增强社会责任感，弘扬科学精神和职业道德，发扬严谨笃学、潜心钻研、淡泊名利、自尊自律的风尚，努力追求德艺双馨，坚决抵制学术不端、情趣低俗等不良风气。鼓励文化工作者特别是文化名家、中青年骨干深入实际、深入生活、深入群众，拜人民为师，增强国情了解，增加基层体验，增进群众感情。文化工作者要相互尊重、平等交流、取长补短，共同营造风清气正、和谐奋进的良好氛围。

九、加强和改进党对文化工作的领导，提高推进文化改革发展科学化水平

加强和改进党对文化工作的领导，是推进文化改革发展的根本保证，也是加强党的执政能力建设和先进性建设的内在要求。必须从战略和全局出发，把握文化发展规律，健全领导体制机制，改进工作方式方法，增强领导文化建设本领。

（一）切实担负起推进文化改革发展的政治责任。各级党委和政府要把文化建设摆在全局工作重要位置，深入研究意识形态和宣传文化工作新情况新特点，及时研究文化改革发展重大问题，加强和改进思想政治工作，牢牢把握意识形态工作主导权，掌握文化改革发展领导权。把文化建设纳入经济社会发展总体规划，与经济社会发展一同研究部署、一同组织实施、一同督促检查。把文化改革发展成效纳入科学发展考核评价体系，作为衡量领导班子和领导干部工作业绩的重要依据。制定社会主义核心价值体系建设实施纲要。在全党深入开展社会主义核心价值体系学习教育，使广大党员、干部成为实践社会主义核心价值体系的模范，做共产主义远大理想和中国特色社会主义共同理想的坚定信仰者。深入做好文化领域知识分子工作，充分尊重知识分子创造性劳动，善于同知识分子特别是有影响的代表人士交朋友，把广大知识分子紧紧团结在党的周围。

（二）加强文化领域领导班子和党组织建设。坚持德才兼备、以德为先用人标准，选好配强文化领域各级领导班子，把政治立场坚定、思想理论水平高、熟悉文化工作、善于驾驭意识形态领域复杂局面的干部充实到领导岗位上来，把文化领域各级领导班子建设成为坚强领导集体。加强领导班子思想政治建设，增强政治敏锐性和政治鉴别力，筑牢思想防线，确保文化阵地导向正确。各级领导干部要高度重视并切实抓好文化工作，加强文化理论学习和文化问题研究，提高文化素养，努力成为领导文化建设的行家里手。把文化建设内容纳入干部培训计划和各级党校、行政学院、干部学院教学体系。结合文化单位特点加强和创新基层党的工作，发挥文化事业单位、国有和国有控股文化企业党组织的领导核心和政治核心作用，重视文化领域非公有制经济组织、新社会组织党的组织建设。注重在文化领域优秀人才、先进青年、业务骨干中发展党员。文化战线全体共产党员要牢固树立党的观念、党员意识，讲党性、重品行、作表率，在推进文化改革发展中创先争优、发挥先锋模范作用。

（三）健全共同推进文化建设工作机制。推动社会主义文化大发展大繁荣是全党全社会的共同责任。要建立健全党委统一领导、党政齐抓共管、宣传部门组织协调、有关部门分工负责、社会力量积极参与的工作体制和工作格局，形成文化建设强大合力。文化领域各部门各单位要自觉贯彻中央决策部署，落实文化改革发展目标任务，发挥文化建设主力军作用。支持人大、政协履行职能，调动各部门积极性，支持民主党派、无党派人士和人民团体发挥作用，共同推进文化改革发展。推动文联、作协、记协等文化领域人民团体创新管理体制、组织形式、活动方式,履行好联络协调服务职能,加强行业自律,依法维护文化工作者权益。全面贯彻党的宗教工作基本方针,发挥宗教界人士和信教群众在促进文化繁荣发展中的积极作用。

(四)发挥人民群众文化创造积极性。人民是推动社会主义文化大发展大繁荣最深厚的力量源泉。要牢固树立马克思主义群众观点,自觉贯彻党的群众路线,为广大群众成为社会主义文化建设者提供广阔舞台。广泛开展群众性文化活动,提高社区文化、村镇文化、企业文化、校园文化等建设水平,引导群众在文化建设中自我表现、自我教育、自我服务。积极搭建公益性文化活动平台,依托重大节庆和民族民间文化资源,组织开展群众乐于参与、便于参与的文化活动。支持群众依法兴办文化团体,精心培育植根群众、服务群众的文化载体和文化样式。及时总结来自群众、生动鲜活的文化创新经验,推广大众文化优秀成果,在全社会营造鼓励文化创造的良好氛围,让蕴藏于人民中的文化创造活力得到充分发挥。

中国人民解放军和中国人民武装警察部队文化建设工作,由中央军委根据本决定精神作出部署。

中华民族伟大复兴必然伴随着中华文化繁荣兴盛。全党要紧密团结在以胡锦涛同志为总书记的党中央周围,满怀信心带领全国各族人民在坚持和发展中国特色社会主义的伟大实践中进行文化创造,为把我国建设成为社会主义文化强国而努力奋斗!

附录 B

国家"十二五"时期文化改革发展规划纲要

"十二五"时期是全面建设小康社会的关键时期,也是促进文化又好又快发展的关键阶段。为深入贯彻落实党的十七届六中全会精神,深化文化体制改革、推动社会主义文化大发展大繁荣,进一步兴起社会主义文化建设新高潮,努力建设社会主义文化强国,根据《中共中央关于深化文化体制改革、推动社会主义文化大发展大繁荣若干重大问题的决定》和《中华人民共和国国民经济和社会发展第十二个五年规划纲要》,编制本纲要。

序 言

文化是民族的血脉,是人民的精神家园。当今世界,文化地位和作用更加凸显,越来越成为民族凝聚力和创造力的重要源泉、越来越成为综合国力竞争的重要因素、越来越成为经济社会发展的重要支撑,丰富精神文化生活越来越成为我国人民的热切愿望。在新的历史起点上深化文化体制改革、推动社会主义文化大发展大繁荣,关系实现全面建设小康社会奋斗目标,关系坚持和发展中国特色社会主义,关系实现中华民族伟大复兴。

"十一五"时期是我国文化建设的创新发展期。各地区各部门认真贯彻中央决策部署,解放思想、实事求是、与时俱进、改革创新,推动文化建设不断取得新成就,走出了中国特色社会主义文化发展道路。中国特色社会主义理论体系广泛普及,全党全国各族人民团结奋斗的共同思想基础不断巩固。社会主义核心价值体系建设扎实推进,全社会思想道德水平进一步提升。文化体制改革取得实质性进展,有利于文化科学发展的体制机制初步形成。公共文化服务体系框架基本建立,服务能力和水平显著提高。文化产业蓬勃发展,整体规模和实力快速提升。文化产品创作生产十分活跃,精品不断涌现、市场日益繁荣。文化遗产保护力度不断加大,优秀民族传统文化进一步弘扬。文化走出去步伐加快,中华文化的国际竞争力和影响力明显增强。

当前和今后一段时期,我国发展仍处于可以大有作为的重要战略机遇期。文化领域正在发生广泛而深刻的变革,推动文化大发展大繁荣既具备许多有利条件,也面临一系列新情况新问题。我国经济持续快速发展、综合国力日益增强,为文化建设奠定了坚实的物质基础;中国特色社会主义理论和实践的丰硕成果,为文化建设提供了宝贵的精神文化资源;全社会重视、参与文化建设的热情日益高涨,为文化建设营造了良好的社会氛围;人民群众快速增长的精神文化需求,为文化发展拓展了巨大空间;我国的国际地位和影响力显著提高,为中华文化走出去提供了重要契机。文化改革发展面临难得的历史机遇。同时,我国文化发展的质量和水平还不高,文化建设的布局和结构不尽合理,制约文化科学发展的体制机制障碍尚未完全破除。面对人民群众精神文化需求快速增长的新形势,我国文化产品无论是数量还是质量,都还不能很好满足人民群众多方面、多层次、多样化的精神文化需求,进一步解放和发展文化生产力、提高文化产品和服务供给能力的任务更加紧迫。面对经济发展方式加快转变、社会结构深刻调整的新形势,推动全民族文明素质提高,发挥文化引领风尚、教育人民、服务社会、推动发展的任务更加紧迫。面对现代信息科技和传播手段快速发展的新形势,加快建立文化创新体系、推进文化创新的任务更加紧迫。面对世界范围内各种思想文化交流交融交锋更加明显、斗争尖锐复杂的新形势,增强我国文化整体实力和国际竞争力,抵御国际敌对势力的文化渗透,维护国家文化安全的任务更加紧迫。我们要准确把握我国经济社会发展新要求,准确把握当今时代文化发展新趋势,准确把握各族人民精神文化生活新期待,牢牢抓住发展的重要战略机遇期,顺应时代发展要求,遵循文化发展规律,加快文化改革创新,在全面建设小康社会进程中、在科学发展道路上奋力开创社会主义文化建设新局面。

一、指导思想、重要方针和主要目标

（一）指导思想

高举中国特色社会主义伟大旗帜,以马克思列宁主义、毛泽东思想、邓小平理论和"三个代表"重要思想为指导,深入贯彻落实科学发展观,坚持社会主义先进文化前进方向,以科学发展为主题,以建设社会主义核心价值体系为根本任务,以满足人民精神文化需求为出发点和落脚点,以改革创新为动力,发展面向现代化、面向世界、面向未来的,民族的科学的大众的社会主义文化,培养高度的文化自觉和文化自信,提高全民族文明素质,增强国家文化软实力,弘扬中华文化,坚持中国特色社会主义文化发展道路,努力建设社会主义文化强国。

（二）重要方针

——坚持以马克思主义为指导,推进马克思主义中国化、时代化、大众化,用中国特色社会主义理论体系武装头脑、指导实践、推动工作,确保文化改革发展沿着正确道路前进。

——坚持社会主义先进文化前进方向,坚持为人民服务、为社会主义服务,坚持百花齐放、百家争鸣,坚持继承和创新相统一,弘扬主旋律、提倡多样化,以科学的理论武装人,以正确的舆论引导人,以高尚的精神塑造人,以优秀的作品鼓舞人,在全社会形成积极向上的精神追求和健康文明的生活方式。

——坚持以人为本,贴近实际、贴近生活、贴近群众,发挥人民在文化建设中的主体作用,坚持文化发展为了人民、文化发展依靠人民、文化发展成果由人民共享,促进人的全面发展,培育有理想、有道德、有文化、有纪律的社会主义公民。

——坚持把社会效益放在首位,坚持社会效益和经济效益有机统一,遵循文化发展规律,适应社会主义市场经济发展要求,加强文化法制建设,一手抓繁荣、一手抓管理,推动文化事业和文化产业全面协调可持续发展。

——坚持改革开放,着力推进文化体制机制创新,以改革促发展、促繁荣,不断解放和发展文化生产力,提高文化开放水平,推动中华文化走向世界,积极吸收各国优秀文明成果,切实维护国家文化安全。

（三）主要目标

围绕建设社会主义文化强国的宏伟目标,全面落实到 2020 年文化改革发展的总体部署,到 2015 年,我国文化改革发展的主要目标是:社会主义核心价值体系建设不断推进,全党全国各族人民团结奋斗的共同思想道德基础进一步巩固;文化体制改革重点任务基本完成,文化体制机制充满活力、富有效率,有力促进文化科学发展;覆盖全社会的公共文化服务体系基本建立,城乡居民能够较为便捷地享受公共文化服务,基本文化权益得到更好保障;

现代文化产业体系和文化市场体系基本建立,文化产业增加值占国民经济比重显著提升,文化产业推动经济发展方式转变的作用明显增强,逐步成长为国民经济支柱性产业;文化产品创作生产体系不断完善,高素质文化人才队伍发展壮大,内容创新和传播能力大大增强,精神文化产品和社会文化生活丰富多彩,更好地满足人民群众的精神文化需求;公有制为主体、多种所有制共同发展的文化产业格局逐步形成;技术先进、传输快捷、覆盖广泛的文化传播体系更加完善,以大城市为中心、中小城市相配套、贯通城乡的现代文化产品流通网络逐渐形成;重点媒体国际传播能力不断增强,与我国经济社会发展水平和国际地位相匹配的媒体国际传播能力逐步形成;主要文化产品进出口严重逆差的局面逐步改善,形成以民族文化为主体、吸收外来有益文化、推动中华文化走向世界的文化开放格局;全民族文明素质明显提高,国家文化软实力和国际竞争力显著提升。

二、加强社会主义核心价值体系建设

（一）深入推进中国特色社会主义理论体系的学习研究宣传。坚持不懈用中国特色社会主义理论体系武装全党、教育人民,推动学习实践科学发展观向深度和广度拓展。建立健全党员干部理论学习制度,丰富拓展面向群众的理论学习途径,扎实推进学习型党组织和学习型社会建设。紧密联系改革开放和社会主义现代化建设实际,坚持以重大现实问题为主攻方向,深入研究关系党和国家事业发展的全局性、战略性、前瞻性问题,推出一批有深度、有价值的理论研究成果,进一步推动马克思主义中国化、时代化、大众化。围绕深层次思想理论问题和社会热点难点问题,推出更多更好的通俗理论作品,深入开展面向基层的党的理论创新成果宣讲活动。深入实施马克思主义理论研究和建设工程,实施中国特色社会主义理论体系普及计划,抓好研究成果的转化应用,推动中国特色社会主义理论体系进教材、进课堂、进头脑,增强科学理论教育引导群众作用。

（二）繁荣发展哲学社会科学。巩固和发展马克思主义理论学科,坚持基础研究和应用研究并重,传统学科和新兴学科、交叉学科并重,大力推进学科体系、学术观点、科研方法创新,建设具有中国特色、中国风格、中国气派的哲学社会科学,实施哲学社会科学创新工程,推进哲学社会科学创新体系建设,充分发挥哲学社会科学认识世界、传承文明、创新理论、咨政育人、服务社会的重要功能。加强学科和教材建设,全面完成高校哲学社会科学重点教材编写规划,推动社会科学和自然科学的交叉融合,不断提高理论研究整体水平。发挥国家哲学社会科学基金示范引导作用,推出一批有价值、有广泛社会影响的研究成果。有计划地组织对外翻译一批优秀哲学社会科学成果。整合哲学社会科学研究力量,建设一批社会科学研究基地和国家重点实验室,建设一批具有专业优势的思想库,加强哲学社会科学信息化建设。

（三）加强思想道德建设。扎实推进社会主义核心价值体系建设,深入开展走中国特色社会主义道路和实现中华民族伟大复兴的理想信念教育,大力弘扬以爱国主义为核心的民族精神和以改革创新为核心的时代精神,深入开展社会主义荣辱观宣传教育,积极探索用社会主义核心价值体系引领社会思潮的有效途径,形成扶正祛邪、惩恶扬善的社会风气。制定社会主义核心价值体系建设实施纲要。推进公民道德建设工程,拓展各类道德实践活动,加强社会公德、职业道德、家庭美德、个人品德教育,构建传承中华传统美德、符合社会主义精神文明要求、适应社会主义市场经济的道德和行为规范。深入开展学雷锋活动,采取措施推动学习活动常态化。做好深入细致的思想政治工作,在全社会弘扬和践行劳动最光荣、劳动者最伟大的思想观念,在各行各业着力构建和谐劳动关系。深化政风、行风建设,开展道德领域突出问题专项教育和治理。广泛开展形势政策和民族团结进步宣传教育。加强人文关怀,注重心理疏导,培育自尊自信、理性平和、积极向上的社会心态。提倡修身律己、尊老爱幼、勤勉做事、平实做人,推动形成我为人人、人人为我的社会氛围。加强未成年人思想道德建设和大学生思想政治教育,净化社会文化环境,促进青少年身心健康,为青少年营造健康成长的空间。加强青少年文化活动场所建设,创造出更多青少年喜闻乐见、益智益德的文化作品,广泛开展面向青少年的各类文化体育活动。大力弘扬中华民族优秀传统文化,深入挖掘中华传统节日、重大纪念日思想内涵,进行思想道德教育。加强爱国主义教育基地建设,积极发展红色旅游。深化文明城市、文明村镇、文明单位创建,整合现有城市评选项目。广泛开展军民警民共建精神文明活动,推进"讲文明、树新风"活动。把诚信建设摆在突出位置,加强诚信教育,大力推进政务诚信、商务诚信、社会诚信和司法公信建设,抓紧建立健全覆盖全社会的征信系统。认真实施"六五"普法规划,加强法制宣传教育,弘扬社会主义法治精神。深入开展反腐倡廉教育,大力加强廉政文化建设,形成以廉为荣、以贪为耻的良好社会风尚。广泛开展志愿服务活动,建立完善社会志愿服务体系。大力发展社会慈善事业。继续深入研究提炼社会主义核心价值观。

三、加快构建公共文化服务体系

(一)构建公共文化服务体系。按照公益性、基本性、均等性、便利性的要求,以公共财政为支撑,以公益性文化单位为骨干,以全体人民为服务对象,以保障人民群众看电视、听广播、读书看报、进行公共文化鉴赏、参与公共文化活动等基本文化权益为主要内容,完善覆盖城乡、结构合理、功能健全、实用高效的公共文化服务体系。推动跨部门项目合作,统筹规划和建设基层公共文化服务设施,坚持项目建设和运行管理并重,实现资源整合、共建共享。加强社区公共文化设施建设,把社区文化中心建设纳入城乡规划和设计,拓展投资渠道。完善面向妇女、未成年人、老年人、残疾人的公共文化服务设施。推进国家公共文化服务体系示范区创建。制定公共文化服务指标体系和绩效考核办法,明确服务标准和服务规范,加强评估考核。

(二)加强公共文化产品和服务供给。加强文化馆、博物馆、图书馆、美术馆、科技馆、纪念馆、工人文化宫、青少年宫等公共文化服务设施和爱国主义教育示范基地建设并完善向社会免费开放服务。鼓励其他国有文化单位、教育机构等开展公益性文化活动,各类公共场所要为群众性文化活动提供便利。加快现代科技应用步伐,提高公共文化服务的数字化、网络化水平。以公共图书馆、学校电子阅览室、社区文化中心为依托,建立和完善未成年人公益性上网场所。鼓励扶持少数民族文化产品的创作生产,提高优秀汉语广播影视节目、出版物等的民族语言译制量,开展少数民族文字书报刊赠送活动。扩大盲人读物出版规模,有条件的地区可以公共图书馆为依托,建立盲人电子阅览室。把主要公共文化产品和服务项目、公益性文化活动纳入公共财政经常性支出预算。采取政府采购、项目补贴、定向资助、贷款贴息、税收减免等政策措施鼓励各类文化企业参与公共文化服务。鼓励国家投资、资助或拥有版权的文化产品无偿用于公共文化服务。

(三)加快城乡文化一体化发展。增加农村文化服务总量,缩小城乡文化发展差距,以农村和中西部地区为重点,加强县级文化馆和图书馆、乡镇综合文化站、村文化室建设,深入实施广播电视村村通、文化信息资源共享、农村电影放映和农家书屋等重点文化惠民工程,扩大覆盖、消除盲点、提高标准、完善服务、改进管理。大力推进农民体育健身工程。加大对革命老区、民族地区、边疆地区、贫困地区文化服务网络建设支持和帮扶力度。引导企业、社区积极开展面向农民工的公益性文化活动,尽快把农民工纳入城市公共文化服务体系,努力丰富农民工精神文化生活。建立以城带乡联动机制,合理配置城乡文化资源,鼓励城市对农村进行文化帮扶,把支持农村文化建设作为创建文明城市基本指标。鼓励文化单位面向农村提供流动服务、网点服务,推动媒体办好农村版和农村频率频道,做好主要党报党刊在农村基层发行和赠阅工作。扶持文化企业以连锁方式加强基层和农村文化网点建设,推动电影院线、演出院线向市县延伸,支持演艺团体深入基层和农村演出。

(四)广泛开展群众性文化活动。以社区文化、企业文化、村镇文化、校园文化建设为载体,积极搭建公益性文化活动平台,依托重大节庆活动和民族民间文化资源,组织开展群众乐于参与、便于参与的文化活动。深入开展全民阅读、全民健身活动,推动文化科技卫生"三下乡"、科教文体法律卫生"四进社区"、"送欢乐下基层"等活动经常化。支持群众依法兴办文化团体,精心培育植根群众、服务群众的文化载体和文化样式。鼓励文艺工作者、艺术院校学生和热心文化公益事业的各界人士开展文化志愿服务。

四、加快发展文化产业

(一)构建现代文化产业体系。构建结构合理、门类齐全、科技含量高、富有创意、竞争力强的现代文化产业体系,推动文化产业跨越式发展,使之成为新的经济增长点、经济结构战略性调整的重要支点、转变经济发展方式的重要着力点,为推动科学发展提供重要支撑。加快转变文化产业发展方式,促进从粗放型向集约型、质量效益型转变,增强文化产业整体实力和竞争力。实施一批重大项目,推进文化产业结构调整,发展壮大出版发行、影视制作、印刷、广告、演艺、娱乐、会展等传统文化产业,加快发展文化创意、数字出版、移动多媒体、动漫游戏等新兴文化产业。培育骨干企业,扶持中小企业,完善文化产业分工协作体系。鼓励有实力的文化企业跨地区、跨行业、跨所有制兼并重组,推动文化资源和生产要素向优势企业适度集中,培育文化产业领域战略投资者。规划建设各具特色的文化创业创意园区,支持中小文化企业发展。优化文化产业布局,发挥东中西部地区各自优势,加强文化产业基地规划和建设,规范建设一批全国文化产业示范区,发展文化产业集群,提高文化产业规模化、集约化、专业化水平。加大对拥有自主知识产权、弘扬民族优秀文化的产业支持力度,打造知名品牌。发掘城市文化资源,发展特色文化产业,建设特色文化城市。发挥首都全国文化中心示范作用。推动文化产业与旅游、体育、信息、物流、建筑等产业融合发展,提升品牌价值,增加物质产品和现代服务业的附加值和文化含量。

(二)形成公有制为主体、多种所有制共同发展的文化产业格局。培育一批核心竞争力强的国有或国有控股大型文化企业或企业集团,在发展产业和繁荣市场方面发挥主导作用。在国家许可范围内,引导社会资本以多种形式投资文化产业,参与国有经营性文化单位转企改制,参与重大文化产业项目实施和文化产业园区建设,在投资核准、信用贷款、土地使用、税收优惠、上市融资、发行债券、对外贸易和申请专项资金等方面给予支持,营造公平参与市场竞争、同等受到法律保护的体制和法制环境。加强和改进对非公有制文化企业的服务和管理,引导他们自觉履行社会责任。建立健全文化产业投融资体系,鼓励和引导文化企业面向资本市场融资,促进金融资本、社会资本和文化资源的对接。推动条件成熟的文化企业上市融资,鼓励已上市公司通过并购重组做大做强。

（三）推进文化科技创新。发挥文化和科技相互促进的作用，深入实施科技带动战略，增强自主创新能力。抓住一批全局性、战略性重大科技课题，研发一批具有自主知识产权的核心技术、关键技术、共性技术，加快发展文化装备制造业，以先进技术支持文化装备、软件、系统研制和自主发展，加快科技创新成果转化，提高我国出版、印刷、传媒、影视、演艺、网络、动漫游戏等领域技术装备水平，增强文化产业核心竞争力。依托国家高新技术园区、国家可持续发展实验区等建立国家级文化和科技融合示范基地，把重大文化科技项目纳入国家相关科技发展规划和计划。健全以企业为主体、市场为导向、产学研相结合的文化技术创新体系，培育一批特色鲜明、创新能力强的文化科技企业，支持产学研战略联盟和公共服务平台建设。研发制定文化产业技术标准，加快建立文化产品和服务质量管理体系。实施文化数字化建设工程，改造提升传统文化产业，培育发展新兴文化产业。支持电子信息产业研究开发内容制作、传输和使用的各类电子装备、软件和终端产品，支撑文化产业发展。

（四）扩大文化消费。增加文化消费总量，提高文化消费水平。创新商业模式，拓展大众文化消费市场，开发特色文化消费，扩大文化服务消费，提供个性化、分众化的文化产品和服务，培育新的文化消费增长点。提高基层文化消费水平，引导文化企业投资兴建更多适合群众需求的文化消费场所，鼓励出版适应群众购买能力的图书报刊，鼓励在商业演出和电影放映中安排一定数量的低价场次或门票，鼓励网络文化运营商开发更多低收费业务，有条件的地方要为困难群众和农民工文化消费提供适当补贴。积极发展文化旅游，促进非物质文化遗产保护传承与旅游相结合，提升旅游的文化内涵，发挥旅游对文化消费的促进作用，支持海南等重点旅游区建设。

五、加快文化体制机制改革创新

（一）培育文化市场主体。以建立现代企业制度为重点，加快推进经营性文化单位改革，培育合格市场主体。完成一般国有文艺院团、非时政类报刊社、新闻网站转企改制，拓展出版、发行、影视企业改革成果，加快公司制股份制改造，完善法人治理结构，形成符合现代企业制度要求、体现文化企业特点的资产组织形式和经营管理模式。推动国有文化企业积极参与市场竞争、自觉承担社会责任。把改革、改组、改造与创新管理结合起来，把深化改革与调整结构、整合资源结合起来，把建立现代企业制度与推进政企分开、转变政府职能结合起来，在政府引导下发挥市场机制的积极作用，充分发挥国有文化资本的控制力、影响力和带动力。

（二）深化文化事业单位改革。按照国家分类推进事业单位改革的总体要求，科学界定文化事业单位的性质和功能，突出公益属性、强化服务功能、增强发展活力，全面推进人事、收入分配和社会保障制度改革，明确服务规范，加强绩效评估考核。国家兴办的图书馆、博物馆、文化馆（站）、群众艺术馆、美术馆等公益性文化事业单位，要创新公共文化服务设施运行机制，探索建立事业单位法人治理结构，吸纳有代表性的社会人士、专业人士、基层群众参与管理。深入推进党报党刊发行体制改革和电台电视台制播分离改革，进一步完善管理和运行机制，不断扩大主流媒体的覆盖面和影响力。推动一般时政类报刊社、公益性出版社、代表民族特色和国家水准的文艺院团等事业单位实行企业化管理，增强面向市场、面向群众提供服务能力。

（三）健全现代文化市场体系。加快发展各类文化产品和要素市场，打破条块分割、地区封锁、城乡分离的市场格局，构建统一开放竞争有序的现代文化市场体系，促进文化产品和要素在全国范围内合理流动。重点发展图书报刊、电子音像制品、演出娱乐、影视剧、动漫游戏等产品市场，进一步完善中国国际文化产业博览交易会等综合交易平台。发展连锁经营、物流配送、电子商务等现代流通组织和流通形式,加快建设大型文化流通企业和文化产品物流基地,构建以大城市为中心、中小城市相配套、贯通城乡的文化产品流通网络。加快培育产权、版权、技术、信息等要素市场,办好重点文化产权交易所,规范文化资产和艺术品交易。健全文化经纪代理、评估鉴定、投资、保险、担保、拍卖等中介服务机构,引导行业组织更好地履行协调、监督、服务、维权等职能。

(四)创新文化管理体制。深化文化行政管理体制改革,加快政府职能转变,强化政策调节、市场监管、社会管理、公共服务职能,推动政企分开、政事分开,理顺政府和文化企事业单位关系。完善管人管事管资产管导向相结合的国有文化资产管理体制,坚持社会效益优先,努力实现社会效益和经济效益的统一,建立和完善国有文化企业评估、监测、考核体系,加强国有文化资产监管,确保国有资产保值增值。探索建立适应三网融合业务发展的管理体制和工作机制。健全文化市场综合行政执法机构,推动副省级以下城市完善综合文化行政责任主体。坚持主管主办制度,落实谁主管谁负责和属地管理原则,严格执行文化资本、文化企业、文化产品市场准入和退出政策,综合运用法律、行政、经济、科技等手段提高管理效能。深入开展"扫黄打非",完善文化市场管理,坚决扫除毒害人们心灵的腐朽文化垃圾,切实营造确保国家文化安全的市场秩序。加强文化及相关产业统计工作,完善分类标准和统计指标,规范统计方法,增强统计数据的科学性和可比性。

六、加强文化产品创作生产的引导

(一)坚持正确创作方向。坚持以人民为中心的创作导向,热情讴歌改革开放和社会主义现代化建设伟大实践,生动展示我国人民奋发有为的精神风貌和创造历史的辉煌业绩。要引导文化工作者牢记为人民服务、为社会主义服务的神圣职责,坚持正确文化立场,认真对待和积极追求文化产品社会效果,弘扬真善美,贬斥假恶丑,把学术探索和艺术创作融入实现中华民族伟大复兴的事业之中。坚持发扬学术民主、艺术民主,营造积极健康、宽松和谐的氛围,提倡不同观点和学派充分讨论,提倡体裁、题材、形式、手段充分发展,推动观念、内容、风格、流派积极创新。把创新精神贯穿文化创作生产全过程,弘扬民族优秀文化传统和五四运动以来形成的革命文化传统,学习借鉴国外文化创新有益成果,兼收并蓄、博采众长,增强文化产品时代感和吸引力。

(二)推出更多优秀文艺作品。文学、戏剧、电影、电视、音乐、舞蹈、美术、摄影、书法、曲艺、杂技以及民间文艺、群众文艺等各领域文艺工作者都要积极投身到讴歌时代和人民的文艺创造活动之中,在社会生活中汲取素材、提炼主题,以充沛的激情、生动的笔触、优美的旋律、感人的形象,创作生产出思想性艺术性观赏性相统一、人民喜闻乐见的优秀文艺作品。实施精品战略,组织好"五个一工程"、重大革命和历史题材创作工程、重点文学艺术作品扶持工程、优秀少儿作品创作工程,鼓励原创和现实题材创作,不断推出文艺精品。扶持代表国家水准、具有民族特色和地方特色的优秀艺术品种,积极发展新的艺术样式。鼓励一切有利于陶冶情操、愉悦身心、寓教于乐的文艺创作,坚决抵制低俗之风。

(三)建立健全文化创新机制。建立健全有利于文化工作者深入实际、深入生活、深入群众的体制机制,充分调动文化工作者的积极性和创造性,努力营造有利于文化创新的良好环境。建立以文化生产单位和个人为主体、以优秀文艺作品的市场化开发为重点、以完备的产业链和完整的价值链为依托、以版权保护为保障的文化创新机制。敏锐反映社会实践的新领域、表现主体的新变化和受众的新要求,积极运用高新技术手段推动形式创新,催生新的文艺品种,增强文化产品的表现力、感染力和传播力。

(四)完善文化产品评价体系和激励机制。坚持把遵循社会主义先进文化前进方向、人民群众满意作为评价作品最高标准,把群众评价、专家评价和市场检验统一起来,形成科学的评价标准。建立公开、公平、公正评奖机制,精简评奖种类,改进评奖办法,提高权威性和公信度。加强文艺理论建设,培养高素质文艺评论队伍,开展积极健康的文艺批评,深入开展形式多样的影评、戏评、书评、乐评等活动,倡导主流价值取向,引导群众审美鉴赏,坚决抵制低俗之风,着力净化文化市场,努力营造文化发展良好环境。加强文艺评论阵地建设,扶持重点文艺评论媒体。加大优秀文化产品推广力度,运用主流媒体、公共文化场所等资源,在资金、频道、版面、场地等方面为展演展映展播展览弘扬主流价值的精品力作提供条件。设立专项艺术基金,支持收藏和推介优秀文化作品。加大知识产权保护力度,积极开展版权保护及相关服务,维护著作权人合法权益。

七、加强传播体系建设

(一)加强重要新闻媒体建设。坚持马克思主义新闻观,牢牢把握正确导向。以党报党刊、通讯社、电台电视台为主,整合都市类媒体、网络媒体等宣传资源,调整和完善媒体的布局和结构,构建统筹协调、责任明确、功能互补、覆盖广泛、富有效率的舆论引导格局,不断壮大主流舆论,提高舆论引导的及时性、权威性和公信力、影响力。建立健全自律和他律机制,引导新闻媒体和新闻工作者秉持社会责任和职业道德,真实准确传播新闻信息,自觉抵制错误观点,坚决杜绝虚假新闻。深入推进"走基层、转作风、改文风"活动,形成长效机制。推进重点媒体扩大信息采集和产品营销网络。

(二)加强新兴媒体建设。认真贯彻积极利用、科学发展、依法管理、确保安全的方针,加强互联网等新兴媒体建设,鼓励支持国有资本进入新兴媒体,做强重点新闻网站,形成一批在国内外有较强影响力的综合性网站和特色网站,发挥主要商业网站建设性作用,培育一批网络内容生产和服务骨干企业。打造一批具有中国气派、体现时代精神的网络文化品牌。引导网络文化发展,实施网络内容建设工程,推动优秀传统文化瑰宝和当代文化精品网络传播,制作适合互联网和手机等新兴媒体传播的精品佳作,鼓励网民创作格调健康的网络文化作品。广泛开展文明网站创建,推动文明办网、文明上网,督促网络运营服务企业履行法律义务和社会责任。加强对社交网络和即时通信工具等的引导和管理,规范网上信息传播秩序,培育文明理性的网络环境。依法惩处传播有害信息行为,深入推进整治网络淫秽色情和低俗信息专项行动,严厉打击网络违法犯罪。加大网上个人信息保护力度,建立网络安全评估机制,维护公共利益和国家信息安全。加强外文网站及海外本土化网站建设,增强对外展示传播中华文化的能力。推动下一代互联网建设,积极发展与三网融合相关的新技术新业务。

(三)加强文化传播渠道建设。积极推进下一代广播电视网、新一代移动通信网络、宽带光纤接入网络等网络基础设施建设,推进三网融合,创新业务形态,发挥各类信息网络设施的文化传播作用,实现互联互通、有序运行。在确保播出安全的前提下,广播电视播出机构与电信企业可探索多种合资、合作经营模式。整合全国有线电视网络,基本实现全程全网,跨部门集成文化资源、产品和服务。加快电影院线建设,大力发展跨区域规模院线、特色院线和数字院线。加快文艺演出院线建设,推动大中城市演出场所连锁经营。加快大型骨干企业出版物发行跨地区整合和农村销售网点建设,建设以大城市为基础、中小城市相配套、贯通城乡的出版物发行网络。

八、加强文化遗产保护传承与利用

（一）提高物质文化遗产保护水平。健全文物普查、登记、建档、认定制度，开展可移动文物普查，编制国家珍贵文物名录。加强世界文化遗产、大遗址和文物保护单位的保护维修、巡察养护及管理机构建设，开展工业遗产、元代以前木构建筑、乡土建筑、文化线路、文化景观等文化遗产的调查与保护，加强基本建设中的考古和文物保护，加大馆藏文物、水下文物的保护力度，提升科技创新能力。加强中华文明起源研究和成果宣传，在考古研究中积极应用高新技术。加强历史文化名城名镇名村保护建设，编制保护规划，完善基础设施，改善群众的居住条件和居住环境。加强文物市场法规体系建设，建立文物鉴定准入和资格管理制度，引导规范民间收藏。强化文物安全防范设施，提高文物安全防范能力。

（二）加强非物质文化遗产保护传承。健全非物质文化遗产普查、建档制度和代表性传承人认定制度，编制非物质文化遗产分布图集，完善非物质文化遗产名录保护体系，制定非物质文化遗产项目分类保护标准和规划。对濒危项目和年老体弱的代表性传承人实施抢救性保护，对具有一定市场前景的非物质文化遗产项目实施生产性保护，对非物质文化遗产集聚区实施整体性保护。加大西部地区和少数民族非物质文化遗产保护力度。统筹国家级文化生态保护区建设。建设非物质文化遗产保护利用设施，不断提高非物质文化遗产保护的科学化水平。

（三）拓展文化遗产传承利用途径。正确处理保护与利用、传承与发展的关系，促进文化遗产资源在与产业和市场的结合中实现传承和可持续发展。鼓励各地积极发展依托文化遗产的旅游及相关产业，发展特色文化服务，打造特色民族文化活动品牌。推动文化遗产信息资源、数字资源开发利用，提升中华文明展示水平和传播能力。鼓励对工业遗产、文化景观、考古遗址公园进行综合开发利用。加强文化遗产保护宣传，深入实施国家通用语言文字法，大力推广和规范使用国家通用语言文字，依法保护各民族语言文字，推动文化遗产教育与国民教育紧密结合。深入挖掘民族传统节日的文化内涵，广泛开展优秀传统文化教育普及活动，传承中华民族优秀传统文化。

九、加强对外文化交流与合作

（一）加强对外文化交流。整合社会科学、文学艺术、新闻、广播电视、电影、出版、版权、民族、侨务、体育、旅游等资源，充分利用多边和双边机制，开展国家文化年、中国文化节、"感知中国"等品牌活动，推广中华春节文化，打造"欢乐春节"等文化交流新品牌。实施对外文化合作及援助，扶持和加强边疆地区与周边国家和区域的文化交流与合作。加快推进海外中国文化中心和孔子学院建设，形成展示、体验并举的综合平台。制定我国哲学社会科学优秀成果和优秀人才走出去规划。鼓励代表国家水平的各类学术团体、艺术机构在相应国际组织中发挥建设性作用，组织对外翻译优秀学术成果和文化精品。构建人文交流机制，把政府交流和民间交流结合起来，发挥非公有制文化企业、文化非营利机构在对外文化交流中的作用，支持海外侨胞积极开展中外人文交流。建立面向外国青年的文化交流机制，设立中华文化国际传播贡献奖和国际性文化奖项。积极吸收借鉴国外优秀文化成果，坚持以我为主、为我所用，学习借鉴一切有利于加强我国社会主义文化建设的有益经验、一切有利于丰富我国人民文化生活的积极成果、一切有利于发展我国文化事业和文化产业的经营管理理念和机制。

（二）推动文化产品和服务出口。实施文化走出去工程，完善支持文化产品和服务走出去政策措施，进一步扶持文化出口重点企业和重点项目，完善《文化产品和服务出口指导目录》,培育一批具有国际竞争力的外向型文化企业和中介机构,形成一批有实力的文化跨国企业和著名品牌。扶持文化企业开展跨境服务和国际服务外包,生产制作以外需为取向的文化产品。扩大版权贸易,保持图书、报纸、期刊、音像制品、电子出版物等出口持续快速增长,支持电影、电视剧、纪录片、动画片等出口,扩大印刷外贸加工规模。扶持优秀国产影片进入国外主流院线,国产游戏进入国际主流市场,数字出版拓展海外市场,开发一批在境外长期驻场或巡回演出的演艺产品,逐步改变主要文化产品进出口严重逆差的局面。积极扩大文化产品和服务出口规模,推动开拓国际市场。深入挖掘民族文化资源,充分运用高新技术手段提升我国文化产品的表现形式和质量,开发国外受众易于接受的文化产品和服务。加强国际文化产品和服务交易平台及国际营销网络建设,办好重点国际性展会。发展对外文化中介机构,培育专业贸易公司和代理公司,构建完整有效的投资信息平台和文化贸易统计分析体系。积极参与国际文化贸易规则的制定。充分利用香港、澳门区位优势,推动文化产品和服务出口。

(三)扩大文化企业对外投资和跨国经营。鼓励具有竞争优势和经营管理能力的文化企业对外投资,兴办文化企业,经营影院、出版社、剧场、书店和报刊、广播电台电视台等。鼓励从事具有中国特色的影视作品、出版物、音乐舞蹈、戏曲曲艺、武术杂技和演出展览等领域的文化企业采用多种形式开拓海外市场。吸收外资进入法律法规许可的文化产业领域。鼓励文化单位同国外有实力的文化机构进行项目合作,学习先进制作技术和管理经验。

十、加强文化人才队伍建设

(一)造就高层次领军人物和高素质文化人才队伍。遵循文化发展规律和人才成长规律,建立和完善有利于优秀人才健康成长和脱颖而出的体制机制,加快构建一支门类齐全、结构合理、梯次分明、素质优良的宣传思想文化工作者队伍。继续实施"四个一批"人才培养工程和文化名家工程,建立重大文化项目首席专家制度,造就一批人民喜爱、有国际影响的名家大师和民族文化代表人物。加强专业文化工作队伍、文化企业家队伍建设,扶持资助优秀中青年文化人才主持重大课题、领衔重点项目,抓紧培养善于开拓文化新领域的拔尖创新人才、掌握现代传媒技术的专门人才、懂经营善管理的复合型人才、适应文化走出去需要的国际化人才。完善相关政策措施,多渠道吸引海外优秀文化人才。积极支持高层次人才创办文化企业,完善实施知识产权作为资本参股的措施,实施扶持创业优惠政策。落实国家荣誉制度,抓紧设立国家级文化荣誉称号,表彰奖励成就卓著的文化工作者。

(二)加强基层文化人才队伍建设。制定实施基层文化人才队伍建设规划,完善机构编制、学习培训、待遇保障等方面的政策措施,吸引优秀文化人才服务基层。完善基层优秀人才发现培养机制,配好配齐乡镇、街道党委宣传委员、宣传干事和乡镇综合文化站专职人员,提高队伍建设科学化水平。积极推进大学生"村官"计划,鼓励到基层从事宣传文化事业。设立城乡社区公共文化服务岗位,对服务期满高校毕业生报考文化部门公务员、相关专业研究生实行定向招录。重视发现和培养扎根基层的乡土文化能人、民族民间文化传承人特别是非物质文化遗产项目代表性传承人,鼓励和扶持群众中涌现出的各类文化人才和文化活动积极分子,促进他们健康成长、发挥积极作用。制定西部地区基层宣传文化人才队伍支持计划,对西部地区、革命老区、民族地区、边疆地区、贫困地区人才队伍建设予以重点扶持。

(三)建立完善文化人才培训机制。建立健全分类培训的宣传思想文化人才培训体制机制,制定实施各类人才培训计划。创新人才培养模式,实施高端紧缺文化人才培养计划,搭建文化人才终身学习平台。依托党校、行政学院、干部学院、高等学校、职业院校、定点大型企业,发挥人民团体的作用,加强文化人才政治素养和道德素质教育,开展任职培训、岗位培训、业务培训、技能培训。完善人才挂职锻炼、调研采风、国情考察制度。完善人才培养开发、评价发现、选拔任用、流动配置、激励保障机制,深化职称评审改革,为优秀人才脱颖而出、施展才干创造有利制度环境。重视发现和培养社会文化人才。对非公有制文化单位人员评定职称、参与培训、申报项目、表彰奖励同等对待,纳入相应人才培养工程。建立完善文化领域职业资格制度。

(四)加强职业道德建设和作风建设。引导广大文化工作者加强自身修养,做道德品行和人格操守的示范者,努力成为优秀文化的生产者和传播者。引导文化工作者特别是名家名人自觉践行社会主义核心价值体系,增强社会责任感,弘扬科学精神和职业道德,发扬严谨笃学、潜心钻研、淡泊名利、自尊自律的风尚,努力追求德艺双馨,坚决抵制学术不端、情趣低俗等不良风气。积极支持文化工作者特别是文化名家、中青年骨干深入实际、深入生活、深入群众,拜人民为师,增强国情了解,增加基层体验,增进群众感情。

十一、政策措施

(一)政府投入保障政策。加大政府投入力度,建立健全同国力相匹配、同人民群众文化需求相适应的政府投入保障机制。保证公共财政对文化建设投入的增长幅度高于财政经常性收入增长幅度,提高文化支出占财政支出比例。增加公共文化服务体系建设资金和经费保障投入。以农村和基层、边疆民族地区、贫困地区为重点,优先安排涉及广大人民群众切身利益的文化项目,重点保障基层公共文化机构正常运转和开展基本公共文化服务活动所需经费,扶持公共文化机构的技术改造和设备投入。依法保障公共文化设施用地。中央、省、市三级设立农村文化建设专项资金,保证一定数量的中央转移支付资金用于乡镇和村文化建设。转变投入方式,通过政府购买服务、项目补贴、以奖代补等方式,鼓励和引导社会力量提供公共文化产品和服务,促进文化产业发展。设立国家文化发展基金,扩大有关文化基金和专项资金规模,提高各级彩票公益金用于文化事业比重。增加文化遗产保护经费投入。支持政府间文化交流和中华文化走出去。支持战略性、先导性、带动性文化产业项目建设,支持文化科技研发应用和提高文化企业技术装备水平。

(二)文化经济政策。对已有支持文化体制改革、支持文化事业和文化产业发展的经济政策进行修订或延续。进一步落实鼓励社会组织、机构和个人捐赠以及兴办公益性文化事业的税收优惠政策,促进企业及民间对文化的投入明显增加。加大财政、税收、金融、用地等方面对文化产业的政策扶持力度,对文化内容创意生产、非物质文化遗产项目经营实行税收优惠。继续征收文化事业建设费和国家电影发展专项资金。落实和完善金融支持文化产业发展政策,加强和改善对文化企业的金融服务。发挥文化产业投资基金的引导作用,吸引金融资本和其他社会资本进入文化产业。完善文化市场准入政策,吸引社会资本投资文化产业。加强对原创性作品的政策扶持和创新型人才的培养。把文化科技研发纳入国家科技创新体系,制定文化产业支撑技术的类别和范围,运用产业政策鼓励文化企业集成应用高新技术,支持文化装备业与文化产业协调发展。继续执行文化体制改革配套政策,对转企改制国有文化单位扶持政策执行期限再延长5年。

(三)文化贸易促进政策。加大已有支持对外文化贸易各项优惠政策的落实力度,进一步完善有关财税政策,支持文化企业走出去。支持文化企业在海外投资、投标、营销、参展和宣传等市场开拓活动,为文化企业走出去提供通关便利。对符合条件的文化企业发展海外业务给予账户开立、资金汇兑方面的政策便利。加强文化企业和文化产品在进出口环节的知识产权保护,维护权利人的合法权益。

(四)版权保护政策。建设涵盖文学艺术、广播影视、新闻出版等领域的版权公共服务平台和版权交易平台,扶持版权代理、版权价值评估、版权质押登记、版权投融资活动,推动版权贸易常态化。加强版权行政执法和司法保护的有效衔接,严厉打击各类侵权盗版行为,增强全社会的版权保护意识。发展版权相关产业。

(五)法制保障。建立健全文化法律法规体系,加快文化立法,制定和完善公共文化服务保障、文化产业振兴、文化市场管理等方面法律法规,将文化建设的重大政策措施适时上升为法律法规,加强地方文化立法,提高文化建设法制化水平。

十二、组织实施

各级党委和政府要从全局和战略高度,充分认识文化建设的重要地位和作用,切实把文化改革发展摆在全局工作的重要位置,纳入重要议事日程,纳入经济社会发展全局,纳入评价地区发展水平、发展质量和领导干部工作业绩的重要内容,推动文化建设与经济建设、政治建设、社会建设协调发展。进一步增强政治意识、大局意识、责任意识,牢牢把握文化改革发展的主动权。

坚持和完善党委统一领导、党政齐抓共管、宣传部门组织协调、有关部门分工负责、社会力量积极参与的工作体制和工作格局,形成推进文化改革发展强大合力。将文化体制改革工作领导小组调整为文化体制改革和发展工作领导小组,切实发挥统筹领导作用。党委宣传部门要加强协调指导,有关文化行政管理部门要尽快制定落实本纲要的实施方案,报中央文化体制改革和发展工作领导小组批准后组织实施;国家发展改革委、财政部、商务部、税务总局等要尽快制定落实政府投入和相关政策的实施细则,加快重点工程和项目的立项,落实资金投入、经费保障和各项政策;各有关部门要按照职责分工,发挥各自优势,为文化改革发展提供强有力的支持。将文化改革发展纳入各级党校、行政学院、干部学院教学培训的内容。各省、自治区、直辖市人民政府和新疆生产建设兵团要结合本地实际,认真贯彻落实本纲要。各地区各部门要加强对纲要实施情况的跟踪分析,做好中期评估。将纲要中确定的约束性指标纳入经济社会发展综合评价和绩效考核体系。

组织实施中要以科学发展观为指导,正确把握文化改革发展的重大关系,促进文化又好又快发展。要正确把握文化产品的意识形态属性和产业属性,正确处理社会效益和经济效益的关系,始终把社会效益放在首位,努力实现社会效益与经济效益的有机统一。要正确处理东部地区和中西部地区、城乡之间均衡发展的关系,切实加大对中西部地区和广大农村公共文化服务体系建设的支持力度,促进基本公共文化服务均等化。要正确处理繁荣市场和加强监管的关系,更加注重依法管理,综合运用法律、经济、行政、科技等手段,提高管理效能,确保文化健康有序发展。要正确处理坚持对外开放和维护文化安全的关系,在不断扩大对外开放、努力吸收世界各国优秀文明成果的同时,切实维护国家文化安全,形成以民族文化为主体、积极吸收外来有益文化的对外开放格局。要正确处理加强管理和营造良好创作环境的关系,进一步创新管理理念,强化服务意识,寓管理于服务之中,建立和完善有利于优秀人才健康成长和脱颖而出的体制机制,最大限度地调动广大文化工作者的积极性、主动性和创造性。在全社会营造鼓励文化创造的良好氛围,为广大群众成为社会主义文化建设者提供广阔舞台,让蕴藏于人民中的文化创造活力得到充分发挥。

附录 C

水文化建设规划纲要(2011—2020 年)

当前和今后一个时期,我国水利事业进入了一个加快改革发展的新阶段。加强水文化建设是推动水利又快又好发展的有力支撑。在《中共中央关于深化文化体制改革、推动社会主义文化大发展大繁荣若干重大问题的决定》的指导下,根据中共中央、国务院《关于加快水利改革发展的决定》和中央水利工作会议的总体要求以及水利部党组关于加强水文化建设的具体部署,特制定本《纲要》。

序 言

水是生命之源、生产之要、生态之基。兴水利、除水害,事关人类生存、经济发展、社会进步,历来是兴国安邦的大事。水也是人类文明的源泉。从一定意义上讲,中华民族悠久的文明史就是一部兴水利、除水害的历史。在长期的治水实践中,中华民族不仅创造了巨大的物质财富,也创造了宝贵的精神财富,形成了独特而丰富的水文化。水文化是中华文化和民族精神的重要组成部分。在当代中国进入全面建设小康社会的关键时期和深化改革开放、加快转变经济发展方式的攻坚时期,在中共中央、国务院做出加快水利改革发展决定的开局之年,在我国全面推动社会主义文化大发展大繁荣的热潮中,水文化建设不仅迎来了难得的发展机遇,而且对推动水利又好又快发展会日益显示其越来越重要的支撑作用。

新中国成立以来,特别是改革开放 30 多年来,我国水文化建设取得了更加丰硕的成果,主要表现在:水文化建设与精神文明建设紧密结合,让人们对水文化建设的重大意义认识不断深化;在水利工程建设与水文化建设发展的基础上,创造了一批水文化产品和具有水文化丰厚内涵的水利精品工程;水利行业精神在水利实践中得到进一步彰显和弘扬;基本形成了一支分布在各地、各领域的水文化研究队伍,并取得了不少研究成果;水文化受到社会各界的关注,全社会的水危机意识、水忧患意识、水资源节约意识、水环境保护意识以及对优美水环境的生活追求和文化品味不断增强,人水和谐的科学理念日益深入人心。

目前,对水文化引领现代水利、可持续发展水利的重要支撑作用认识不足;水利法规体系尚待进一步完善,"政府主导、社会支持、群众参与"的水文化建设体制机制尚未建立;水文化研究与解决中国现实水问题结合不够紧密;水文化的传播还不够广泛深入;水文化建设的成果尚不能满足人民群众多元化、多样化、多层次的需求,水文化人才队伍建设亟待进一步加强。

面对全球气候变暖和我国面临的日益复杂的水问题,面对我国生态文明建设的新形势,面对人民群众对水利发展的新期待,面对丰富多彩的社会文化生活,以水利实践为载体,积极推进水文化建设,创造无愧于时代的先进水文化,既是摆在我们面前的一项重大而紧迫的任务,也是时代赋予我们的崇高使命。

大力加强水文化建设,是贯彻落实中共中央、国务院《关于加快水利改革发展的决定》和中央水利工作会议,推进民生水利新发展的需要;是推进传统水利向现代水利、可持续发展水利转变的需要;是转变经济发展方式、推动生态文明建设的需要;是水利部门提高行政管理能力和社会公共服务能力的需要;也是推进社会主义文化大发展大繁荣,提高水利行业文化软实力,增强人们幸福感的需要。为此,要按照党的十七大提出的"更加自觉、更加主动"和《中共中央关于深化文化体制改革、推动社会主义文化大发展大繁荣若干重大问题的决定》的要求,以更深刻的认识、更开阔的思路、更有力的措施,扎实推进水文化建设。

一、指导思想、基本原则与发展目标

(一)指导思想

全面贯彻党的十七大和十七届六中全会精神,高举中国特色社会主义伟大旗帜,以马克思列宁主义、毛泽东思想、邓小平理论和"三个代表"重要思想为指导,深入贯彻落实科学发展观,坚持社会主义先进文化前进方向,以满足人民群众精神文化需求为出发点和落脚点,以科学发展为主题,以建设社会主义核心价值体系为根本任务,为水利事业的现代化建设提供先进的文化支撑。

(二)基本原则

1.坚持社会主义先进文化发展方向。把水文化建设纳入社会主义文化建设体系中,坚持"为人民服务、为社会主义服务"的根本方向,坚持"百花齐放、百家争鸣"的基本方针,结合水利实践,既要弘扬主旋律,又要提倡多样化,营造百花齐放、姹紫嫣红、健康向上的水文化繁荣发展的新局面。

2.坚持服务于水利事业改革发展。既要注重从水利发展与改革实践中及时总结、整理、培育、丰富和提升水文化,又要注重运用先进的水文化指导水利发展与改革实践,推动水利事业发展。

3.坚持以人为本,贴近实际,贴近生活,贴近群众。立足水利工作实际,发挥水利职工在水文化建设中的主体作用,坚持水文化建设为群众服务、依靠群众,成果为群众共享的原则。

4.坚持继承与创新的辩证统一。既要积极从中国传统水文化中汲取精华,从世界各民族优秀水文化中借鉴经验,又要及时吸收新鲜养分,充实时代元素,与时代进步同行,与水利发展同步。

5.坚持把社会效益放在首位,实现社会效益和经济效益相统一。始终把提高人的文化素质和道德修养放在首位,最大限度地发挥文化引领水利事业、教育广大水利职工、推进现代水利发展的社会功能。同时要努力提高水文化公共服务的能力和水文化产业的积极培育和发展。

6.坚持整体推进与重点建设相协调。水文化建设是一项全新的宏伟的系统工程,必须本着长远规划与阶段性发展相结合的思路,立足现实、循序渐进,突出重点、整体推进。

(三)发展目标

按照社会主义核心价值体系建设的根本要求,力争通过5年至10年的努力,切实提高全社会的水生态文明建设水平和水文化的高度自觉和自信,引导社会建立人水和谐的生产生活方式,为建设资源节约型和环境友好型社会贡献力量;切实提高水利职工队伍的思想道德和科学文化素质,促进人的全面发展;切实提高水利工作的文化品位,满足人民日益提高的物质文化需要;加快发展水文化事业和水文化产业,提高水利事业的综合文化实力;切实开展丰富多彩的群众性文化活动,形成更加昂扬向上的精神风貌;努力构建充满活力、富有效率、更加开放、有利于水文化发展的体制机制;努力构建符合社会主义先进文化前进方向、

具有鲜明时代特征和行业特色的水文化体系。为把我国建设成为社会主义文化强国作出应有贡献。

二、水文化建设的重点任务

（四）努力体现社会主义核心价值体系在水文化建设中的灵魂作用

要以推进社会主义核心价值体系建设为水文化建设的根本任务。社会主义核心价值体系是兴国之魂，是社会主义先进文化的精髓，决定着中国特色社会主义发展方向。要以社会主义核心价值体系的根本要求，坚持不懈地开展行业精神文明建设，在全行业形成统一指导思想、共同理想信念、强大精神力量、基本道德规范。要把社会主义核心价值体系融入水利改革发展的全过程，引领水文化建设。着重从以下四个方面展开：

1.坚持不懈地用马克思主义中国化最新成果指导水利实践。加强学习型组织建设，以科学的治水理念，推进传统水利向现代水利、可持续发展水利转变，推动水利事业又好又快发展。

2.坚持不懈地用中国特色社会主义共同理想和可持续发展水利的宏伟目标凝聚力量。广泛利用中国水利博物馆和各地水利（水文化）博物馆（展览馆）、都江堰、小浪底、红旗渠等各类水利爱国主义教育基地，大力开展水文化知识的普及与教育。使水文化传播与爱国主义的理想信念教育、国情水情教育相结合，进一步坚定走中国特色社会主义道路的信念和决心。

3.坚持不懈地用爱国主义为核心的民族精神、改革创新为核心的时代精神，为水利行业注入新的思想活力和时代内涵。把大力弘扬"献身、负责、求实"的水利行业精神与社会主义核心价值体系建设有机结合起来，使之成为推动水利科学发展、和谐发展的强大精神动力。修订《水利爱国主义教育基地命名办法》，制定出台《水利爱国主义教育基地建设与管理办法》。

4.坚持不懈地以优秀水文化思想引领风尚。"十二五"期间，完成覆盖水利行业的职业道德体系建设，使全体水利职工的文明素质和道德水平有明显的提高。

（五）不断丰富完善可持续发展治水思路和民生水利的文化内涵

1.要加强可持续发展治水思路和民生水利研究。全面把握可持续发展治水思路的核心理念、本质特征和实践要求，深刻认识民生水利的丰富内涵、时代特点和重点任务。注重从满足人们日益增长的物质和文化需求的角度谋划水利发展，大力推进民生水利建设，为人民群众带来更多更好的实惠，促进人的全面发展。

2.积极发挥水文化的功能，不断深化对水利发展自身规律的认识，水利与经济、政治和社会等方面在发展进程中的相互促进又相互制约规律的认识，准确把握水利发展与改革的阶段性特征。

3.把治水实践中的新认识、新做法、新经验升华为文化层面的认知，促进社会公众对可持续发展治水思路的理解与支持。

4.深刻认识民生水利所蕴涵的丰富文化内容、时代特点和重点任务。坚持以人为本，树立发展民生水利的科学理念和价值取向，引导民生水利沿着更加科学、更加合理、更加满足广大人民群众对水利迫切需求的方向发展。充分体现民生水利的人本理念与人文关怀。

（六）大力提升水工程与水环境的文化内涵和品位

1.要把文化元素融入到水利规划和工程设计中，提升水利工程的文化内涵和文化品位。

努力使每一处水利工程都成为独具风格的水利建筑艺术精品,成为展现先进施工工艺和现代管理水平的现代高科技载体和现代水工建筑艺术载体。重点建设一批富涵水文化元素的精品水利工程。形成以工程为轴心,既体现兴利除害功能,又能反映本地区本流域特有的优美自然环境、人文景观以及民俗风情于一体的乐水家园,展现治水兴水的人文关怀和文化魅力。

2.加大对现有水利工程建筑的时代背景、人文历史以及地方民风民俗的挖掘与整理,增加文化配套设施建设的投入,丰富现有水利工程的文化环境和艺术美感。

3.要用现代景观水利的理念和现代公共艺术、环境艺术设计思路与手段去建设和改造水工程,实现水利与园林、治水与生态、亲水与安全的有机结合,在保障工程安全正常运行的状态下,使风景优美的河道成为人们陶冶性情的好去处,使水利工程成为人们赏心悦目的好风景,使清新靓丽的水利风景区成为人们休闲娱乐的好场所,更好地满足人民日益提高的物质文化生活需要。

4.要把水利风景区建设作为提升水工程及其水环境的文化内涵和品位的示范工程。水利风景区建设与管理过程中,更加注重水利功能与人文内涵的有机结合,以及水利科技知识的普及,注重塑造精品景区,提升景区质量,加强宣传和引导,提升景区社会影响力。使之成为传播水文化的重要平台,成为水文化产业发展的重要领域。

(七)动员全社会力量关心支持水利工作,积极引导全社会建立人水和谐的生产生活方式

1.要把水文化建设融入水利改革发展顶层设计之中,注重从文化的角度反思人与自然的关系,积极引导社会建立人水和谐的生产生活方式,促进转变经济发展方式。加大力度宣传国情水情,通过水文化知识的普及和教育,提高全社会的水患意识、节水意识、水资源保护意识,以及维护河流健康生命的意识。

2.通过建设先进水文化,推动有利于水资源节约保护的法律和政策的加快建立和完善,推动全社会走上生产发展、生活富裕、生态良好的文明发展道路。

3.提高全社会的水法治意识,通过开展"六五普法、节水中国行、世界水日、中国水周"等主题宣传活动,引导人们自觉遵守水法规,逐步形成符合生态文明建设要求的水资源开发利用模式;引导全社会建立有利于水资源可持续利用的社会制度和生产生活方式。

4.创建水文化先进单位。制定全国水文化建设先进单位标准,创建一批国家级水文化建设先进单位。

5.大力开展精神文明创建活动。"十二五"期间,创建一批全国水利文明单位和一批全国文明单位。

(八)加强水利遗产的保护和利用

深入挖掘传统水文化遗产,摸清传统水文化遗产的内容、种类和分布等情况,认真梳理传统水文化遗产的科学内核,切实保护好各种物质的和非物质的水文化遗产。

1.水利文献与档案的整编、分析与共享。采集整编水利文献与档案,并借助科技手段实现网络共享,同时分析挖掘其中蕴含的科技价值。

2.水利遗产的资源调查。结合水利文献与现有研究成果,对我国现存水利遗产的分布进行梳理,按照水利遗产的类型,对其地点、数量、工程规模、所有权属、管理状况、利用现状和工程效益等基本情况进行调查,建立水利遗产数据库。

3.水利遗产的认定。制定水利遗产国家级名录标准,逐步开展水利遗产的认定工作。

4.水利遗产的保护和利用。分析总结我国水利遗产的现状及存在的问题,根据其价值,探讨水利遗产的保护对策。针对具有重大价值的水利遗产,编制并实施相应的保护与利用规划。

5.水利遗产的宣传与展示。通过原址展示、陈列展览、实物复原、虚拟现实技术复原、科普著作和数字影视作品发行等技术手段,对社会公众进行宣传。

(九)加强水文化的研究

水文化是一个理论性和实践性都很强的问题,水文化研究要围绕水利工作的重大问题和水文化的科学内涵进行理论研究。

1.注重总结归纳人民群众在水文化建设的实践成果和经验。加强我国传统治水理念、治水方略、治水措施的研究,从中提炼科学的文化内核,为当代水利建设提供有益借鉴。

2.深入研究水文化与相关水科学技术、水管理等方面的相互关系。提升水文化在水利工作中的内在功能,以及启发水利工作者的文化自觉;深入研究水文化建设渗透到水工程的规划、设计、建设、管理之中的有效途径,尽可能地发挥好科学与艺术在水利上的完美结合,全面发挥水工程的各项功能,提高水工程的文化品位。

3.围绕水与人类社会的诸多方面,包括政治、经济、社会发展及科学技术、文学艺术等诸多方面的关系,从历史地理、风土人情、传统习俗、生活方式、行为规范、思维观念等方面,多角度、宽领域、全方位地进行研究;当前,应对全球气候变化,水旱灾害突发事件增多的情况下,要着重从水与人口、资源和环境的关系上加以重点研究,从城市化进程、工业化进程以及社会主义新农村建设等关系上加以深入研究。结合水文化研究特色,为加快水利改革发展提供更加完善的对策依据和更加科学的战略思维模式。

4.进一步对水文化的研究对象及相关问题进行系统的学术探讨和理论建设;对水文化的一些基本概念、基本观点和体系构成进行系统的梳理和分析研究,力争在理论上有所突破。

5.围绕水文化体系建设,分层次、分领域地广泛开展水文化研究活动。深入开展水行业系统内各领域的水文化研究。如水文文化、水利规划设计文化、水利科研文化、水工程建设文化、水利工程管理文化、水利组织文化等专业领域的具体研究。深入研究关系水利发展的各种非物质性因素。包括治水思路、治水理念、治水方略、制度设计、价值取向等,不断丰富完善可持续发展治水思路和民生水利的科学精神及文化特征,为推进传统水利向现代水利、可持续发展水利转变提供先进文化支撑。围绕水利改革发展中心任务,有针对性的设立水文化研究课题,组织专门人员,形成有价值的研究成果,推动水文化建设的繁荣与发展。

6.聚集学术力量,构建水文化理论研究的平台。水利水电科学研究院和水利有关高等院校要发挥资源优势,加强交流合作。建立健全有利于理论创新的课题规划、成果评价、应用机制,促进水文化的理论研究不断取得新的成果。通过上述努力,逐步达到对水文化本质的总体认识,构建具有中国特色,内容较为完善的水文化理论体系,使水文化成为一门新型的学科。

(十)繁荣和发展水利文学艺术

党的十七届六中全会提出,创作生产更多无愧于历史、无愧于时代、无愧于人民的优秀作品,是文化繁荣发展的重要标志。

1.围绕水利中心工作,广泛深入地开展形式多样的文学、戏剧、音乐、美术、书法、摄影、舞蹈、影视、动漫等各种水利文学艺术形式的水文化活动。

2.努力抓好水利文学艺术的创作。组织行业内外有抱负、有作为的文学艺术工作者深入水利体验生活,努力创作一批具有强烈时代精神、鲜明水利特色、感人艺术形象、鲜活艺术语言,思想性艺术性观赏性相统一、人民群众喜闻乐见的文学艺术精品,繁荣水利文艺创作。

3.实施水文化精品战略。要扶持原创性作品,着力打造一批代表水利行业形象、具有民族特色的水文化艺术精品。积极参与国家"五个一工程",争取在五年内有反映水题材的作品获国家"五个一工程"奖。

(十一)加强水文化的教育

1.把水文化教育列入水利院校教育课程体系,并作为水利系统职工教育培训的重要内容。组织编写相关的水文化教材,培养水文化教育的师资力量,针对不同对象,分层次、有重点地开展水文化教育。在全国遴选一批布局合理,条件成熟的水文化基地或中心。"十二五"期间,要有步骤、分层次地开展水文化培训。计划在全国培训1000名水文化骨干。

2.在水利系统党政管理干部和技术干部以及广大水利职工中全面开展水文化教育,提高整个水利队伍的水文化自觉和自信意识,提高自觉运用水文化知识提升水行政管理能力、社会公共服务能力和自身的业务水平。

3.在水利院校加强水文化教育,要在水利院校开设水文化选修课或必修课,并争取开设"水文化"专业,培养既掌握专业技能、又具有文化素养的新一代水利事业建设者;在校园文化建设中突出水文化特色,营造水文化氛围,发挥环境育人的功能。

4.在全社会进行节水、爱水、护水、亲水教育,把水文化教育与培育公民树立良好的资源道德观念结合起来,与节水型社会建设结合起来,发挥先进水文化的引导功能和自律意识。

5.通过讲座、报告、活动等多种途径,采取群众喜闻乐见的方式,推进水文化教育进机关、进企业、进学校、进社区、进农村。

(十二)加强水文化的传播

1.加强和着力做好水利新闻宣传工作,大力宣传中央关于水利工作的方针政策,宣传我国基本水情和水利发展阶段性特征,宣传人民群众治水兴水的实践创造,宣传水利改革发展的成效、经验和典型,加强舆情分析研判和水利热点难点问题引导,及时解疑释惑,广泛凝聚共识。

2.把水利报、刊、网、场、馆等传播载体的建设列入水文化建设的重要内容,加强水文化报刊、网站建设;加强全国水利风景区的建设;鼓励支持有条件的地方建立有特色的水文化场、馆。重点培育《中国水利报》、《中国水利》杂志、《中国水文化》杂志、《中国水文化网》、《水利文明网》等宣传阵地。特别要重视互联网的传播功能,分层次建设不同特色的水文化网站,不断丰富网站内容。

3.在每年的"世界水日"、"中国水周"宣传活动中注重增加水文化内容,提高互动能力和群众参与度,增进全社会对水和水利工作的深入了解,增强对水利改革发展的支持力度。

4.做好水文化著作、音像制品的编辑出版工作。完成《河湖大典》的编纂出版工作,继续做好水利史志的编纂和出版工作;在水利部统筹协调下,组织力量,开展《水文化丛书》的编纂工作。

（十三）加强水文化交流

1.加强水利行业水文化建设交流，及时总结各地水文化建设经验，沟通信息，互相借鉴，不断提高全行业水文化建设水平。

2.加强水利行业与国内其他行业及有关部门的文化建设经验交流，尤其在水文化方面的交流，做到互相学习，共同提高。

3.实施"走出去"战略，积极参与国际水文化活动，加强世界先进治水思想、先进治水技术、先进管水经验交流，从中吸收先进的治水理念和文化思想，吸收借鉴世界各国优秀文化成果。同时要加大我国水文化对外的传播力度，提升我国水文化产品的影响力和竞争力，积极推动中华水文化面向未来、走向世界。

（十四）大力推进水文化事业，积极培育水文化产业

1.面向基层，着力加强行业内部公共文化基础设施建设，构建覆盖面广而全的、比较完备的公共文化服务体系，充分保障水利职工的基本文化权益。

2.坚持以市场为导向，贯彻"创新体制、转换机制、面向市场、壮大实力"的方针，扶持和调动各方面力量，调动各种资源，发挥水利旅游、水利新闻出版、水利网站、水利会展、水利教育、水文化社团等组织的作用，使水文化产业在培育中成长，在竞争中发展。

3.大力倡导和积极支持水文化创意产业的兴起和发展，扩大中华水文化国际影响力。

4.各级水利部门要根据自身优势和特点，编制水文化产业资源报告，积极培育水文化产业的形成和大力推动水文化产业的发展。

三、保障措施

（十五）加强组织领导

各级水利部门要提高对加强文化建设重要意义的认识，切实担负起推进水文化改革发展的政治责任，认真贯彻落实国家关于文化建设的政策措施，把水文化建设摆在全局工作的重要位置，纳入水利发展总体规划，纳入科学发展考核评价体系，与水利工作一同部署推进。要建立健全领导体制和工作机制，明确水文化建设工作的主管部门，充实人员力量，采取有效措施，切实推动我国水文化的繁荣发展。

（十六）深化体制改革

1.构建政府主导，广泛参与的水文化建设体制。要坚持在政府的主导下，结合大规模水利建设，加强水利系统文化基础设施建设，特别要建设好各类水利爱国主义教育基地、水利博物馆、水利风景区，更好地满足人民基本文化需求。要把握我国文化产业发展的历史性机遇，全面推进水利系统文化事业单位人事、收入分配、社会保障制度改革，建立健全科学的文化管理体制和富有活力的文化产品生产经营机制。要认真贯彻中央关于报刊出版单位体制改革的决策部署，积极探索新形势下水利报刊、水利出版等单位的发展模式，坚持把社会效益放在首位、社会效益和经济效益相统一，依托行业优势，面向公众需求，参与市场竞争，实施精品战略，打造品牌产品，树立良好形象，不断增强发展的生机和活力。

2.健全共同推进文化建设工作机制。推动水文化大发展大繁荣是水利全行业的共同责任。要建立健全党的统一领导、党政齐抓共管、宣传部门组织协调、有关部门分工负责、社会力量积极参与的工作体制和工作格局，形成水文化建设强大合力。

（十七）构筑整体格局

文化建设是一项社会系统工程，必须统筹协调各方力量，形成共谋文化发展、共建文化

附

录

兴水的合力。要构筑政府主导与群众广泛参与的促进水文化发展的格局。

1.从水利改革发展全局出发谋划水文化发展战略,把水文化建设与水利建设结合起来,与学习型党组织建设和创先争优活动结合起来,与群众性精神文明创建活动结合起来,与积极培育和发展机关文化、行业文化等结合起来,制定水文化建设规划,明确发展重点,突出行业特色,更加自觉、主动地推进水文化建设。

2.各级水利主管文化宣传的部门、新闻媒体、出版单位、精神文明建设主管部门等都要在推进水文化建设中切实发挥示范、引领、推动作用。要充分发挥各种水文化研究社团以及各级工会、共青团、妇联等人民团体在联系群众、组织群众、推动水文化建设方面的重要作用,广泛动员全行业水利职工积极参与水文化建设。

3.充分调动行业内外水文化爱好者的积极性和创造性,扩大公众参与范围,借助社会力量共同推进水文化建设,充分发挥行业内外各社团组织的重要作用,加强与有关部门、研究机构、高等院校、各类媒体的联系沟通,健全和完善水文化研究专家委员会的机构和功能,进一步吸收社会上有志于水文化研究的组织和个人,特别是历史、地理、哲学、文化、经济、生态等领域的专家学者加入研究行列,发挥水文化建设整体效应。

(十八)加大资金投入

鉴于水文化建设的基础性、公益性、长期性和软实力等特点和作用,为保障工作的顺利开展和持续进行,要积极争取政府资金投入,扩大公共财政的覆盖范围。同时,也要积极创造条件,建立水文化建设的专项资金和发展基金,多渠道、多层次地筹集社会资金用于水文化建设。

(十九)加强人才培养

党的十七届六中全会提出,推动社会主义文化大发展大繁荣,队伍是基础,人才是关键。

各级水利部门要高度重视培养和使用水文化建设人才,努力为他们创造良好的成长环境。要紧密结合水利工作实际和水文化建设需要,组织分层、分类教育培训,创新培训内容,提高干部职工的水文化素养。广大水利干部职工要加强自身学习,不仅要提高政治素质和综合素质,熟练掌握水利业务技能,也要广泛学习政治、经济、法律、历史、哲学以及文学艺术等方面的知识,有重点有针对性地学习一些水文化知识,努力使自己成为博学多专的复合型人才,成为水文化建设的积极推动者,培养和造就一批自主创新能力强、专业特长明显、结构合理的水文化建设团队,努力打造一支高素质的水文化人才队伍。

为各类水文化人才的脱颖而出创造条件。要把培育德艺双馨的水文化人才和创作高品位的水文化作品作为水文化队伍建设的根本任务。要大力表彰在水文化建设中业绩突出的先进单位和在人文社科、文学艺术、新闻出版、广播影视等领域作出突出贡献的水文化工作者。

本规划纲要是我国水利方面第一个中长期水文化建设的规划纲要,涉及面广、时间跨度大、任务重、要求高,必须周密部署,精心组织,认真实施,确保各项任务落到实处。

附录 D

弘扬和发展先进水文化　促进传统水利向现代水利转变

水利部部长　陈　雷

文化是一个国家和一个民族之根,也是一个国家和一个民族不断前进的推动力。作为文化分支的水文化是在水利发展中形成的宝贵财富。在水利与经济、社会和环境的交融不断加深,与科学技术的结合更加密切的今天,文化的影响力日渐凸现。从文化的角度重新审视人和水的关系,为解决我国依然严重的水问题寻求文化支撑,以先进水文化推进现代水利事业科学发展、和谐发展,是摆在我们面前的重大课题。

一、水与文化的关系

水是与人类生存发展息息相关的自然资源,人类与水的关系是一种独特的文化现象,以水为载体的人类实践活动产生了具有特定内涵的水文化。

(一)文化的本质。关于文化的概念众说纷纭。英国人类学家泰勒在 1871 年出版的《原始文化》一书中给出的文化定义被广泛引用。他指出:"文化或文明是一个复杂的整体,它包括知识、信仰、艺术、伦理道德、法律、风俗和作为一个社会成员的人通过学习而获得的任何其他能力和习惯。"马克思主义认为,文化本质上是人类把握世界的一种独特方式,是人的创造能力与自由本性的发挥,它在不同的社会历史条件下体现为不同的文化模式,进而发挥着不同的社会功能。我们要用马克思主义的文化观来认识和把握文化的本质、水与文化的关系,培育和发展先进的水文化。

(二)水文化是人与水关系的文化。水是生命之源、文明之源。人类自诞生之日起就与水结下了不解之缘,并在以水为载体的实践过程中创造了丰富的文化,书写着人类文明的生动历史。人是创造文化的主体,当水与人类的生产生活发生了关系,有了用水、治水、管水、赏水、亲水等方面的实践,有了对水的认识和思考,才产生文化;而人类也通过丰富多彩的文化内容表达对水的感悟和理解、认识和把握,以及涉水实践中的思想观念、思维模式、指导原则和行为方式等。所以,水文化的实质就是人与水关系的文化,是人类活动与水发生关系时所产生的以水为载体的各种文化现象的总和,是不同民族以水为轴心的文化集合体,它产生于人民之中,涉及社会生活的各个方面。正是在这个意义上,2005 年在墨西哥召开的第四届水论坛上,对水文化给出了这样的概括:"水文化是人民的文化"。

(三)水文化的内涵。水文化有广义与狭义之分。广义的水文化是指人类在社会发展进程中,通过人类与水密不可分的生产生活活动中所创造的物质和精神成果的总和。它主要由三个层面的文化要素构成:一是物质形态的文化,如被改造的、具有人文烙印的水利工程、水工技术、治水工具等;二是制度形态的文化,如以水为载体的风俗习惯、宗教仪式、社会关系及社会组织、法律法规等;三是精神形态的文化,如对水的认识、有关水的价值观念、与水有关的文化心理等。狭义的水文化应是人类水事活动的观念、心理、方式及其所创造的精神产品,包括与水有密切关系的思想意识、价值观念、行业精神、行为准则、政策法规、文学艺术等。水事观念和水事心理是水文化最基础、最核心的内容,它制约着人类在生存实践中与水相关的一切选择、一切愿望以及行为的方法和目标,从而调节和指导着人们具体的水事行为。水事活动方式是水事观念、心理认知的外在表现。

二、水文化是中华传统文化的重要组成部分

中华民族在认识、利用、改造自然的过程中,在与水相伴、相争、相和的实践中,形成了本土水文化,它深深地植根于中华文明的沃土之中,是中华民族文化和民族精神不可或缺的重要组成部分。

(一)水文化是中华文明的重要因子。水,作为自然资源,生命的依托,与人类的繁衍生息、劳动创造结下了不解之缘。"缘水而居,不耕不稼"(《列子·汤问》),形象地展示了原始社会人类与水的关系。江河是人类文明的摇篮。没有尼罗河的存在,沙漠大陆非洲就不可能产生根植于"绿色走廊"之上的古埃及;没有底格里斯河和幼发拉底河的浇灌,美索不达米亚平原就不可能成为苦苦寻觅安居乐业之地的苏美尔人的驻足之处;没有印度河、恒河的水利,次大陆就不可能产生发达的农耕文明。中华文明起源和国家起源,与治水更是密切相关,特别是早期以治理黄河为中心的大规模治水活动,不但催化了中国国家的形成,而且对夏商至明清延续4000多年政体的形成和发展起到了非常重要的作用。在历史进程中,中华民族创造的物质财富也蕴含着水的开发、治理与保护的成果。与此同时,不同的水土和气候环境,还造就了中华民族独特的人文历史和地域文化,如黄河(包括淮河、海河)流域的中州、三秦、齐鲁、燕赵文化,长江流域的巴蜀、荆楚、吴越文化等。

(二)水文化是中华传统文化的重要内容。水不仅孕育了中华文明,催生了华夏民族,而且在长期的历史进程中,水文化成为中华传统文化中的重要组成部分,在中华传统文化悠久的历史宝库中,水文化是其中最具光辉的文化财富。都江堰、京杭运河、坎儿井等古代水利工程,是中华民族创造力的象征,是中华民族的标志性工程。这些工程既造福人民又包含着丰厚的文化内涵,凝聚着人类的知识、智慧和创造,是水利先贤留给我们的丰厚遗产,也给后人以深邃的文化智慧和思想启迪。在中华文明的发展历程中,随着社会发展进步,人类对水的管理越来越全面,在洪涝灾害防御、水资源配置、水资源保护等方面,形成了内容丰富的法律、制度和乡规民约。我国的水利法规已有2000多年的历史,例如春秋时期"无曲防"的条约,西汉的《水令》《均水约束》,唐代的《水部式》,宋朝的《农田水利约束》,金代的《河防令》,民国时期制定的近代第一部《水利法》等。在长期实践中,负责水管理的机构和水利职官的设立逐渐形成了一套完整体系,例如都江堰独具特色的"堰工会议",在水管理中发挥了重要作用。在治水、管水的基础上形成了中国社会的政府管理体系,积淀为历史上的制度水文化和制度文明。治水活动不仅创造了中华民族的物质文明,而且创造了中华民族的精神文明,同时也创造了先进的治水理念:大禹疏导洪水的方法,成为后世治国的借鉴;西汉贾让治河三策中的"上策",充分体现了人与洪水和谐相处的思想;潘季驯在长期治黄实践中总结出的"筑堤束水、以水攻沙"的治黄方略,体现了治黄的系统性、整体性和辩证法观念,对今天的黄河治理仍然有着十分重要的意义。特别是在治水活动中形成的大禹精神,如"身执耒锸,以为民先"的吃苦耐劳、坚忍不拔、以民为本精神,"左准绳、右规矩"、"因水以为师"的面向现实、脚踏实地,求实负责精神,"非予能成,亦大费为辅"的发挥集体力量、同心协力、团结治水精神,都已成为中华文化的重要内涵。

(三)水文化丰富着中华民族的精神世界。星罗棋布的江河湖海泉等水体,不但给中华民族提供了丰富的物质之源,而且进入人类的精神观照和审美实践,启示、影响和塑造着中华民族的精神世界,留下了丰富多彩的艺术瑰宝。在追寻世界的本原时,《管子·水地篇》提出:"水者何也? 万物之本原也",与古希腊哲学家泰勒斯所说的"万物的本原是水"可谓珠联璧合。在思考人与自然的关系时,中华民族通过长期治水等实践,形成了"天人合一"的思维方式。在道德修养和人格锤炼上,老子说,"上善若水,水利万物而不争",《易经》说,"天行健,君子以自强不息。地势坤,君子以厚德载物"。祖先们用"上善若水、厚德载物"的美德作为自己涉身处世的准则,像水一样,以宽广深厚的胸怀、高尚美好的品行来承载万物,包容万物,滋养万物,造福万物。此外,诸如"水能载舟,亦能覆舟"的政治智慧,"芳林新叶催陈叶,流水前波让后波"的创新之道,"不积小流,无以成江海"的可贵品质等等,都是通过对水的认识而升华成为非常朴实的哲学思想。在中华民族发展的历史长河中,我们的祖先以水为题材创造了大量的神话传说、诗词歌赋、音乐戏曲、绘画摄影、科学著述,这些内涵丰富的精神产品,已成为中华民族特有的文化瑰宝。水对文学艺术的影响是直接的,对水的描写、歌咏,被视为永恒的题材,成为世代文人笔下旷古不衰的文学母题。在中国历代诗歌艺术中,水拥有了生生不息的审美生命力。水的各种各样特征,吸引着历代诗人的审美情怀,使水进入他们的诗歌艺术,不仅获得了永恒的生命力,而且呈现出多样化的形态。水为智者提供了丰富的文化源泉,智者亦开发了无穷的水文化宝藏,或引申为美学的意境,或上升为哲学的思考,或凝结为人文的精神。正因为如此,水文化的源流才川流不息、百川汇海、源远流长,在有着五千年文明历史的华夏文化中占据特殊地位并构成人类文明史中光辉璀璨的一页。

三、水文化在当代的发展

中华民族悠久而灿烂的治水文明成就了传统中华水文化博大精深的内涵,当代中华儿女在波澜壮阔的治水实践中,正在谱写着水文化崭新的篇章。

(一)从物质形态的水文化来看。新中国成立以来,我国根据经济社会发展的要求,开展了大规模水利建设,建成了 8.63 万座水库、28.7 万公里堤防以及众多的灌区工程,长江中下游干堤修完修好,黄河下游标准化堤防建设取得显著成效,治淮、治太骨干工程基本完成,三峡、小浪底、临淮岗等枢纽工程全面发挥效益,大量水资源配置工程先后建成,南水北调工程顺利实施,水利工程设施体系不断完善。紧密围绕水利建设主战场开展科学研究、技术开发和推广转化,在防汛抗旱减灾、大江大河综合治理、水资源开发和保护、农村水利、水利工程建设等重点领域取得了一批重大科技成果,新技术、新材料、新工艺、新方法得到广泛应用,水利科技总体水平与国际先进水平的差距不断缩小,部分领域达到国际先进水平,一些领域处于国际领先地位。一些水利工程在为社会提供水资源、水电以及防洪安全保障的同时,造就了一大批风光各异的水利风景区,水文化在水利建设中赋予了新的内容。

(二)从制度形态的水文化来看。以水法为代表的一系列水利法规相继出台,逐步建立了以水法为核心的水法律法规体系,各类水事活动基本做到了有法可依,水利法治建设成效显著,依法治水进程进一步加快。在水利投资体制方面,初步形成了以政府投资为主导、社会投资为补充的多元化、多层次、多渠道的水利投融资新格局。在水资源管理体制方面,确立了流域管理与行政区域管理相结合的水资源管理体制,实施最严格的水资源管理制度,明确了水资源管理的"三条红线",取水许可、水权制度、水资源有偿使用、建设项目水资源论证、水功能区管理、入河排污口监管等一系列制度逐步建立并完善。节水型社会建设的制度框架初步建立,节水型社会建设规划体系基本形成,七大流域管理机构初步建立了流域取水总量控制指标体系,全国已有 27 个省、自治区、直辖市发布了用水定额,用水总量控制与定额管理相结合的管理制度逐步建立。在水利建设管理体制方面,全面推行项目法人责任制、招标投标制、建设监理制,建立健全质量与安全监管体系、水利建筑市场准入制度和市场监管机制。在水利工程管理体制方面,管理体制逐步理顺,水利工程良性运行机制初步形成。在水价形成机制方面,终端水价、超定额累进加价、丰枯季节水价、"两部制水价"等制度逐步建立并得到推广,农业水价综合改革全面启动。在农村水利方面,着力推行以"五小"工程(小水库、小塘坝、小机电井、小抽水站、小拦河坝等)为重点的小型农村水利工程产权制度改革,以规划为依托、以财政资金为主导、农民广泛参与的农田水利建设新机制正在逐步建立,农民用水合作组织蓬勃发展。可以说,水的制度文明已成为现代社会法治架构的重要组成部分。

(三)从精神形态的水文化来看。丰富的水利实践推进了治水思路的创新,可持续发展治水思路和民生水利的理念不断丰富完善,推动了传统水利向现代水利转变的进程:防洪工作从控制洪水向洪水管理转变,水资源管理从供水管理向需水管理转变,水土保持从重点治理向预防保护、综合治理与生态自我修复相结合转变,水利建设从开发利用为主向开发保护并重转变,水行政管理从行政手段为主向综合运用法律、经济、行政和科技手段转变。对水与自然和社会关系的哲学思考,水利建设的经验与教训,丰富了新时期水文化内涵,产生了许多具有真知灼见的思想和观念,例如"河流辩证法"思想、"水灾害双重属性"理论、"河流伦理"、水权与水市场理论、水资源承载能力和水环境承载能力理论等,体现了科学精神与人文精神的融合。广大水利职工在治水实践中焕发出前所未有的时代精神,例如"献身、负责、求实"的水利行业精神、'98抗洪精神和伟大的抗震救灾精神等等,已成为新时期中华民族精神和文化的重要组成部分。

尽管水文化在当代得到了进一步继承和发展,但也要清醒地认识到,对我国丰富多彩的水文化遗产,我们整理、发掘、保护的力度还不够,由于缺乏有效保护,一些水文化遗产已经或正在消亡;目前水文化研究力量有待进一步加强,研究成果还比较薄弱;对水的文化属性重视不够,对水工程的文化承载力认识不足。我国水问题十分复杂,干旱缺水、洪涝灾害、水污染和水土流失等问题依然十分突出,许多问题涉及制度、传统文化、人文价值等深层次原因,从文化角度审视和解决水问题尚未成为社会的自觉意识和行动。联合国教科文组织指出:"水具有丰富的文化蕴含和社会意义,把握文化与自然的关系,是了解社会和生态系统的恢复性、创造性和适应性的必由之路。"解决我国日益严重的水问题,不仅要充分利用现代科学技术,同时也需要从文化角度审视我们的思想和观念、目标和行动、政策和方略,正确认识水的文化功能,注重水文化建设,全面发挥水文化的作用。

四、以先进水文化引领水利事业

水文化建设是水利事业的重要组成部分,在现代水利事业发展全局中具有重要地位,发挥着不可替代的作用。在大力加强民生水利建设,加快推进传统水利向现代水利、可持续发展水利转变的新形势下,迫切要求以先进水文化引领水利事业科学发展、和谐发展。

当前和今后一个时期,水文化发展和建设的基本思路是:在发展方向上,要牢牢把握社会主义先进文化前进方向,始终坚持以马克思主义和马克思主义中国化的最新成果为指导,坚持为人民服务、为社会主义服务的"二为"方向和百花齐放、百家争鸣的"双百"方针,坚持弘扬主旋律,提倡多样化,努力构建社会主义核心价值体系,发展面向水利实践、面向社会、面向未来的先进水文化。在发展目的上,要坚持以人为本,努力向全社会提供内容丰富、形式多样的水文化产品和服务,丰富并不断提升水利建设的文化内涵和文化品位,切实加强传统水文化遗产的发掘和保护,不断满足广大人民群众日益增长的精神文化需求;弘扬"献身、负责、求实"的水利行业精神,积极培育水利行业的文明风尚,着力提高广大水利职工的思想道德素质和科学文化素质,为现代水利、可持续发展水利事业提供强大的精神动力和智力支持。在发展战略上,要提升水文化的社会影响力,促进全社会水知识的普及、水意识的增强和水观念的转变,引导社会建立人水和谐的生产生活方式,为建设资源节约型和环境友好型社会贡献力量,推进生态文明建设。在发展动力上,要坚持解放思想,改革创新,借鉴吸收国内外一切有益文化成果,推进思想观念的创新、体制机制的创新、内容形式的创新、传播手段的创新,建立符合文化发展规律、符合水利事业发展规律的水文化建设的体制和机制。在发展力量上,要始终坚持政府主导与公众参与相结合,充分发挥广大水利职工在水文化建设中的主体作用,最大限度地激发人民群众参与水文化建设的积极性、主动性和创造性。

(一)不断丰富完善可持续发展治水思路和新时期治水方略。我国数千年来治水理念创新发展的过程也是水文化不断繁荣进步的过程。当前加强水文化建设,首要任务就是丰富完善可持续发展治水思路,加快推进民生水利发展。要借助水文化的各种表现形式,集中反映水利工作方针以及可持续发展治水思路,让广大水利干部职工全面把握可持续发展治水思路的核心理念、本质特征和实践要求,深刻认识民生水利的丰富内涵、时代特点和重点任务,进一步明确新时期水利发展的科学定位、发展战略和发展重点。要通过水文化建设,开阔眼界,拓宽思路,启迪思维,不断深化对自然规律、经济规律、社会规律和水利发展规律的认识,牢牢把握水利发展与改革的阶段性特征。要善于从人与自然关系的发展变化中审视水利实践,正确处理水资源开发利用和节约保护的关系;善于从服务民生、改善民生的角度审视水利实践,始终把解决人民群众最关心、最直接、最现实的问题摆在水利工作的突出位置。要在群众中广泛开展丰富多样的水文化活动,把治水实践中的新认识、新做法、新精神提炼升华为全社会共同的文化认知,促进社会公众对可持续发展治水思路和民生水利的认知和支持,推进传统水利向现代水利、可持续发展水利转变。

(二)着力引导社会建立人水和谐的生产生活方式。多年来的治水实践充分说明,当前我国存在的严重水资源问题,既是长期以来人们对水的开发利用行为不当的结果,也是水文化缺失的重要表现。恩格斯曾经说过:当人们欢呼征服自然胜利的时候,千万不要忘记大自然对人类的报复。因此,在推动传统水利向现代水利、可持续发展水利转变的关键时期,我们要善于从文化角度认识人与自然的关系、人与水的关系,转变水事观念,实现人水和谐。要增强全社会的水患意识、水资源意识、水生态意识、水危机意识、爱水惜水节水意识,引导人们逐步形成符合生态文明要求的用水意识、用水习惯和价值体系,推进节水防污型社会建设。要引导人们树立维护河流健康生命的理念,营造尊重河流、善待河流、保护河流的文化氛围,使河流的科学开发、合理利用、严格保护和有效治理成为人们的自觉行动。要通过建设先进水文化,突破传统观念对人们思想的束缚,冲破制约和影响水利科学发展的体制机制性障碍,加快完善有利于节约保护水资源的法律法规和政策措施,建立人水和谐的生产生活方式,推动全社会走上生产发展、生活富裕、生态良好的文明发展道路。

(三)努力丰富和提升水利工程的文化内涵和文化品位。时代赋予水利新的使命、新的内涵。随着我国人民生活水平的不断提高,人们对水工程、水环境在满足除害兴利要求的同时,更加重视其文化功能和愉悦身心的作用。然而长时期以来,水利工程建设往往局限于工程的结构设计和传统功能的发挥,较少考虑工程建设中的文化内涵以及社会环境和生态多样化的要求。在生态环保意识、文化景观意识日益增强的今天,在水利基础设施建设需要大力加强、水利支撑保障能力需要持续提升的时代,我们要打破传统的思维定式,充分发挥水、河流、水利工程的文化功能,进一步提高水利工程对生态和文化的承载能力,实现水、水工程与水生态、水环境、水景观的有机结合,疏浚河道,改善水质,活化水体,建设水景,为人们提供良好的生活环境和生存空间,使一条条清新亮丽的河道成为人们陶冶性情的好去处,一座座独具匠心的水工程成为人们寻古访今的好场所,一处处显现文化品位的水景观成为人们赏心悦目的好风景,把文化的元素渗透到水利工作的各个方面,渗透到水利建设的各个环节,展现现代水利建设的文化内涵,彰显水利工程的文化功能。这是发展现代水利、坚持走可持续发展水利之路的必然要求。

(四)大力弘扬"献身、负责、求实"的水利行业精神。一个人只有树立奋发向上的精神,才能做出优异的成绩;一个团体只有发扬同舟共济的精神,才能干出经天纬地的事业;一个行业只有保持生生不息的精神,才能走上繁荣发展之路。多年来,水利发展实践铸就了"献身、负责、求实"的水利行业精神,它既始终保持着反映水利行业特征的相对稳定的文化取向,又要求逐步提升能切合时代脉搏的新的价值内涵,它是水文化精神形态的重要体现。在新的历史时期,我们必须进一步弘扬水利行业精神,不断增强广大水利干部职工的价值判断力、思想凝聚力和改革攻坚力。弘扬水利行业精神,每个领导干部都要以身作则、率先垂范,用自己的模范行动和人格力量为群众做出榜样;要建立健全水利职业道德体系,使水利行业精神成为广大职工日常生活的基本遵循,内化为价值观念,外化为自觉行动;要大力宣传水利系统的先进模范人物,充分发挥先进典型的榜样作用。宣传先进典型,就是要提倡一种导向、一种追求、一种境界,鼓舞和激励广大水利干部职工献身水利,勤奋工作,创新求实,无私奉献,为战胜前进道路上的艰难险阻,为水利事业的长远发展提供强大的精神动力和力量源泉。

(五)积极培育水利行业的文明风尚。随着水利事业和精神文明建设的发展,水利行业的文明风尚和广大水利干部职工的思想文化素质呈现出良好的发展态势。但是,在经济成分和经济利益多样化、社会生活方式多样化、社会组织形式多样化、就业岗位和就业方式多样化的新形势下,在思想道德层面上影响水利事业和谐发展的某些矛盾和问题依然存在,并不断产生新的课题和挑战。因此,我们要弘扬社会主义核心价值观念,大力培育文明风尚,进一步提高广大水利干部职工的思想道德水平和综合素质。要坚持不懈地用马克思主义中国化最新成果武装头脑,指导实践,推动工作,坚持不懈地用中国特色社会主义共同理想凝聚力量,集中智慧,统一步调,进一步巩固和扩大学习实践科学发展观活动成果,建立健全学习实践科学发展观长效机制,进一步增强贯彻落实科学发展观的坚定性和自觉性。要大力倡导社会主义荣辱观,加强社会公德、职业道德、家庭美德、个人品德建设。要大力加强文明和谐机关创建,建设充满活力、诚信友爱、健康向上的文明和谐机关。要推动学习型单位建设,培育广大职工形成科学的思想方法、工作方法和生活方式,引导广大职工培养健康的生活情趣,保持高尚的精神追求。要加强基层文化基础设施建设,广泛开展干部职工乐于参与、便于参与、健康有益的文化体育活动,不断推出人们喜闻乐见的文化新形式,不断创造社会广泛接受的文化新方法。

(六)切实加强传统水利遗产的发掘和保护。2005年国务院颁发的关于加强文化遗产保护的通知指出:"加强文化遗产保护刻不容缓。地方各级人民政府和有关部门要从对国家和历史负责的高度,从维护国家文化安全的高度,充分认识保护文化遗产的重要性,进一步增强责任感和紧迫感,切实做好文化遗产保护工作"。中华民族五千年治水史积累了丰富的水利遗产,它们是我们民族伟大创造力的实证,是水文化传承的载体,对今天我们发展现代水利具有重要的启迪和借鉴意义。要深入挖掘和整理水利遗产中的科学内核,特别是蕴含其中的先进思想、辩证思维、科学精神和正确价值观念等,充分认识我国传统水文化的历史意义和现实价值,将其转化为服务于当代水利建设的文化资源。要组织开展水利遗产普查,通过艰苦细致的工作全面了解和掌握水利遗产的种类、数量、分布状况、生存环境、保护现状及存在的问题。要研究制订物质和非物质水文化遗产评价标准和申报程序,分期分批确定水文化遗产保护名录,逐步建立国家级和省、市、县级水文化遗产名录体系,最终建成一个全国性的水文化遗产数据库。要高度重视水文化遗产的保护、研究工作,切实加强古代水利工程的科学保护与合理利用,继承和发展古代水利科学与传统河工技术,努力做到古为今用,推陈出新。要充分发挥水利系统水文化遗产研究的优势,在最近大运河申请世界文化遗产的行动和大运河的保护中积极发挥支撑作用。要加大对水文化资料的收集整编工作,特别要着力抓好中国水利史的研究和江河水利志(史)、《中国河湖大典》等文献的编纂工作,以充分发挥其传承水文化和纪实、存史、资治、教化等方面的功能。

五、建设先进水文化需要处理好的几个关系

大力加强水文化建设,建立符合文化发展规律、符合水利事业发展规律的水文化建设机制,促进水文化的繁荣和进步,要正确处理好以下五个关系:

(一)水文化建设与水利发展的关系。水利事业发展与水文化息息相关,相辅相成,相互促进。从古至今,在各项水利工程建设和各种水利事业中都必然要创造与其相适应的水文化。水文化反过来又成为人类指导自身行为和评价治水活动的准则,从而促进人类对水资源、水生态、水环境和水事活动的重新认识,形成新型的人水关系,推动水利实践的深入和发展。现代水利事业和广大人民群众的水利实践活动,是水文化发展的丰厚土壤和活水源泉。我们既不能脱离水利实践片面地建设水文化,也要避免就工程建工程、忽视水文化发展的倾向。要在水利发展中实现水文化进步,满足当代水利人对水文化的基本需求,展现我国水利建设的文化内涵,引导社会建立人水和谐的生产生活方式,使水文化更好地适应现代水利建设的需要。同时先进的水文化对水利事业的发展有着重要的引领导向作用,在治水活动中,思想意识、价值观念、道德情操、精神面貌、团结协作、科学文化素养、经营管理水平等,不仅是创造、发展和繁荣水文化的决定性因素,也是水利事业能否顺利发展的重要因素。这就要求我们必须充分发挥水文化促进治水实践的反哺作用,以其向心力、凝聚力、导向力、创造力,引领和推动水利事业不断发展。

(二)政府主导与公众参与的关系。水文化研究与建设虽然已有多年的实践和探索,但与水利事业发展要求相比仍然滞后。造成这一问题的根本原因,就在于我们对水文化建设在水利发展与改革中的保障性作用认识不足,没有把水文化建设放在应有的位置。因此,在今后的工作实践中,水文化建设应从以民间社团和个体自发研究推动为主,转变为政府主导与公众参与紧密结合的良性互动模式。要切实加强对水文化工作的领导,牢牢把握水文化建设的发展方向,充分发挥水行政主管部门在水文化建设中的主导作用,把水文化建设放在更加突出的位置,把水文化建设纳入水利事业科学发展评价考核体系,不断加强和推动水文化建设,努力做到在方向上牢牢把握,工作上及时指导,政策上大力支持,投入上切实保证。要进一步理顺关系,整合资源,形成合力,构建全国性水文化研究和建设的组织网、智囊团、人才库。要建立激励机制,充分发挥广大人民群众尤其是水利职工在水文化建设中的主体作用,最大限度地调动社会参与水文化建设的积极性、主动性、创造性,形成有利于出精品、出人才、出文化生产力的充满生机与活力的局面。

(三)继承传统与发展创新的关系。文化的继承与创新是文化发展的内在规律,也是文化价值的实现途径。继承是创新的基础,创新是继承的生命力所在。关于在文化建设中正确处理继承和创新的关系,胡锦涛总书记曾作过精辟论述:"继承和创新,是一个民族文化生生不息的两个轮子。……不善于继承,没有创新的基础,不善于创新,缺乏继承的活力。在继承基础上的创新,往往是最好的继承。"人与水的关系,既是历史的,又是现实的。中华民族的水文化博大精深,为后人留下了享用不尽的宝贵财富。研究和关注水文化,可以使人们在实践中汲取历史营养,有所传承,有所启迪,有所借鉴,少走弯路,少犯错误。当然,水文化建设是一个动态的过程,它的领域会随着社会的进步与时代的发展不断扩展。因此,水文化建设既要积极从中国传统水文化中取其精华,从世界各民族优秀水文化中借鉴经验,又要立足于我国当前可持续发展水利事业的伟大实践,从人民群众丰富多彩的生产生活中汲取新鲜养分,使水文化建设在创造中继承,在推陈中出新,与时代进步同行,与水利发展同步。

(四)理论研究与实践应用的关系。实践是理论的先导与源泉。水利实践既为推动水文化研究提供了强劲动力,也为开展水文化研究开辟了广阔空间。水文化研究的成果反过来又对水利实践产生积极的指导作用,并在水利实践中得到具体运用。因此,既要注重历史水文化的研究,又要注重当代水文化的研究;既要注重广义的水文化研究,又要注重狭义的水文化研究;既要注重水文化的基础理论研究,又要注重水文化研究成果在水利实践中的推广运用,注重研究成果的转化,把服务于水利发展与改革作为水文化建设的出发点和落脚点。在现行条件下,水文化研究的重点应放在影响水利发展的非物质性因素,包括治水的理念、思想、制度、价值观等上层建筑领域的问题,从而为社会转型期水利理论、制度、精神文明建设等方面的创新提供文化依托和保证。要立足于当代波澜壮阔的水利实践,紧紧围绕水利发展与改革的趋势和存在问题,深入研究水资源与生态环境,社会、经济与水的关系,为人水和谐提供理论支撑;深入研究民生水利的内涵实质,为推进民生水利提供理论支撑;深入研究水环境与水景观、水工程与水文化的关系,为提升水利工程文化品位提供理论支持;深入研究水利制度和水利行业精神,为完善水利制度,推进水利行业理想信念、价值观念、道德规范等思维方式和行为方式的进步提供理论支持。

(五)传播普及与繁荣提高的关系。没有传播就难以普及,没有普及就难以繁荣,没有繁荣就难以提高。客观来讲,当前水文化研究还局限在比较狭小的圈子里,社会公众对水文化知之不多。这就要求我们必须一手抓传播普及,一手抓繁荣提高,大力拓展水文化的传播渠道,丰富传播手段,逐步构建传输快捷、覆盖广泛的水文化传播普及体系,让水文化走向社会,让人们了解水文化,了解水文化传播的理念,理解并支持水文化倡导的价值选择和政策导向,增进全社会对水利发展与改革的共识,凝聚全社会关心、重视、支持水利发展与改革的力量。要加强水文化阵地建设,充分利用报纸杂志、广播影视、网络、图书音像以及广告等大众传媒的力量,充分发挥水利工程、水利设施以及各种以水为主题的博(展)览会的作用,充分发挥涉水博物馆、纪念馆、爱国主义教育基地的作用,充分发挥水文化研究会、各类研究咨询机构的作用,鼓励创作更多高品位、高质量、丰富多彩的优秀水文化作品,探索水理论,倡导水理念,认识水价值,发扬水精神,树立水形象,引导水文化建设健康发展,使先进的水文化进社区,进企业,进课堂,进农村,逐步深入到每个人的心灵。中国水利报、中国水利杂志、水利部网站、中国水利网站等各级各类水利行业媒体,要更加自觉地承担传播先进水文化的职责,加强策划,突出创意,形成热点,引起关注,激起共鸣,帮助人们提高对水的战略地位的认识,促进全社会水意识的强化。尤其要充分认识互联网在水文化传播上的重要作用和重大影响,按照积极利用、大力发展、科学管理的方针,不断提高运用网络的能力,努力使互联网成为传播水文化的前沿阵地、提供公共文化服务的有效平台、促进广大水利职工精神文化生活健康发展的广阔空间。

大力加强水文化建设,关系社会主义文化大发展大繁荣,关系现代水利、可持续发展水利事业。我们必须以更加清醒的认识、更加开阔的思路、更加有效的方式、更加得力的措施、更加扎实的工作推进水文化建设,为水利事业又好又快发展提供强有力的文化支撑和保障!

附录 E

创造无愧于时代的先进水文化

——水利部部长陈雷接受《光明日报》专访

"水是生命之源、生产之要、生态之基",这是 2011 年中央 1 号文件对水重要性的界定。党的十七届六中全会向全党和全国人民发出了兴起社会主义文化建设新高潮,从文化的角度研究水问题,重新审视人与水的关系,已经引起了广泛关注。

如何以水文化的繁荣发展促进社会主义文化大发展大繁荣？水文化的内涵是什么？带着这些问题,本报记者近日独家专访了水利部部长陈雷。

以水文化的繁荣发展促进社会主义文化大发展大繁荣

记者:党的十七届六中全会向全党和全国人民发出了兴起社会主义文化建设新高潮,推动社会主义文化大发展大繁荣的新号召。请问,水利部如何贯彻落实这一号召？

陈雷:面对我国日益复杂的水问题,面对人民群众对水利发展的新期待,面对丰富多彩的社会文化生活,以水利实践为载体,积极推进水文化建设,既是摆在我们面前的一项重大而紧迫的任务,也是时代赋予我们的崇高使命。

我们要按照党的十七届六中全会的战略部署,切实把水文化建设放在更加突出的位置,从水利改革发展全局出发谋划水文化发展战略,注重做到四个结合:把水文化建设与水利建设结合起来,与学习型党组织建设和创先争优活动结合起来,与群众性精神文明创建活动结合起来,与积极培育和发展机关文化、行业文化等结合起来。

此外,我们还要抓好四项工作:抓紧出台水文化建设规划,明确发展重点和任务;着力推进水文化建设实践,引导社会建立人水和谐的生产生活方式;深化水利行业文化体制改革,加强水利系统文化基础设施建设,特别要建设好各类水利爱国主义教育基地、水利博物馆、风景区,满足人民基本文化需求;构筑水文化建设整体格局,形成共谋文化发展、共建文化兴水的合力,以水文化的繁荣发展促进社会主义文化大发展大繁荣。

中华民族文明史在一定意义上就是一部兴水利、除水害的历史

记者:部长刚刚提到了水文化,其实我们知道,中华民族五千年治水史创造了光辉灿烂的水文化。请您介绍一下水文化的内涵。

陈雷:水是人类文明的源泉。从一定意义上说,中华民族悠久的文明史就是一部兴水利、除水害的历史。在长期实践中,中华民族形成了独特丰富的水文化。

水文化是中华文化和民族精神的重要组成,也是实现又好又快发展的重要支撑。按照表现形态,大致可分为三类:

一是物质形态的水文化,主要包括被改造的河流湖泊、水工技术、治水工具、水利工程等。从都江堰、灵渠、京杭大运河、郑国渠等古代水利工程,到三峡、小浪底、南水北调、黄河标准化堤防等现代水利工程,所有水利工程的设计、施工、造型、工艺和作用,都凝聚着不同

时代人们的文化创造。

二是制度形态的水文化,包括与水有关的法律法规、风俗习惯、宗教仪式及社会组织。从西汉的《水令》,到今天以《水法》为代表的一系列水利法律法规,都反映了不同时代的社会关系、生产方式、行为准则和制度模式。

三是精神形态的水文化,包括与水有关的思想意识、价值观念、行业精神、科学著作以及文学艺术等。如天人合一、人水和谐的思维方式,水能载舟、亦能覆舟的政治智慧,水善利万物而不争的道德情操,以及以水为题材创作的大量神话传说、诗词歌赋、音乐戏曲、绘画摄影、科学著述,这些内涵丰富的精神产品,是中华民族特有的文化瑰宝。

记者:从现代水利的发展来看,如何进一步丰富水文化的科学内涵?

陈雷:水文化建设是一个理论性和实践性都很强的问题,既要注重阐明水文化建设的重大理论问题,又要注重总结归纳水文化建设的实践成果和经验。

我认为,可以从四个方面丰富水文化的科学内涵:

一是要加强我国传统治水理念、方略、措施研究,提炼科学文化内核,为当今水利建设提供借鉴。

二是要加强世界先进治水思想、先进治水技术、先进管水经验研究,从中吸收先进的治水理念和文化思想。

三是要加强可持续发展治水思路和民生水利研究,全面把握可持续发展治水思路的核心理念、本质特征和实践要求,深刻认识民生水利的丰富内涵、时代特点和重点任务。

四是要把社会主义核心价值体系融入水利改革发展的全过程,把大力弘扬"献身、负责、求实"的水利行业精神与社会主义核心价值体系建设有机结合起来,不断为水利行业精神注入新的思想活力和新的时代内涵,使之成为推动水利科学发展、和谐发展的强大精神动力。

展现治水兴水的人文关怀和文化魅力

记者:那么,水文化建设如何更好地与水利建设相结合?

陈雷:实践是检验水文化建设成果的标准。要把水文化建设融入水利改革发展顶层设计之中,注重从文化的角度反思人与自然的关系,积极引导社会建立人水和谐的生产生活方式,促进经济发展方式转变;注重从满足人们日益增长的物质和文化需求的角度来谋划水利发展,大力推进民生水利建设,为人民群众带来更多实惠,促进人的全面发展。

同时,要把文化元素融合到水利规划和工程设计中,提升水利工程的文化内涵和文化品位,展现治水兴水的人文关怀和文化魅力。要深入挖掘传统水文化遗产,摸清传统水文化遗产的情况,认真梳理传统遗产的科学内核,切实保护好各种物质和非物质水文化遗产。

记者:水利是惠及民生的公共事业,从加强水文化建设出发,如何推动民生水利新发展?

陈雷:民生水利是对可持续发展治水思路的丰富和发展,充分体现了水利工作的人文关怀。

随着经济社会的不断发展和物质生活水平的不断提高,人民群众不仅盼望加快解决防汛抗旱、城乡供水、农田水利、水土保持等问题,而且希望从建设和谐的人水关系中获得精神的愉悦,从高质量、高品位、个性化的水文化服务中得到理性的启迪;不仅对继承和弘扬优秀传统水文化提出了新的要求,而且对创新和发展现代水文化提出了新的期待。

大力发展民生水利,形成保障民生、服务民生、改善民生的水利发展格局,迫切需要把水文化建设放在更加突出的位置,立足波澜壮阔的治水新实践,着眼当代社会文化生活的新特点,顺应人民群众精神文化生活新期待,加快水文化发展步伐,更好地满足人们的精神需求,丰富人们的精神世界,促进人的全面发展。

(原载《光明日报》2011 年 10 月 31 日第 10 版)

附录 F

浙江省建设文化大省纲要

（2001—2020 年）

（二○○○年十二月二十一日中共浙江省委常委会讨论通过）

建设文化大省是浙江面向新世纪，全面推进社会主义现代化建设的一项宏大系统工程，是代表先进文化前进方向，建设有中国特色社会主义文化的重大战略举措。为切实推进文化大省建设，特制定本《纲要》。

本《纲要》所指的文化，是相对于经济、政治而言的文化，主要包括思想道德建设和科学文化建设两个部分，涵盖教育、科技、哲学社会科学、文学艺术、新闻出版、广播影视、社会文化、体育、旅游等领域。鉴于教育、科技已制定专门规划，本《纲要》只提目标要求。

一、指导思想和基本原则

（一）指导思想

坚持以马列主义、毛泽东思想和邓小平理论为指导，认真贯彻党的基本路线和基本纲领，高举江泽民同志"三个代表"的伟大旗帜，牢牢把握中国先进文化的前进方向，坚持为人民服务、为社会主义服务方向，贯彻"百花齐放、百家争鸣"方针，解放思想，实事求是，大力弘扬浙江精神，努力开拓浙江未来，紧紧围绕提前基本实现现代化的目标，以发展科技教育为基础，以提高人的素质为核心，以发展文化产业为突破口，以满足人民的精神文化需求为出发点，大力推进文化建设，为我省现代化建设提供强大的精神动力、智力支持和思想保证，为建设有中国特色社会主义文化作出新的贡献。

（二）基本原则

1.经济发展与文化发展相协调。经济文化一体化是现代经济社会发展的重要趋势。在现代化进程中，经济发展为文化发展提供必要的物质基础，文化发展为经济发展提供强大的推动力量。有中国特色的社会主义，是经济政治文化协调发展、全面推进的社会主义。必须坚持"两手抓、两手都要硬"的方针，促进经济文化协调发展，实现社会全面进步。

2.社会效益和经济效益相统一。社会主义文化建设的根本目的，是不断满足人民群众日益增长的精神文化需求，核心是提高全民的思想文化素质，培育社会主义"四有"公民。繁荣文化事业，发展文化产业，必须把社会效益放在首位。正确处理文化事业和文化产业的关系，对不同的文化类型，采取不同的政策和管理办法。加大公共财政对公益性文化事业的投入。在社会主义市场经济条件下，文化产业是国民经济的有机组成部分，文化产品具有商品属性，必须在坚持社会效益的前提下，十分重视文化产品的经济效益，努力实现两者的最佳结合。

3.继承借鉴和改革创新相并重。充分考虑经济全球化、现代科技迅猛发展和多元文化相互激荡的时代背景，特别要密切关注信息网络技术的巨大影响。继承弘扬优秀文化传统，合理开发我省丰富的历史文化资源,体现区域文化特色,广泛吸收和借鉴外来优秀文化成果,把握先进文化的前进方向,注重文化创新,大胆改革,努力建设面向现代化、面向世界、面向未来的民族的科学的大众的社会主义文化。

4.**整体推进和重点突破相结合**。着眼长远,立足当前,从浙江经济社会发展的全局出发,科学规划,统筹安排,分步实施,全面推进。要以发展科技教育为基础,以发展文化产业为突破口,做到整体推进和重点突破相结合,全面繁荣社会主义文化。

二、总体目标和近期目标

(一)总体目标

围绕提前基本实现现代化的战略目标,大力弘扬浙江精神,提高全省人民的思想道德和科学文化素质,提高城乡居民的文化生活质量,提高全社会的文明程度。到 2020 年,努力建立适应社会主义市场经济发展的思想道德体系,完善与经济社会发展要求相适应的文化发展格局,形成符合社会主义文化发展规律的文化运行机制,构筑与人民群众日益增长的文化需求相适应的文化生产服务体系,营造有利于出人才、出精品、出效益的文化发展环境,努力把浙江建设成为全民素质优良、社会文明进步、科技教育发达、文化发展主要指标全国领先、文化事业整体水平和文化产业发展实力走在全国前列的文化大省。

(二)近期目标

到 2005 年,努力达到:

1.思想道德建设进一步加强,社会文明程度显著提高。坚持不懈地进行党的基本理论和基本路线教育,坚持和巩固马列主义、毛泽东思想、邓小平理论的指导地位,弘扬爱国主义、集体主义、社会主义精神,继承和发扬中华民族的传统美德,培育有理想、有道德、有文化、有纪律的社会主义公民,提高思想道德水平和社会文明程度,在全社会确立建设有中国特色社会主义的共同理想和精神支柱。

2.科教强省战略有效推进,科技教育形成优势。积极发展科技事业。以技术创新为基础、发展高科技为重点、实现产业化为目标,全面推进科技进步。初步形成具有浙江特色的高新技术产业优势,全省高新技术产业增加值占工业增加值的比重达到 25% 以上,科技进步因素在经济增长中的贡献份额达到 50% 以上。大力发展教育事业。全面贯彻党的教育方针,深化教育改革,加快教育发展,推进素质教育,不断提高教育质量,初步建立起具有浙江特色、结构合理、充满活力的现代教育体系。高标准普及九年制义务教育,基本普及高中段教育,大力发展高等教育,高等教育毛入学率达到 20%。发展广播电视教育、网络教育、职业技术教育和其他继续教育,努力构建终身教育体系。

3.文化事业全面繁荣,文化生活丰富多彩。进一步发展哲学社会科学、文学艺术、新闻出版、广播影视、体育等文化事业。广泛开展群众性文化体育活动,精心策划和举办重大文化节庆活动,大力推进社区文化、企业文化、校园文化、旅游文化、广场文化的发展。建立健全公共文化服务网络,加强历史文化资源的抢救保护和合理开发利用。加强文化名城、名镇、名馆、名园和名品建设。繁荣文化市场,不断满足人民群众日益增长的文化需求,提高文化生活的质量。

4.文化产业形成规模,文化竞争实力显著增强。文化产业要成为文化事业发展的强大支撑,成为文化大省的重要标志。文化产业规模进一步扩大,文化生产和服务能力显著提高,文化产业增加值在全省 GDP 中的比重有较大增长,成为新的经济增长点和支柱产业。文化消费在城乡居民生活支出中的比重有较大提高,人均文化消费支出位居全国前列。努力健全文化产业政策法规体系,创新文化产业管理体制和发展机制,加快形成以文化重点产业为主导、相关产业联动发展的文化产业发展体系,以文化企业集团为龙头、文化中介服务机构为联结的文化产业组织结构,以现代文化科技为支撑的文化产业技术基础,以浙江丰富的自然人文资源为依托的文化产业可持续发展机制,把浙江建成全国文化产业发展的重要省份。

5.优秀作品不断涌现,主要文艺门类全国领先。实施"精品战略",推出一批展示时代风貌、体现浙江特色、具有国家级水平的文艺精品。继续保持和巩固美术、书法、摄影、戏曲、影视等门类在全国的领先地位。培育"文学浙军",文学创作取得重点突破。加快发展音乐、舞蹈等文艺门类,力争进入全国先进行列。

6.文化人才结构优化,高素质文化队伍不断壮大。培养、吸引和用好人才是一项重大的战略任务。积极培育和引进各类文化人才,形成一批适应文化建设需要的文化创作人才、文化经营管理人才和文化科技创新人才。努力培育结构合理、素质优良、富有活力的文化人才群体,造就一批文化名人,使浙江成为全国优秀文化人才集聚、创业的重要区域。

7.文化设施布局合理,现代化文化设施网络基本建成。从全局出发,按照高起点、高标准和适度超前的要求,加大结构调整力度,优化资源配置。集中力量在全省改建和新建一批特色鲜明、功能完备的重要文化设施,逐步形成与现代化进程相适应的布局合理、覆盖全省的文化设施体系。

8.文化工作水平不断提高,文化发展环境明显改善。推动政府职能转变,深化文化体制改革,提高文化工作水平。加快文化立法进程,健全文化政策法规体系,完善文化经济政策,建立文化创新机制,营造全社会文化发展的良好环境。

三、加强思想道德建设

(一)强化理论武装

用邓小平理论和江泽民同志"三个代表"的重要思想武装党员干部、教育人民。深化党员领导干部理论学习,有针对性地做好广大干部群众的理论宣传和教育工作。积极探索邓小平理论进机关、进企业、进农村、进课堂、进社区的有效途径和方法。坚持和巩固马列主义、毛泽东思想、邓小平理论在思想文化领域的指导地位,旗帜鲜明地与各种错误的、落后的、腐朽的思想文化作斗争。坚持不懈地在广大人民群众中开展建设有中国特色社会主义的理想信念教育,把先进性要求与广泛性要求结合起来,在全社会确立建设有中国特色社会主义的共同理想。

(二)深化思想道德教育

广泛开展爱国主义、集体主义、社会主义和艰苦奋斗教育,引导人们树立正确的世界观、人生观、价值观。加强唯物论和无神论教育,引导人们树立科学精神。加强社会公德、职业道德和家庭美德教育,在全社会形成良好的社会风尚和公共秩序。加强公民意识教育,形成效率、民主、法制等现代价值观念,努力建立和完善与社会主义市场经济发展相适应的思想道德体系。大力弘扬"自强不息、坚忍不拔、勇于创新、讲求实效"的浙江精神,凝聚和激励全省人民,开拓浙江美好未来。

（三）广泛开展群众性精神文明创建活动

认真抓好创建文明城市、文明村镇、文明社区、文明行业、文明单位等群众性精神文明创建活动。进一步建立健全齐抓共管的领导体制和有效的工作机制，认真落实创建文明城市的总体工作要求。以创建文明村镇为主要载体，认真落实《浙江省农村社会主义精神文明建设规划》提出的各项任务。大力开展创建文明社区活动，为全面提升城市文明程度夯实基础。深入开展创建文明行业活动，普遍推行优质规范服务。广泛开展创建文明单位活动，加强基层精神文明建设。创建活动要从群众最关心的具体事情抓起，扎扎实实，务求实效。

（四）加强和改进思想政治工作

切实加强领导干部的思想政治工作，抓好青少年的思想教育，做好农村、企业、社区、学校和机关的思想政治工作，把思想政治工作的各项任务真正落到实处。重视对社会思潮及其表现形式的研究与引导，抓住改革开放新形势下人民群众关注的热点和难点问题，努力把握市场经济条件下思想政治工作的客观规律，积极探索加强和改进思想政治工作的新途径、新办法，增强思想政治教育的针对性、主动性、实效性和时代感。充分运用现代传媒与信息网络技术等多种手段，丰富和创新思想政治教育的内容和形式，扩大覆盖面，增强渗透力。

四、繁荣文化事业

（一）推进精品生产

重视哲学社会科学研究。发扬理论联系实际的优良学风，以改革开放和现代化建设的重大理论和现实问题为主攻方向，大胆探索，不断创新。坚持基础理论研究和应用理论研究并重，不断推出有较高学术价值和重大现实意义的理论成果。集中研究力量，加强优势学科和重点研究基地建设。争取到 2005 年，建成邓小平理论、浙江经济社会发展、农村发展与农业经济管理、宋学、阳明学与浙东学派等研究基地。

繁荣文艺创作，努力提高文艺作品的质量。创作生产一批思想性和艺术性完美统一，经得起历史检验的文艺精品。认真抓好传统强项，继续保持美术、书法、摄影、戏曲、影视在全国的领先地位，力争每年有精品力作问世。长篇小说、儿童文学、音乐创作和文艺评论要有新突破，努力创作一批在全国乃至世界具有影响的文艺作品。

继续实施出版印刷精品战略。到 2005 年，图书年出书品种力争达到 5000 种左右，其中优秀图书不少于年出书总量的 10％，增强浙版图书的品牌效应。期刊、音像制品、电子出版物的出版，在适度扩大规模的基础上，不断提高质量，增进效益。浙江出版物在国家级奖项的评比中占有一定份额。

推进全民健身运动，提高竞技体育水平。在全国综合性运动会上金牌和总分稳定在前十名，并力争位次前移。在奥运会等重大国际体育赛事中，力争多拿奖牌，对国家体育事业多作贡献。广泛开展群众性体育活动，增强全民体质。

（二）加强新闻媒体建设

坚持新闻舆论的正确导向，发展新闻出版、广播影视、信息网络等各项事业。坚持团结稳定鼓劲、正面宣传为主的方针，牢牢把握正确舆论导向，提高新闻舆论引导水平，增强新闻宣传效果。突出重点，加强规划，着力搞好重大主题宣传。围绕中心，贴近实际，加大改革开放和现代化建设的宣传力度。客观真实，讲究艺术，增强新闻宣传的感染力和吸引力。加强舆论监督，弘扬正气，针砭时弊。优化资源，增进效益，推进新闻改革和新闻事业的现代化建设。

充分发挥党报党刊在舆论引导中的主导作用。坚持政治家办报,加强指导性,提高权威性,增强可读性。专业报纸、期刊要调整结构,办出特色,满足多层次文化需求。

不断增强广播电视事业发展的生机和活力。努力形成综合频道与专业频道相结合的高质量节目体系,卫星、无线、有线相结合的综合性多功能传输覆盖网络体系,数字化、自动化为主的广播电视技术体系;走频道专业化、栏目精品化、节目大众化之路,强化新闻节目的龙头和主干地位,努力推出若干名牌栏目、名牌主持,进一步提高收视(听)率,使浙江广播电视事业继续走在全国前列。

加快发展信息网络媒体。随着信息技术的迅速发展,网络媒体的优势和地位日益凸显,必须抓住机遇,主动占领21世纪舆论阵地的制高点。加强对网络尤其是新闻网站的建设和管理,突出重点,注重特色,资源共享,形成合力。加大对重点网站的扶持力度,建设省级新闻宣传重点网站。提高科技应用水平和新闻宣传质量,及早形成我省网上宣传的规模优势,走出一条符合我国国情和网络发展趋势的互联网新闻宣传新路子。

(三)加快都市文化建设

培育和发展现代都市文化,对提升我省文化发展水平具有重要作用。重视培育都市文化意识和文化观念,塑造具有鲜明时代气息、地域特色和城市品位的都市文化形象。建立健全城市公共文化服务网络,充分发挥城市文化机构功能。都市文化建设要重视培养和引进高层次文化人才,创作生产名牌文化产品,积极培育和发展文化产业。城市规划和建设中要把城市功能、城市环境与城市文化形象有机统一起来,体现文化内涵,提高城市设计和建设的文化品位。城雕、广场、旅游景点、城区绿化以及广告、街名、店名等要注重特色,体现人文内涵。都市文化要在对外文化交流中发挥龙头作用,成为发展现代文化的重要窗口。

重点抓好中心城市的文化建设。杭州作为省会城市和历史文化名城,要根据"建经济强市、创文化名城"的目标,在都市文化发展上科学规划、适度超前、提高品位,努力成为全省文化集聚、辐射的中心。宁波、温州等城市,要提升发展目标,突出发展重点,形成鲜明特色,高起点、全方位营造现代都市文化。

积极举办重大文化活动。积极承揽全国性、国际性的重大文化活动和体育赛事。举办文化活动要加强与经贸活动相协作,同现代文化传媒相结合,扩大影响,提高辐射力。杭州西湖博览会、宁波国际服装节等活动要提高档次,扩大规模,加强协调,逐步形成若干个有浙江特色的高质量、国际性的文化艺术节。

(四)大力发展农村文化

农村文化始终是文化工作的重点和基础。坚持普及与提高相结合,打基础、建网络、创特色、上水平。充分发挥县(市)所在地联结城乡的纽带作用,加强集镇文化建设,积极开掘民俗文化、民间艺术资源,建设"一乡一品"农村特色文化。举办形式多样、具有特色的农村文化活动,推动农村旅游文化、商贸文化发展。重视农村文化阵地建设,充分发挥现有乡镇文化站、广播电视站等文化阵地的作用。实行文化扶贫政策,扶持贫困地区及少数民族集聚地区的文化设施建设。努力改善全省农村文化基础设施条件,满足农民群众基本文化需求。加强农村广播电视网络建设,继续开展文化、科技、卫生"三下乡"活动,采取有力措施,为广大农民群众提供经常性、高质量的科技、教育、信息等文化服务。

(五)扩大对外文化交流

弘扬民族优秀文化,吸收世界文明成果。充分利用我省经济发展优势、人文资源优势、人缘地缘优势、文化品牌优势,大力拓展对外文化交流渠道。重视港澳台地区和华人华侨在对外文化交流中的特殊作用。通过各种文化体育活动和现代传媒手段,向世界展示中华民族源远流长、博大精深的优秀文化,扩大浙江文化的影响力。推动更多的优秀文化产品和艺术团体进入国际市场。有重点地开展对外交流与合作,丰富文化内涵,推动浙江对外开放。

五、发展文化产业

（一）加快形成与现代化进程相适应的文化产业发展格局

积极调整文化产业结构。优化报业、出版业、广播影视业产业结构,加快形成以音像出版、电子光盘、工艺美术、旅游观光、体育健身为重点的新兴文化产业群。加大文化科技创新力度,大力引进先进的技术装备、管理经验和人才智力资源,提升我省文化产业的科技含量和文化产品档次,增强文化主导产业在全国的竞争优势。推进制度创新、管理创新和技术创新,实现由产业扩张向产业升级转变,促进资源优势转变为产业经济优势。

逐步优化文化产业布局。结合城市化进程,构筑以杭州、宁波、温州为中心的城市文化产业群体。加快城市文化产业的延伸,逐步建成以中心城市为主干、覆盖全省的文化服务网络。

大力扶持文化骨干企业。加快资产重组,组建以产品为龙头,以资本为纽带的文化企业集团。积极创造条件,逐步发展跨部门、跨行业、跨地区、跨所有制和跨国经营的大型企业集团。省本级在完成旅游集团、浙江日报报业集团、出版集团、广电集团组建的基础上,重点抓好演出、电影发行放映和文化科技等集团的组建,促进资产、人才、技术等要素的合理组合,走规模化、集约化生产经营之路,形成以产业集团为骨干、各类中小型文化企业共同发展的文化企业群。

积极培育和开拓文化市场。以市场为导向,努力开发和生产适应市场需求的文化产品,扩大浙江文化产品在国内外市场的份额。继续巩固和扩大图书、音像制品、电子光盘、美术作品、演出、体育比赛等在全国的市场占有率。积极拓展民间艺术、工艺美术等传统文化产品的海外市场,加快形成出口优势。提高文化娱乐市场档次,扩大旅游市场规模,培育体育健身市场,把我省建成国内外享有盛誉的休闲娱乐、旅游观光基地和体育赛区。

（二）大力培育和发展重点文化产业门类

重点文化产业门类具有规模生产能力和市场扩张能力,对整个文化产业的发展有着举足轻重的影响。结合浙江文化产业发展实际,适应文化产业发展趋势,要把传媒业、旅游业、演艺业、美术业、会展业、体育业作为我省文化产业的发展重点。

1.传媒业。传媒业是我省基础好、实力强的产业门类之一,广播、电视、报刊、出版、印刷、音像、电子光盘等行业在全国具有竞争优势,产业化经营已具相当规模。运用高新技术大力改造传统传媒业,加快产业升级步伐,把我省建设成为信息网络、电子光盘等新兴传媒业的重要基地。进一步理顺管理体制,调整经营结构,优化资源配置,实现资产大规模整合,发展跨地区、跨行业、多媒体的大型文化传媒集团。

2.旅游业。发挥我省旅游资源优势,适应日益增长的大众文化消费需求和旅游经济蓬勃兴起的新趋势,大力发展旅游业。合理规划和开发全省旅游资源,重点建成浙东、浙西、浙北、浙中南4条特色旅游线。加快旅游设施建设,开发旅游文化资源,丰富旅游文化内涵,建设一批在国内外有影响的旅游文化景区。加大高科技旅游、地方文化特色旅游和都市旅游的开发力度,推出一批精品旅游项目。加强旅游商品的开发,提高旅游商品的文化含量,推出一批名牌旅游商品。以国内市场为基础,以海外市场为重点,加大旅游促销力度。规范管理,优化服务,健全网络,提高旅游业的整体素质。

3.演艺业。充分利用我省演出团体数量多、机制灵活、资源充足的优势,打破地区和所有制界限,加强演出团体之间的协作与联合,充分发挥名人、名团、名剧的品牌效应,实现资源共享、优势互补,推动演出产业的发展。大力发展演出中介机构,积极引进国内外演出团体,活跃演出市场。根据我省娱乐市场发育较早,分布面广,主体多元化,消费群体庞大的特点,依托民间资金优势,开发新的娱乐项目,实现娱乐产业升级,促进我省娱乐业朝着健康规范、规模化、综合性、高档次方向发展。

4.美术业。我省的工艺品、书画、广告装潢、服装设计、环境艺术等美术门类有一定发展基础,市场潜力很大。加快形成富有浙江特色和优势的美术产品系列,扩大美术商品的生产经营规模,推进美术业的产业化生产和商品化经营。大力开拓书画、丝绸、雕刻及传统工艺产品市场,不断开发工艺美术的新门类。杭州要成为全国书画创作经营中心和艺术品拍卖重点市场,宁波、温州要努力成为全国服装服饰艺术设计、信息发布和成品制作基地。

5.会展业。会议展览业作为新兴产业,发展前景十分广阔。我省发展会展业的地理环境比较优越,设施条件有一定基础。要在发挥政府引导作用的同时,大力引入市场机制,促进会展产业化。努力搞好会展业的基础设施建设,充分发挥现有会展场馆的功能,加快建设一批高档次、多功能的现代化会展场馆。重视展览硬件设施和第三产业的综合配套服务,努力提高会展业利用外资的质量和水平,形成综合竞争优势。抓住加入世贸组织的机遇,大力开拓国际市场,积极举办具有国际知名度的重大会议和展览活动。依托浙江专业市场和旅游业较为发达的优势,构筑以杭州为中心,宁波、温州、绍兴、湖州及义乌等城市为主干的会展业群体。

6.体育业。积极改善体育产业的投资环境,加大体育设施建设力度,推动体育市场的培育,形成以竞赛表演、健身娱乐、体育用品产销、体育彩票、体育赞助广告、运动人才培养和对外交流为主要内容、结构较为合理、项目较为齐全、管理较为完善的体育市场体系,使全省体育产业在引导、扩大群众消费、拉动经济增长、提高群众生活质量等方面发挥积极作用。利用综合性大型运动会的经济和社会效应,积极申办国际国内重大运动会和单项赛事。进一步拓展体育产业的发展空间,扶持大型体育产业集团,推出一批体育明星和名牌产品,提升体育产业的竞争能力。不断加快体育职业化、社会化步伐,推动健身工程的实施,满足人民群众健身消费的需要。

六、加强文化设施建设

(一)抓好重点文化设施建设

加强标志性文化设施建设。"十五"期间,省和杭州市集中力量兴建体现我省文化发展水平和时代特征的"西湖文化广场"(暂名)。建成黄龙体育中心。杭州要发挥龙头示范作用,建设一批现代化标志性文化设施。抓好杭州剧院改扩建工程、杭州大剧院(暂名)等文化设施和2003年第七届中国艺术节演出场馆的建设。宁波、温州及其他区域中心城市重点建造2~3个具有时代特征和地方特色的标志性文化设施。省级有关部门可以根据各自的发展规划和事业发展需要,建设一批上档次、有特色的文化设施。

（二）完善公共文化设施布局

各地要根据实际情况，建设综合性的文化设施。经济强县和文化先进县在2010年前建成2～3个标志性文化工程或综合性文化中心。

加快实施广播电视农村入户工程，在"十五"期间，基本实现"户户通"广播电视目标。到"十五"期末，图书馆、博物馆、文化馆（站）、群艺馆的设施要基本达到国家规定的标准，档案馆、体育场（馆）、专业文艺表演团体、影剧院的设施和设备条件明显改善。浙江图书馆要建设成为国内重点文献信息中心，县以上图书馆要努力提高馆藏标准，逐步推进全省各类图书馆数字化、网络化管理，提高图书资源的共享程度和利用率。浙江日报报业集团建成全省发行网络。市、县（市、区）要重视新华书店的网点建设，逐步扩大新华书店营业面积和陈列品种。搞好体育设施建设，着力提高全省人均体育用地面积。

全省有条件的市、县城区可结合城镇建设规划和文化设施布局，逐步建设综合性、群众性、大众化的文化场所，作为展示城市文化形象、丰富市民文化生活的重要载体。

（三）加快旅游文化设施建设

积极抓好旅游发展规划的实施。加快11个国家级风景区基础设施建设，注重挖掘和丰富风景区的文化内涵。在"十五"期间建设中国丝绸文化中心、杭州灵隐新景区、杭州石景公园、宁波三江文化长廊、龙游石窟旅游区等文化旅游设施项目。各地要注重特色、发挥优势，建设一批高档次、有市场前景的文化旅游设施。

（四）重视文化遗产保护开发和利用

坚持"保护为主，抢救第一"的方针和"有效保护，合理利用，加强管理"的原则，做好文物古迹的发掘、抢救和保护工作。充分发挥历史文物和博物馆在爱国主义教育中的重要作用。新建一批现代化博物馆，鼓励发展特色博物馆，积极扶持民办博物馆，形成门类齐全，布局合理，具有浙江特色的博物馆体系。积极推进历史文化名城保护进程，做好省级名城、名镇和保护区的保护工作。积极改善我省文物事业可持续发展的环境，使国家级、省级、县级三个层面的分区分级文物史迹体系不断充实，更加完善。加大良渚遗址群、杭州西湖风景名胜区、江南水乡古镇群的保护力度，到2020年建成良渚国家遗址公园，并争取我省有一处文化遗产列入"世界文化遗产名录"。

七、完善文化经济政策

文化经济政策是建设文化大省的重要保证。各地各有关部门要进一步贯彻落实国家和省已有的文化经济政策，加大执行力度。通过政策引导，引入市场机制，鼓励社会力量兴办文化事业和文化产业，盘活存量，优化增量，合理配置资源，集中力量办大事。调整财政支出结构，充分发挥政府公共财政的主导作用，不断加大对文化事业的投入，增强文化单位自我发展能力，促进文化事业的全面繁荣和文化产业的快速发展。

加大对文化事业的投入。各级财政要继续实行支持文化事业发展的有关政策，充分发挥公共财政的职能，逐步增加对公益性文化事业和重要新闻媒体的投入。鼓励社会力量捐赠公益性文化事业，建立多渠道的投入方式。积极探索文化系统自我积累、滚动发展的有效机制。

采取积极措施，扶持文化产业发展。调整文化产业资产存量结构，加大文化产业结构调整力度，增强文化资源的创新活力，促进文化产业升级。积极研究加入世贸组织后我省文化产业发展的应对措施,加快制定民族文化产业的保护和扶植政策。鼓励个人、企业、社会团体兴办国家政策许可的各种文化经营企业,在规划建设、土地征用、规费减免、从业人员职称评定等方面与国办文化一视同仁。

加大对文化设施建设的扶持力度。文化设施纳入城市发展统一规划,在立项、资金、用地、规费和拆迁安置等方面,给予保证和优惠。

八、推进文化体制创新

(一)深化文化体制改革

大力推进文化体制创新,建立科学合理、灵活高效的管理体制和文化产品生产经营机制。进一步转变政府职能,理顺关系,真正实行政企分开、企事分开、管办分离,充分发挥市场在资源配置中的基础性作用,促使各种文化资源和文化要素的合理流动。积极推进经营性文化事业单位的企业化改造。博物馆、图书馆、群艺馆、文化馆、美术馆、音乐厅、档案馆、科技馆等公益性机构及少数特殊的国办艺术院团,作为非营利性机构,财政予以重点支持,并鼓励社会捐赠、扶持。其他经营性文化事业单位,采取租赁制、承包制、股份制和拍卖出售等方式,逐步实行企业化改造,实行完全独立的经济核算,自主经营、自负盈亏,并逐步建立现代企业制度。鼓励文化企业之间打破地区、部门、行业和所有制界限,实行优势互补,促进资产、人才、技术等生产要素的优化组合。

广播电视、新闻出版要通过体制改革和结构调整,建立适应市场经济要求的管理体制和经营机制,增强制度创新和科技创新能力,保持发展优势,实现新的飞跃。政府对国办艺术表演团体和其他艺术生产单位由直接管理逐步实行间接的行业管理。国办艺术表演团体和其他艺术生产单位要转变观念,深化改革,明确自身在文化市场中的主体位置,积极引入市场机制,建立健全生产创作、流通营销和服务收益机制,实现资源的优化配置,推动艺术生产的繁荣。

(二)建立鼓励社会力量办文化的新机制

将社会力量办文化纳入文化发展的总体规划,努力形成政府投入与社会投入相结合的多渠道、多元化的文化投入机制。积极探索以市场化运作方式发展文化的新途径,坚持"谁投入,谁收益"的原则,建立新的分配激励机制、市场营销机制、风险共担机制。对各类文艺体育活动,要积极引入招投标机制。对各类文化、体育单位特别是艺术团体,要创造必要的产业运作条件。扩大社会、集体、个人参与艺术、体育产业竞争的准入度。政府设立的各种评奖活动,社会力量兴办的各类文化单位均可参加。运用联合重组、股份制等多种形式,充分吸纳社会资金参与文化建设。

(三)大力发展文化中介机构

积极发展文化中介组织,规范文化经营行为,推动文化市场繁荣。完善文化经纪人制度,强化行业自律机制,规范文化经营行为。逐步建立文化经营准入制度,采取积极措施,使文化中介机构逐步与政府脱钩,成为独立的市场活动主体和联结文化生产、文化服务、文化消费的中间环节,促进文化市场的繁荣。

九、加强文化法制建设和文化市场管理

（一）加快文化法制建设

加快文化立法进程，制定和完善文化法规，建立与社会主义市场经济相适应的文化法规体系，把文化建设纳入法制化轨道。加强地方性文化法规建设，按国际惯例和参与全球化竞争的要求，研究建立和完善文化政策法规，形成良好的文化法制环境。修订《浙江省文化市场管理条例》，综合运用法律、行政、经济等手段加强对文化领域的宏观管理，建立公平、公正、公开的市场竞争环境。落实行政执法责任制，强化政府对文化艺术、新闻出版、广播影视等领域的调控职能。

（二）加强文化市场管理

坚持一手抓繁荣、一手抓管理，进一步理顺和健全文化市场管理体制。根据"分级管理，条块结合，逐级负责"的原则，不断改进管理的手段和方法，实现管理的经常化、制度化。加大文化执法力度，维护合法经营，保护知识产权，严厉打击文化侵权和非法出版活动，坚决禁止制造和传播不良文化的行为，扫除"黄、赌、毒"等社会丑恶现象。加强对文化市场的引导，大力扶持健康的文化产品，倡导健康有益的文化娱乐活动，确保文化市场规范有序、健康发展。切实加强网络信息管理，加强对文化娱乐场所和进口文化产品的管理，净化文化环境。

十、建设高素质的文化队伍

（一）不断完善人才激励政策

加强对人才的培养，创造能上能下、能进能出、选优汰劣、合理流动的用人机制，进一步在全社会形成尊重知识、尊重人才的氛围，鼓励优秀文化人才脱颖而出。对高层次文化人才，实行特殊政策，鼓励文化工作者钻研业务，多出作品、多出成果。加快文化人才资源配置市场化步伐，促进人才合理流动，优化人才结构，逐步实行社会化、市场化管理。鼓励专业人才创办文化企业。理解、关心、爱护文化人才，根据文化工作的特点，加强和改进对文化人才的管理与教育，形成有利于文化人才成长和发展的良好环境。

（二）高度重视人才教育培训

加强基础教育，提高国民整体文化素质。大力发展高等教育，为建设文化大省提供人才保障。在办好普通高等院校的同时，积极发展专业艺术教育，办好中国美术学院、浙江广播电视高等专科学校、浙江艺术职业学院、浙江旅游职业学院等学校。积极创造条件，兴办浙江传媒学院、艺术学院、音乐学院、兰亭书院。建立在职人员继续教育制度，加强文化从业人员的培训教育，加快知识更新，不断提高文化队伍的业务水平和整体素质。

（三）大力培养和引进人才

适应现代化建设新形势，培养一大批急需的专业人才和复合型文化人才，建设一支文化管理、经营和科技人才队伍。拓宽视野，面向全国全社会招聘、引进高精尖人才，在住房、户籍、职称、分配、家属安置等方面给予政策倾斜，加快优秀人才集聚，形成人才优势。

建设文化大省，关键在领导。各级党委、政府要高度重视文化大省建设工作。按照代表先进文化前进方向的要求，增强建设社会主义文化的自觉性，把握文化建设的规律，提高领导文化工作的能力和水平。各地、各有关部门要认真抓好本《纲要》的贯彻实施工作，密切配合，形成合力，整体推进，确保建设文化大省各项任务的落实。

附录 G

中共中央、国务院关于加快水利改革发展的决定

(2010 年 12 月 31 日)

水是生命之源、生产之要、生态之基。兴水利、除水害,事关人类生存、经济发展、社会进步,历来是治国安邦的大事。促进经济长期平稳较快发展和社会和谐稳定,夺取全面建设小康社会新胜利,必须下决心加快水利发展,切实增强水利支撑保障能力,实现水资源可持续利用。近年来我国频繁发生的严重水旱灾害,造成重大生命财产损失,暴露出农田水利等基础设施十分薄弱,必须大力加强水利建设。现就加快水利改革发展,作出如下决定。

一、新形势下水利的战略地位

(一)水利面临的新形势。新中国成立以来,特别是改革开放以来,党和国家始终高度重视水利工作,领导人民开展了气壮山河的水利建设,取得了举世瞩目的巨大成就,为经济社会发展、人民安居乐业作出了突出贡献。但必须看到,人多水少、水资源时空分布不均是我国的基本国情水情。洪涝灾害频繁仍然是中华民族的心腹大患,水资源供需矛盾突出仍然是可持续发展的主要瓶颈,农田水利建设滞后仍然是影响农业稳定发展和国家粮食安全的最大硬伤,水利设施薄弱仍然是国家基础设施的明显短板。随着工业化、城镇化深入发展,全球气候变化影响加大,我国水利面临的形势更趋严峻,增强防灾减灾能力要求越来越迫切,强化水资源节约保护工作越来越繁重,加快扭转农业主要"靠天吃饭"局面任务越来越艰巨。2010 年西南地区发生特大干旱、多数省区市遭受洪涝灾害、部分地方突发严重山洪泥石流,再次警示我们加快水利建设刻不容缓。

(二)新形势下水利的地位和作用。水利是现代农业建设不可或缺的首要条件,是经济社会发展不可替代的基础支撑,是生态环境改善不可分割的保障系统,具有很强的公益性、基础性、战略性。加快水利改革发展,不仅事关农业农村发展,而且事关经济社会发展全局;不仅关系到防洪安全、供水安全、粮食安全,而且关系到经济安全、生态安全、国家安全。要把水利工作摆上党和国家事业发展更加突出的位置,着力加快农田水利建设,推动水利实现跨越式发展。

二、水利改革发展的指导思想、目标任务和基本原则

(三)指导思想。全面贯彻党的十七大和十七届三中、四中、五中全会精神,以邓小平理论和"三个代表"重要思想为指导,深入贯彻落实科学发展观,把水利作为国家基础设施建设的优先领域,把农田水利作为农村基础设施建设的重点任务,把严格水资源管理作为加快转变经济发展方式的战略举措,注重科学治水、依法治水,突出加强薄弱环节建设,大力发展民生水利,不断深化水利改革,加快建设节水型社会,促进水利可持续发展,努力走出一条中国特色水利现代化道路。

(四)目标任务。力争通过 5 年到 10 年努力,从根本上扭转水利建设明显滞后的局面。到 2020 年,基本建成防洪抗旱减灾体系,重点城市和防洪保护区防洪能力明显提高,抗旱能力显著增强,"十二五"期间基本完成重点中小河流(包括大江大河支流、独流入海河流和内

陆河流)重要河段治理、全面完成小型水库除险加固和山洪灾害易发区预警预报系统建设;基本建成水资源合理配置和高效利用体系,全国年用水总量力争控制在 6700 亿立方米以内,城乡供水保证率显著提高,城乡居民饮水安全得到全面保障,万元国内生产总值和万元工业增加值用水量明显降低,农田灌溉水有效利用系数提高到 0.55 以上,"十二五"期间新增农田有效灌溉面积 4000 万亩;基本建成水资源保护和河湖健康保障体系,主要江河湖泊水功能区水质明显改善,城镇供水水源地水质全面达标,重点区域水土流失得到有效治理,地下水超采基本遏制;基本建成有利于水利科学发展的制度体系,最严格的水资源管理制度基本建立,水利投入稳定增长机制进一步完善,有利于水资源节约和合理配置的水价形成机制基本建立,水利工程良性运行机制基本形成。

(五)基本原则。一要坚持民生优先。着力解决群众最关心最直接最现实的水利问题,推动民生水利新发展。二要坚持统筹兼顾。注重兴利除害结合、防灾减灾并重、治标治本兼顾,促进流域与区域、城市与农村、东中西部地区水利协调发展。三要坚持人水和谐。顺应自然规律和社会发展规律,合理开发、优化配置、全面节约、有效保护水资源。四要坚持政府主导。发挥公共财政对水利发展的保障作用,形成政府社会协同治水兴水合力。五要坚持改革创新。加快水利重点领域和关键环节改革攻坚,破解制约水利发展的体制机制障碍。

三、突出加强农田水利等薄弱环节建设

(六)大兴农田水利建设。到 2020 年,基本完成大型灌区、重点中型灌区续建配套和节水改造任务。结合全国新增千亿斤粮食生产能力规划实施,在水土资源条件具备的地区,新建一批灌区,增加农田有效灌溉面积。实施大中型灌溉排水泵站更新改造,加强重点涝区治理,完善灌排体系。健全农田水利建设新机制,中央和省级财政要大幅增加专项补助资金,市、县两级政府也要切实增加农田水利建设投入,引导农民自愿投工投劳。加快推进小型农田水利重点县建设,优先安排产粮大县,加强灌区末级渠系建设和田间工程配套,促进旱涝保收高标准农田建设。因地制宜兴建中小型水利设施,支持山丘区小水窖、小水池、小塘坝、小泵站、小水渠等"五小水利"工程建设,重点向革命老区、民族地区、边疆地区、贫困地区倾斜。大力发展节水灌溉,推广渠道防渗、管道输水、喷灌滴灌等技术,扩大节水、抗旱设备补贴范围。积极发展旱作农业,采用地膜覆盖、深松深耕、保护性耕作等技术。稳步发展牧区水利,建设节水高效灌溉饲草料地。

(七)加快中小河流治理和小型水库除险加固。中小河流治理要优先安排洪涝灾害易发、保护区人口密集、保护对象重要的河流及河段,加固堤岸,清淤疏浚,使治理河段基本达到国家防洪标准。巩固大中型病险水库除险加固成果,加快小型病险水库除险加固步伐,尽快消除水库安全隐患,恢复防洪库容,增强水资源调控能力。推进大中型病险水闸除险加固。山洪地质灾害防治要坚持工程措施和非工程措施相结合,抓紧完善专群结合的监测预警体系,加快实施防灾避让和重点治理。

(八)抓紧解决工程性缺水问题。加快推进西南等工程性缺水地区重点水源工程建设,坚持蓄引提与合理开采地下水相结合,以县域为单元,尽快建设一批中小型水库、引提水和连通工程,支持农民兴建小微型水利设施,显著提高雨洪资源利用和供水保障能力,基本解决缺水城镇、人口较集中乡村的供水问题。

(九)提高防汛抗旱应急能力。尽快健全防汛抗旱统一指挥、分级负责、部门协作、反应迅速、协调有序、运转高效的应急管理机制。加强监测预警能力建设,加大投入,整合资源,提高雨情汛情旱情预报水平。建立专业化与社会化相结合的应急抢险救援队伍,着力推进县乡两级防汛抗旱服务组织建设,健全应急抢险物资储备体系,完善应急预案。建设一批规模合理、标准适度的抗旱应急水源工程,建立应对特大干旱和突发水安全事件的水源储备制度。加强人工增雨(雪)作业示范区建设,科学开发利用空中云水资源。

(十)继续推进农村饮水安全建设。到2013年解决规划内农村饮水安全问题,"十二五"期间基本解决新增农村饮水不安全人口的饮水问题。积极推进集中供水工程建设,提高农村自来水普及率。有条件的地方延伸集中供水管网,发展城乡一体化供水。加强农村饮水安全工程运行管理,落实管护主体,加强水源保护和水质监测,确保工程长期发挥效益。制定支持农村饮水安全工程建设的用地政策,确保土地供应,对建设、运行给予税收优惠,供水用电执行居民生活或农业排灌用电价格。

四、全面加快水利基础设施建设

(十一)继续实施大江大河治理。进一步治理淮河,搞好黄河下游治理和长江中下游河势控制,继续推进主要江河河道整治和堤防建设,加强太湖、洞庭湖、鄱阳湖综合治理,全面加快蓄滞洪区建设,合理安排居民迁建。搞好黄河下游滩区安全建设。"十二五"期间抓紧建设一批流域防洪控制性水利枢纽工程,不断提高调蓄洪水能力。加强城市防洪排涝工程建设,提高城市排涝标准。推进海堤建设和跨界河流整治。

(十二)加强水资源配置工程建设。完善优化水资源战略配置格局,在保护生态前提下,尽快建设一批骨干水源工程和河湖水系连通工程,提高水资源调控水平和供水保障能力。加快推进南水北调东中线一期工程及配套工程建设,确保工程质量,适时开展南水北调西线工程前期研究。积极推进一批跨流域、区域调水工程建设。着力解决西北等地区资源型缺水问题。大力推进污水处理回用,积极开展海水淡化和综合利用,高度重视雨水、微咸水利用。

(十三)搞好水土保持和水生态保护。实施国家水土保持重点工程,采取小流域综合治理、淤地坝建设、坡耕地整治、造林绿化、生态修复等措施,有效防治水土流失。进一步加强长江上中游、黄河上中游、西南石漠化地区、东北黑土区等重点区域及山洪地质灾害易发区的水土流失防治。继续推进生态脆弱河流和地区水生态修复,加快污染严重江河湖泊水环境治理。加强重要生态保护区、水源涵养区、江河源头区、湿地的保护。实施农村河道综合整治,大力开展生态清洁型小流域建设。强化生产建设项目水土保持监督管理。建立健全水土保持、建设项目占用水利设施和水域等补偿制度。

(十四)合理开发水能资源。在保护生态和农民利益前提下,加快水能资源开发利用。统筹兼顾防洪、灌溉、供水、发电、航运等功能,科学制定规划,积极发展水电,加强水能资源管理,规范开发许可,强化水电安全监管。大力发展农村水电,积极开展水电新农村电气化县建设和小水电代燃料生态保护工程建设,搞好农村水电配套电网改造工程建设。

(十五)强化水文气象和水利科技支撑。加强水文气象基础设施建设,扩大覆盖范围,优化站网布局,着力增强重点地区、重要城市、地下水超采区水文测报能力,加快应急机动监测能力建设,实现资料共享,全面提高服务水平。健全水利科技创新体系,强化基础条件平台建设,加强基础研究和技术研发,力争在水利重点领域、关键环节和核心技术上实现新突破,获得一批具有重大实用价值的研究成果,加大技术引进和推广应用力度。提高水利技术装备水平。建立健全水利行业技术标准。推进水利信息化建设,全面实施"金水工程",加快建设国家防汛抗旱指挥系统和水资源管理信息系统,提高水资源调控、水利管理和工程运行的信息化水平,以水利信息化带动水利现代化。加强水利国际交流与合作。

五、建立水利投入稳定增长机制

(十六)加大公共财政对水利的投入。多渠道筹集资金,力争今后 10 年全社会水利年平均投入比 2010 年高出一倍。发挥政府在水利建设中的主导作用,将水利作为公共财政投入的重点领域。各级财政对水利投入的总量和增幅要有明显提高。进一步提高水利建设资金在国家固定资产投资中的比重。大幅度增加中央和地方财政专项水利资金。从土地出让收益中提取 10％用于农田水利建设,充分发挥新增建设用地土地有偿使用费等土地整治资金的综合效益。进一步完善水利建设基金政策,延长征收年限,拓宽来源渠道,增加收入规模。完善水资源有偿使用制度,合理调整水资源费征收标准,扩大征收范围,严格征收、使用和管理。有重点防洪任务和水资源严重短缺的城市要从城市建设维护税中划出一定比例用于城市防洪排涝和水源工程建设。切实加强水利投资项目和资金监督管理。

(十七)加强对水利建设的金融支持。综合运用财政和货币政策,引导金融机构增加水利信贷资金。有条件的地方根据不同水利工程的建设特点和项目性质,确定财政贴息的规模、期限和贴息率。在风险可控的前提下,支持农业发展银行积极开展水利建设中长期政策性贷款业务。鼓励国家开发银行、农业银行、农村信用社、邮政储蓄银行等银行业金融机构进一步增加农田水利建设的信贷资金。支持符合条件的水利企业上市和发行债券,探索发展大型水利设备设施的融资租赁业务,积极开展水利项目收益权质押贷款等多种形式融资。鼓励和支持发展洪水保险。提高水利利用外资的规模和质量。

(十八)广泛吸引社会资金投资水利。鼓励符合条件的地方政府融资平台公司通过直接、间接融资方式,拓宽水利投融资渠道,吸引社会资金参与水利建设。鼓励农民自力更生、艰苦奋斗,在统一规划基础上,按照多筹多补、多干多补原则,加大一事一议财政奖补力度,充分调动农民兴修农田水利的积极性。结合增值税改革和立法进程,完善农村水电增值税政策。完善水利工程耕地占用税政策。积极稳妥推进经营性水利项目进行市场融资。

六、实行最严格的水资源管理制度

(十九)建立用水总量控制制度。确立水资源开发利用控制红线,抓紧制定主要江河水量分配方案,建立取用水总量控制指标体系。加强相关规划和项目建设布局水资源论证工作,国民经济和社会发展规划以及城市总体规划的编制、重大建设项目的布局,要与当地水资源条件和防洪要求相适应。严格执行建设项目水资源论证制度,对擅自开工建设或投产的一律责令停止。严格取水许可审批管理,对取用水总量已达到或超过控制指标的地区,暂停审批建设项目新增取水;对取用水总量接近控制指标的地区,限制审批新增取水。严格地下水管理和保护,尽快核定并公布禁采和限采范围,逐步削减地下水超采量,实现采补平衡。强化水资源统一调度,协调好生活、生产、生态环境用水,完善水资源调度方案、应急调度预案和调度计划。建立和完善国家水权制度,充分运用市场机制优化配置水资源。

(二十)建立用水效率控制制度。确立用水效率控制红线,坚决遏制用水浪费,把节水工作贯穿于经济社会发展和群众生产生活全过程。加快制定区域、行业和用水产品的用水效率指标体系,加强用水定额和计划管理。对取用水达到一定规模的用水户实行重点监控。严格限制水资源不足地区建设高耗水型工业项目。落实建设项目节水设施与主体工程同时设计、同时施工、同时投产制度。加快实施节水技术改造,全面加强企业节水管理,建设节水示范工程,普及农业高效节水技术。抓紧制定节水强制性标准,尽快淘汰不符合节水标准的用水工艺、设备和产品。

(二十一)建立水功能区限制纳污制度。确立水功能区限制纳污红线,从严核定水域纳污容量,严格控制入河湖排污总量。各级政府要把限制排污总量作为水污染防治和污染减排工作的重要依据,明确责任,落实措施。对排污量已超出水功能区限制排污总量的地区,限制审批新增取水和入河排污口。建立水功能区水质达标评价体系,完善监测预警监督管理制度。加强水源地保护,依法划定饮用水水源保护区,强化饮用水水源应急管理。建立水生态补偿机制。

(二十二)建立水资源管理责任和考核制度。县级以上地方政府主要负责人对本行政区域水资源管理和保护工作负总责。严格实施水资源管理考核制度,水行政主管部门会同有关部门,对各地区水资源开发利用、节约保护主要指标的落实情况进行考核,考核结果交由干部主管部门,作为地方政府相关领导干部综合考核评价的重要依据。加强水量水质监测能力建设,为强化监督考核提供技术支撑。

七、不断创新水利发展体制机制

(二十三)完善水资源管理体制。强化城乡水资源统一管理,对城乡供水、水资源综合利用、水环境治理和防洪排涝等实行统筹规划、协调实施,促进水资源优化配置。完善流域管理与区域管理相结合的水资源管理制度,建立事权清晰、分工明确、行为规范、运转协调的水资源管理工作机制。进一步完善水资源保护和水污染防治协调机制。

(二十四)加快水利工程建设和管理体制改革。区分水利工程性质,分类推进改革,健全良性运行机制。深化国有水利工程管理体制改革,落实好公益性、准公益性水管单位基本支出和维修养护经费。中央财政对中西部地区、贫困地区公益性工程维修养护经费给予补助。妥善解决水管单位分流人员社会保障问题。深化小型水利工程产权制度改革,明确所有权和使用权,落实管护主体和责任,对公益性小型水利工程管护经费给予补助,探索社会化和专业化的多种水利工程管理模式。对非经营性政府投资项目,加快推行代建制。充分发挥市场机制在水利工程建设和运行中的作用,引导经营性水利工程积极走向市场,完善法人治理结构,实现自主经营、自负盈亏。

(二十五)健全基层水利服务体系。建立健全职能明确、布局合理、队伍精干、服务到位的基层水利服务体系,全面提高基层水利服务能力。以乡镇或小流域为单元,健全基层水利服务机构,强化水资源管理、防汛抗旱、农田水利建设、水利科技推广等公益性职能,按规定核定人员编制,经费纳入县级财政预算。大力发展农民用水合作组织。

(二十六)积极推进水价改革。充分发挥水价的调节作用,兼顾效率和公平,大力促进节约用水和产业结构调整。工业和服务业用水要逐步实行超定额累进加价制度,拉开高耗水行业与其他行业的水价差价。合理调整城市居民生活用水价格,稳步推行阶梯式水价制度。按照促进节约用水、降低农民水费支出、保障灌排工程良性运行的原则,推进农业水价综合改革,农业灌排工程运行管理费用由财政适当补助,探索实行农民定额内用水享受优惠水价、超定额用水累进加价的办法。

八、切实加强对水利工作的领导

(二十七)落实各级党委和政府责任。各级党委和政府要站在全局和战略高度,切实加强水利工作,及时研究解决水利改革发展中的突出问题。实行防汛抗旱、饮水安全保障、水资源管理、水库安全管理行政首长负责制。各地要结合实际,认真落实水利改革发展各项措施,确保取得实效。各级水行政主管部门要切实增强责任意识,认真履行职责,抓好水利改革发展各项任务的实施工作。各有关部门和单位要按照职能分工,尽快制定完善各项配套措施和办法,形成推动水利改革发展合力。把加强农田水利建设作为农村基层开展创先争优活动的重要内容,充分发挥农村基层党组织的战斗堡垒作用和广大党员的先锋模范作用,带领广大农民群众加快改善农村生产生活条件。

(二十八)推进依法治水。建立健全水法规体系,抓紧完善水资源配置、节约保护、防汛抗旱、农村水利、水土保持、流域管理等领域的法律法规。全面推进水利综合执法,严格执行水资源论证、取水许可、水工程建设规划同意书、洪水影响评价、水土保持方案等制度。加强河湖管理,严禁建设项目非法侵占河湖水域。加强国家防汛抗旱督察工作制度化建设。健全预防为主、预防与调处相结合的水事纠纷调处机制,完善应急预案。深化水行政许可审批制度改革。科学编制水利规划,完善全国、流域、区域水利规划体系,加快重点建设项目前期工作,强化水利规划对涉水活动的管理和约束作用。做好水库移民安置工作,落实后期扶持政策。

(二十九)加强水利队伍建设。适应水利改革发展新要求,全面提升水利系统干部职工队伍素质,切实增强水利勘测设计、建设管理和依法行政能力。支持大专院校、中等职业学校水利类专业建设。大力引进、培养、选拔各类管理人才、专业技术人才、高技能人才,完善人才评价、流动、激励机制。鼓励广大科技人员服务于水利改革发展第一线,加大基层水利职工在职教育和继续培训力度,解决基层水利职工生产生活中的实际困难。广大水利干部职工要弘扬"献身、负责、求实"的水利行业精神,更加贴近民生,更多服务基层,更好服务经济社会发展全局。

(三十)动员全社会力量关心支持水利工作。加大力度宣传国情水情,提高全民水患意识、节水意识、水资源保护意识,广泛动员全社会力量参与水利建设。把水情教育纳入国民素质教育体系和中小学教育课程体系,作为各级领导干部和公务员教育培训的重要内容。把水利纳入公益性宣传范围,为水利又好又快发展营造良好舆论氛围。对在加快水利改革发展中取得显著成绩的单位和个人,各级政府要按照国家有关规定给予表彰奖励。

加快水利改革发展,使命光荣,任务艰巨,责任重大。我们要紧密团结在以胡锦涛同志为总书记的党中央周围,与时俱进,开拓进取,扎实工作,奋力开创水利工作新局面!

参 考 文 献

[1]袁振国.当代教育学,北京:教育科学出版社,2004

[2]张绍平.论校园制度文化[J].四川师范学院学报(哲学社会科学版),1998(01)

[3]陈雷.弘扬和发展先进水文化,促进传统水利向现代水利转变.中华人民共和国水利部,
　　2009年11月

[4]李雪松.中国水资源制度研究[M].武汉:武汉大学出版社,2006

[5]李可可,陈玺.浅谈水利历史文化及其展现与传承[J].中国农村水利水电,2007(05)

[6]符宁平,闫彦.浙江特色水教育[M].北京:中国水利水电出版社,2011

[7]郭宪臻."水文化"理念内涵初探——水铁培育独具特色的核心文化[J].冶金政工研究,
　　2003(6)

[8]郭爱枝.对高校建设学习型党组织的思考[J].学校党建与思想教育,总第346期

[9]戴永恒,陆军伟.浅谈高校推进反腐倡廉及廉政文化进校园的途径[J].广西教育学院学
　　报,2009(6)

[10]徐小琴.传统节庆文化中的人本诉求[J].江西青年职业学院学报,2009(3)

[11]李滢,王保国.从礼仪内涵探讨高校礼仪课程教学[J].赤峰学院学报(科学教育版),
　　2011(6)

[12]胡凯.礼仪教育:增强德育实效性的必要环节[J].现代教育科学,2006(1)

[13]刘新生.大学文化建设[M].济南:泰山出版社,2010

[14]马跃明."八项工程"劲掀浙江文化潮[J].今日浙江,2008(12)

[15]毛跃."求真务实"是浙江人民不懈的精神诉求[J].今日浙江,2006(4)

[16]林凌斌."校企文化互动"高职人才培养模式的内涵结构分析[J].出国与就业,2010(5)

[17]王培君.传统水文化的哲学观照[J].河海大学学报(哲学社会科学版),2009(9)

[18]周国富.弘扬人文精神　打造人文浙江[J].政策瞭望,2010(10)

[19]阚卫平.李冰未见今日堰,今堰足以慰忠魂——电视剧《李冰传奇》中的李冰精神与都江
　　堰水文化[J].编导演之窗

[20]陈桂良.论高职院校校企文化联营的意义和价值[J].现代教育论丛,2006(5)

[21]冯萍.论校园文化与企业文化的衔接[J].泰州职业技术学院学报,2008

[22]马跃明.全力提升文化软实力——浙江加快文化大省建设情况综述,今日浙江,2007(08)

[23]曾素华,李宗新.水行业核心价值体系的构建[J].2008(2)

[24]吴晓红.浙江经济发展的文化底蕴及区域特色[J].商业经济与管理,2003(4)

[25]范正宇.浙江精神与杭州人文精神的相互激荡[J].中共杭州市委党校学报,2006(6)

[26]习近平.与时俱进的浙江精神[J].省部在线,2006(3)

[27]李宗新.试论水文化之魂——水精神[J].水利发展研究,2011(3)

[28]陈庆莲.中国节庆文化审美透视[J].丝绸之路,2009(8)